内 容 简 介

本书密切结合肉鸡生产中的关键技术和存在问题，从准备篇、日程管理篇、应急技巧篇、用药篇和失误篇五大方面进行系统介绍，突出了实用性、实效性和可操作性。特别是日程管理篇中，将肉用仔鸡的饲养管理程序化，细分到每天的具体工作操作内容及注意事项，以利于肉鸡养殖者按照本书的指导进行饲养。

本书不仅适用于正在饲养肉鸡的饲养管理人员阅读，而且也适用没有经验而准备饲养肉鸡的人员阅读。

国 家 重 点 规 划 图 书

21世纪规范化养殖日程管理系列

ROUJI RICHENG GUANLI JI YINGJI JIQIAO

肉鸡

日程管理及应急技巧

· · · · · · · · · · · · · · · · · · 魏刚才　主编

中国农业出版社

本书编写人员

主　　编　　魏刚才

副主编　　王秋霞　赵　坤
　　　　　　刘俊伟

参编人员　　（按姓氏笔画排序）
　　　　　　马金友　王永强
　　　　　　王艳荣　王清华
　　　　　　刘保国　杨丽芬
　　　　　　何　云　何永慧
　　　　　　余　燕　张　伟
　　　　　　张金洲　陈金山
　　　　　　苗志国　胡建和
　　　　　　柳东阳　崔艳红
　　　　　　韩芬霞　谢红兵

主　　审　　刘兴友

本书有关用药的声明

前　言

　　近年来，我国肉鸡养殖业迅速发展，生产水平有了较大提高，肉鸡饲养周期不断缩短，饲料报酬不断改善，品种结构更趋合理（不仅饲养大量的快大型肉鸡，而且优质黄羽肉鸡和肉杂鸡的比例也逐渐增加），肉鸡生产的规模化、集约化、产业化水平不断提高。肉鸡生产已成为畜牧产业中的一个支柱产业，对于促进农村产业结构调整、农业经济发展和增加农民收入发挥了巨大作用，也为市场肉品供应作出巨大贡献。

　　肉鸡具有早期生长速度快（出壳1周后体重是出壳体重的5倍，2周龄体重是出壳体重的12倍），饲料利用率高（全期料肉比1.6～1.7：1），生活力强，饲养密度高，繁殖力强、总产肉量高和产品质量好等特点，决定了肉鸡养殖业生产周期短、生产投入少、产品成本低，是畜牧业中最经济的生产部门，不仅可以很好地利用饲料资源，而且其产品价格也是市场肉类中最有优势的。所以，发展肉鸡业既符合我国精饲料短缺的资源特点，又符合我国经济相对薄弱的现状，深受广大养殖户和消费者的重视和青睐。

我国肉鸡养殖业虽然有了较大发展，但与国外发达国家比较仍有较大差距，如生长速度慢、死亡淘汰多、饲料报酬较低等，直接影响着肉鸡养殖的效益。另外，肉鸡饲养环境条件的恶化、疾病的频繁发生以及药物的滥用等，也直接影响到肉鸡产品的质量。究其原因，有观念问题、资金问题，最重要的还是技术问题。要养好肉鸡，必须采取综合配套技术，如品种选择技术、饲养和管理技术、环境控制技术以及药物的使用和疾病的控制技术等。为了促进肉鸡养殖技术的推广和应用，提高肉鸡养殖水平，编者结合近年来教学、科研和生产的成果和经验，参考相关资料，编写了《肉鸡日程管理及应急技巧》一书。

本书一改以往科技著作的惯常写法，分为五大部分，分别是准备篇、日程管理篇、应急技巧篇、用药篇和失误篇，突出实用、实效和可操作性。特别是日程管理篇中，将肉用仔鸡的饲养管理程序化，细分为每天的具体工作操作内容及注意事项，以利于肉鸡养殖者按照本书的指导进行饲养。本书不仅适用于正在饲养肉鸡的饲养管理人员阅读，而且也适用没有养过肉鸡而准备饲养的人员阅读。希望本书的出版能够为肉鸡养殖业水平的提高尽绵薄之力。

由于编者知识和专业经验的局限，书中疏漏在所难免，恳请同行不吝赐教，以便今后不断改进和完善。

编　者

2014 年 3 月于河南科技学院

目　　录

第1篇

准备篇

一、肉鸡场的准备

肉鸡场是肉鸡生产的场所，肉鸡舍是肉鸡生活和生产的环境，它们对于养好肉鸡是十分重要的。特别是规模化肉鸡生产，肉鸡场的建设关系到鸡场的疾病预防控制和鸡群生产性能的发挥。应本着利于鸡的健康和生产性能提高的原则，科学设计和建筑肉鸡场。

（一）肉鸡场场址选择

场址直接影响到肉鸡场的隔离卫生和环境保护，选择时既要考虑鸡场生产对周围环境的要求，也要尽量避免鸡场产生的污染物对周边环境的影响。应根据肉鸡场的经营方式、生产特点、饲养管理方式以及生产集约化程度等特点，从以下几方面全面综合考查。

1. 地势、地形和面积 地形、地势和面积对肉鸡场或肉鸡舍的环境影响巨大。

地势：指场地的高低起伏状况。作为肉鸡场场地，要求地势高燥，平坦或稍有坡度（1%～3%）。如果坡地建场，要向阳背风，坡度最大不超过25%；如果山区建场，不能建在山顶，也不能建在山谷，应建在南边半坡较为平坦的地方。场地高燥、排水良好、地面干燥、阳光充足，不利于微生物和寄生虫的滋生繁殖。如果地势低洼，场地容易积水和潮湿泥泞，夏季通风不良，空气闷热，蚊、蝇、蜱、螨等易于滋生繁殖，冬季则阴冷。

地形：指场地形状、大小和地物（场地上的房屋、树木、河流、沟坎）情况。作为鸡场场地，要求地形整齐、开阔，有足够的面积。地形整齐，便于合理布置鸡场建筑和各种设施，并能提高场地面积利用率。地形狭长往往影响建筑物合理布局，拉长了生产作业线，并给场内运输和管理造成不便；地形不规则或边角太多，会使建筑物布局零乱，增加场地周围隔离防疫墙或沟的投资。场地要特别避开西北方向的山口或长形谷地，否则，冬季风速过大严重影响场区和鸡舍温热环境的维持。场地面积要大小适宜，符合生产规模，并考虑今后的发展需要，周围不能有高大建筑物。

场区面积在满足生产、管理和职工生活福利的前提下，尽量少占土地。具体面积要求见表1-1。

表1-1　商品肉鸡场场地面积推荐表

年出栏/万只	占地面积/千米²	总建筑面积/米²	生产建筑面积/米²
100.0	8.0	21 530	18 720
50.0	4.2	10 750	9 340
10.0	0.9	2 150	1 870

2. 土壤　从防疫卫生观点出发，肉鸡场的土壤要求透水、透气性好，容水量、吸湿量小，毛细管作用弱，导热性小；不易被细菌、病毒、寄生虫等病原微生物污染；没有地质化学环境性地方病；抗压性强适宜于建筑等。综上所述，在不被污染的前提下，选择砂壤土建场较理想。这样的土壤排水性能良好，隔热，不利于病原生物的繁殖，符合鸡场的卫生要求。如受客观条件所限，找不到理想土壤，这就需要在鸡舍设计、施工、使用和管理上，弥补当地土壤的缺陷。

3. 水源 鸡场在生产过程中，饮用、清洗消毒、防暑降温、生活等都需要大量的水。所以，鸡场必须有可靠的水源。水源应水量充足，能满足人、鸡的饮用和生产、生活用水，并考虑防火和未来发展的需要。水质良好，符合水质标准，见表1-2；便于防护，使水源水质经常处于良好状态，不受污染；设备投资少，处理简便易行。

表1-2 水的质量标准
（无公害食品畜禽饮用水水质标准 NY5027-2008）

指 标	项 目	标 准
感官性状及一般化学指标	色度	≤30°
	浑浊度	≤20°
	臭和味	不得有异臭异味
	肉眼可见物	不得含有
	总硬度（$CaCO_3$ 计），毫克/升	≤1500
	pH	6.5～8.5
	溶解性总固体，毫克/升	≤2000
	硫酸盐（SO_4^{2-} 计），毫克/升	≤250
细菌学指标	总大肠菌群，MPN/100 毫升	≤10
毒理学指标	氟化物（F计），毫克/升	≤2.0
	氰化物，毫克/升	≤0.05
	总砷，毫克/升	≤0.2
	总汞，毫克/升	≤0.001
	铅，毫克/升	≤0.1
	铬（六价），毫克/升	≤0.05
	镉，毫克/升	≤0.01
	硝酸盐（N计），毫克/升	≤3.0

注：引自《无公害食品 畜禽饮用水水质》（NY 5027—2008）。

4. 地理和交通 选择场址时，应注意到鸡场与周围社会的关系，既不能使鸡场成为周围社会的污染源，也不能受周围环境的污染。应选在居民区的低处和下风处。鸡场宜建在城郊，离大城市 20～50 千米，离居民点和其他家禽场 500～1 000 米。种鸡场应距离商品鸡场 1 000 米以上，应避开居民污水排放口，更应远离化工厂、制革厂、屠宰场等易造成环境污染的企业。应远离铁路，交通要道、车辆来往频繁的地方，一般要求距主要公路400 米，次要公路 100～200 米以上，但应交通方便、接近公路，场内有专用公路，以便运入原料和产品，且场地最好靠近消费地和饲料来源地。

5. 电源 鸡场中除孵化室要求电力 24 小时供应外，鸡群的光照也必须有电力供应。因此，对于较大型的鸡场，要选择电力正常稳定的区域，必要时自备发电机组，形成双线路供电。

（二）肉鸡场的规划布局

鸡场的规划布局，因鸡场的性质、规模不同，建筑物的种类和数量亦不同。不管建筑物的种类和数量多少，都必须科学合理地规划布局，才能经济有效地发挥各类建筑物的作用，才能有利于隔离卫生，减少或避免疫病的发生。

鸡场的规划布局要科学适用，因地制宜，根据拟建场地的环境条件具体情况进行，科学确定各区的位置，合理确定各类房舍、道路、供排水和供电的管线、绿化带等的位置及场内防疫卫生的安排。科学合理的规划布局可以有效利用土地面积，减少建场投资，保持良好的环境条件和管理的高效方便。

1. 分区规划 肉鸡场通常根据生产功能，分为生产区、管理区（或生活区）和隔离区等，肉鸡场分区规划见图 1-1。

管理区或生活区：鸡场的经营管理活动与社会联系密切，易造成疫病的传播和流行，该区的位置应靠近大门，并与生产区分开，外来人员只能在管理区活动，不得进入生产区。场外运输车辆不能进入生产区。车棚、车库均应设在管理区，除饲料库外，其他仓库亦应设在管理区。职工生活区设在上风向和地势较高处。以免鸡场产生的不良气味、噪声、粪尿及污水，因风向和地面径流污染生活环境和造成人、畜疾病的传播。

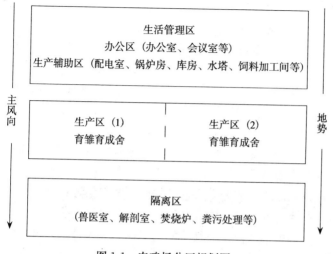

图 1-1　肉鸡场分区规划图

生产区：鸡生活和生产的场所，该区的主要建筑为各种鸡舍和生产辅助建筑。生产区应位于全场中心地带，地势应低于管理区，并在其下风向，但要高于病畜管理区，在其上风向。生产区内饲养不同日龄段，其生理特点、环境要求和抗病力不同，所以在生产区内，要分小区规划，育雏区、育肥区和种鸡区严格分开，并加以隔离，日龄小的鸡群放上风向、地势高的地方。

病鸡隔离区：主要用来治疗、隔离和处理病鸡的场所。为防止疫病传播和蔓延，该区应在生产区的下风向，并在地势最低处，而且应远离生产区。隔离舍应尽可能与外界隔绝。该区四周应有自然或人工的隔离屏障，设单独的道路与出入口。

2. 鸡舍距离　鸡舍间距影响鸡舍的通风、采光、卫生、防火。鸡舍之间距离过小，通风时，上风向鸡舍的污浊空气容易进入下风向鸡舍内，引起病原在鸡舍间传播；采光时，南边的建筑物遮挡北边建筑物；发生火灾时，很容易殃及全场的鸡舍及鸡群；由于鸡舍密集，场区的空气环境容易恶化，微粒、有害气体和微生物含量过高，容易引起鸡群发病。为了保持场区和鸡舍环境良好，鸡舍之间应保持适宜的距离。开放舍间距为20～30米，密闭舍间距15～25米较为适宜。目前我国鸡场的鸡舍间距普遍过小（3～8米），已严重影响鸡群的健康和生产性能发挥。

3. 鸡舍朝向　鸡舍朝向是指鸡舍长轴与地球经线是水平还是垂直。鸡舍朝向影响到鸡舍的采光、通风和太阳辐射。朝向选择应考虑当地的主导风向、地理位置、鸡舍采光和通风排污等情况。鸡舍朝南，即鸡舍的纵轴方向为东西向，对我国大部分地区的开放舍来说是较为适宜的。这样的朝向，在冬季可以充分利用太阳辐射的温热效应和射入舍内的阳光防寒保温；夏季辐射面积较少，阳光不易直射舍内，有利于鸡舍防暑降温。

鸡舍内的通风效果与气流的均匀性和通风量的大小有关，但主要看进入舍内的风向角多大。风向与鸡舍纵轴方向垂直，则进入舍内的是穿堂风，有利于夏季的通风换气和防暑降温，不利于冬季的保温；风向与鸡舍纵轴方向平行，风不能进入舍内，通风效果差。所以要求鸡舍纵轴与夏季主导风向的角度在45°～90°较好。

4. 鸡舍的排列　生产区中主要的建筑物是鸡舍，根据饲养规模和场地形状、大小确定鸡舍的排列形式，一般有单列、双列和多列，见图1-2。

5. 道路　鸡场设置清洁道和污染道，清洁道供饲养管理人员、清洁的设备用具、饲料和肉用雏鸡等使用，污染道供清粪、污浊的设备用具、病死和淘汰鸡使用。清洁道和污染道不交叉。

6. 储粪场　鸡场设置粪尿处理区。粪场可设置在多列鸡舍的中间，靠近道路，有利于粪便的清理和运输。贮粪场（池）设置注意如下方面。

（1）贮粪场应设在生产区和鸡舍的下风处，与住宅、鸡舍之间保持有一定的卫生间距（距鸡舍30～50米）。并应便于运往农田或其他处理。

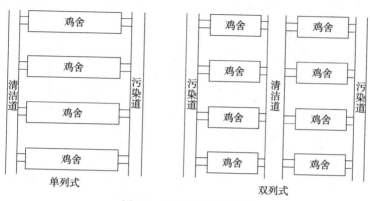

图 1-2 单列和双列式鸡舍

（2）贮粪池的深度以不受地下水浸渍为宜，底部应较结实。储粪场和污水池要进行防渗处理，以防粪液渗漏流失污染水源和土壤。

（3）贮粪场底部应有坡度，使粪水可流向一侧或集液井，以便取用。

（4）贮粪池的大小应根据每天鸡场排粪量多少及贮藏时间长短而定。

（三）肉鸡场的隔离设施

没有良好的隔离设施就难以保证有效的隔离，设置隔离设施会加大投入，但减少疾病发生带来的收益将是长期的，要远远超过投入。

1. 隔离墙（或防疫沟）　鸡场周围（尤其是生产区周围）要设置隔离墙，墙体严实，高度 2.5～3 米或沿场界周围挖深1.7 米，宽 2 米的防疫沟，沟底和两壁硬化并放上水，沟内侧设置 15～18 米的铁丝网，避免闲杂人员和其他动物随便进入鸡场。

2. 消毒池和消毒室　鸡场大门设置消毒室（或淋浴消毒室）和车辆消毒池，供进入人员、设备和用具的消毒。生产区中每栋建筑物门前要有消毒池。可以在与生产区围墙同一平行线上建蛋盘、蛋箱和鸡笼消毒池。见图1-3、图1-4。

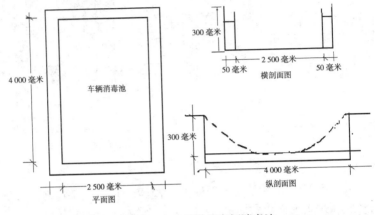

图1-3　肉鸡场大门车辆消毒池

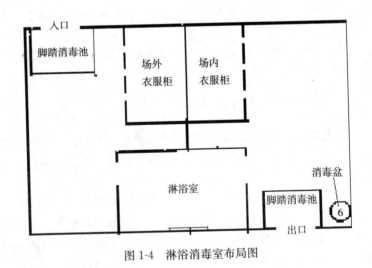

图1-4　淋浴消毒室布局图

3. 独立的供水系统　鸡场要自建水井或水塔，用管道接送到鸡舍。

　肉鸡日程管理及应急技巧

4. 场内的排水设施 完善的排水系统可以保证鸡场场地干燥，及时排除雨水及鸡场的生活、生产污水。否则，会造成场地泥泞及可能引起沼泽化，影响鸡场小气候、建筑物寿命，给鸡场管理工作带来困难。

场内排水系统多设置在各种道路的两旁及鸡舍的四周，利用鸡场场地的倾斜度，使雨水及污水流入沟中，排到指定地点进行处理。排水沟分明沟和暗沟：明沟夏天臭气明显，容易清理，不应过深（＜30 厘米）；暗沟可以减少臭气对鸡场环境的污染，可用砖砌或利用水泥管，其宽度、深度可根据场地地势及排水量而定。如暗沟过长，则应设沉淀井，以免污物淤塞，影响排水。此外，应深达冻土层以下，以免受冻而阻塞。

5. 设立卫生间 为减少人员之间的交叉活动、保证环境的卫生和为饲养员创造比较好的生活条件，在每个小区或者每栋鸡舍都设有卫生间（如每栋舍的工作间的一角建一个 1.5 米×2 米的冲水厕所，用隔断墙隔开）。

（四）肉鸡场的绿化

绿化可改善小气候，净化空气，而且有防疫防火的作用，畜牧场具体绿化措施如下。

1. 场界林带的设置 在场界周边种植乔木和灌木混合林带，乔木如杨树、柳树、松树等，灌木如刺槐、榆叶梅等。特别是场界的西侧和北侧，种植混合林带宽度应在 10 米以上，以起到防风阻沙的作用。树种选择应适应当地气候特点。

2. 场区隔离林带的设置 主要用以分隔场区和防火。常用杨树、槐树、柳树等，两侧种以灌木，总宽度为 3～5 米。

3. 场内外道路两旁的绿化 常用树冠整齐的乔木和亚乔木以及某些树冠呈锥形、枝条开阔、整齐的树种。须根据道路宽度选择树种的高矮。在建筑物的采光地段，不应种植枝叶过密、过于高大的树种，以免影响自然采光。

4. 运动场的遮阳林 在运动场的南侧和西侧，应设 1～2 行遮阳林。多选枝叶开阔，生长势强，冬季落叶后枝条稀疏的树种，如杨树、槐树、枫树等。运动场内种植遮阳树时，应选遮阳性强的树种。但要采取保护措施，以防意外损坏。

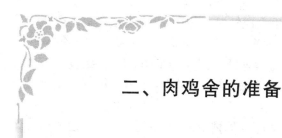

二、肉鸡舍的准备

　　肉鸡舍是肉鸡生活和生长的场所，必须具备良好的环境条件。在进行鸡舍建筑设计时应根据鸡舍类型、饲养对象来考虑鸡舍内地面、墙壁、外形及通风条件等因素，以求达到舍内最佳环境，满足生产的需要。

（一）肉鸡舍的类型

　　1. 开放式鸡舍（普通鸡舍）　　此类鸡舍多采用自然通风换气和自然光照与补充人工光照相结合。其优点是：在鸡舍的设计、建材、施工工艺和内部设施等方面要求较为简单，造价低、投资少、施工周期短。可以充分利用空气、自然光照等自然资源，运行成本低，减少能源消耗；如果配备一定的设备和设施，在气候较为温和的地区，鸡群的生产性能也有较好的表现。其缺点是：舍内环境受外界环境变化影响较大，舍内环境不稳定，鸡的生产性能会受影响。多见的是下面两种形式开放舍。

　　（1）有窗鸡舍　鸡舍两侧安有玻璃窗，靠饲养员启闭门窗进行通风换气，这种鸡舍保温隔热性能差，维修费用高，管理不方便，但因造价低，目前国内农村小型鸡场仍广泛使用。

　　（2）卷帘开放式鸡舍　该鸡舍屋顶吊顶棚，两端山墙砌三七墙，鸡舍长轴两侧下部距地面 50 厘米设地窗，地窗上砌高

1～1.2米墙，顶棚下设透气带，形成上下两条通风带，用铁网围护。鸡舍高2.7～2.8米，夏天利用穿堂风、扫地风，冬天靠装在舍内外的两层双覆膜塑料编织布卷帘的启闭程度来调节通风量。过去用双覆膜塑料编织布制成卷帘，现在又研制了玻璃钢保温摇窗或平衡窗，用摇窗机启闭，管理方便，保温性能好。该鸡舍若设风机，可以根据不同季节做到自然通风与机械通风相结合和横向通风与纵向通风相结合。

2. 封闭式鸡舍（环境控制舍） 鸡舍无窗或留有小的应急窗（一般是密封的），舍内的小气候环境通过各种设施进行控制和调节。人工光照，机械通风。夏季通过通风和降温系统可以保证舍内温度适宜。冬季依靠鸡本身的热量散失或适当加温使鸡舍内维持比较适宜温度。其优点是为鸡群提供最适宜的环境条件，保证鸡群生产性能充分发挥。可以减少鸡舍之间距离，适当提高饲养密度，节省占地面积。如果加强隔离卫生和进入舍内空气的过滤消毒，基本可以阻断由媒介传入疾病的途径。其缺点是建筑标准要求高，附属设施和设备要配套，基建和设备投入大。对电力依赖性强，设施和设备的运行成本高。管理要求高。我国除一些种鸡场或大型的肉鸡场使用密闭舍外，其余的较少使用。

（二）鸡舍的基本构造

1. 基础 基础是指墙突入土层的部分，是墙的延续和支撑，决定了墙和鸡舍的坚固和稳定性。主要作用是承载重量。要求基础要坚固、防潮、抗震、抗冻、耐久，应比墙宽10～15厘米，具有一定的深度，根据鸡舍的总荷重、地基的承载力、土层的冻胀程度及地下水情况确定基础的深度。基础材料多用石料、混凝土预制或砖。如地基属于黏土类，由于黏土的承重能力差，抗压性不强，加强基础处理，基础应设置的深和厚一些。

2. 墙 墙是鸡舍的主要结构，对舍内的温湿度状况保持起重要作用（散热量占35％～40％）。墙具有承重、隔离和保温隔热的作用。墙体的多少、有无，主要决定于鸡舍的类型和当地的气候条件。要求墙体坚固、耐久、抗震、耐水、防火、抗震，结构简单，便于清扫消毒，要有良好的保温隔热性能和防潮能力。墙体材料多用砖砌，厚度为24厘米，如要增加承重能力，可以把房梁下的墙砌成37厘米的砖墩。

3. 屋顶 屋顶是鸡舍最上层的屋盖，具有防水、防风沙，保温隔热和承重的作用。屋顶的形式见图1-5。

肉鸡生产中常见的有坡屋顶、平屋顶、拱形屋顶，炎热地区用钟楼式和半钟楼式屋顶。要求屋顶防水、保温、耐久、耐火、光滑、不透气，能够承受一定重量，结构简便，造价便宜。最好设置天棚。屋顶高度一般地区净高3～3.5米，严寒地区为2.4～2.7米（畜舍内的高度以净高来表示，指地面到天棚高度），如是高床式鸡舍，鸡舍走道距大梁的高度应达到2米以上，避免饲养管理人员工作时碰头或影响工作。屋顶材料多种多样，有水泥预制屋顶、瓦屋顶、砖屋顶、石棉瓦和钢板瓦屋顶等。石棉瓦和钢板瓦屋顶最好内面铺设隔热层，提高保温隔热性能。我国大部分地区不设天棚，这样会影响鸡舍的保温隔热和通风。简便的天棚是在屋梁下钉一层塑料布或彩条布，经济方便，清洁和卫生。

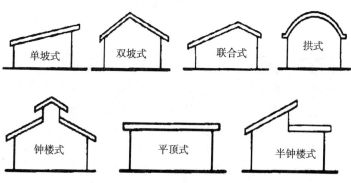

图1-5 按屋顶形式区分的鸡舍样式

4. 地面　地面结构和质量不仅影响畜舍内的小气候、卫生状况，还会影响鸡体及产品的清洁，甚至影响鸡的健康及生产力。要求鸡舍的地面高出舍外，平坦、干燥，有一定坡度，利于排水。地面和墙裙要用水泥硬化。潮湿地区地面下要铺设防潮层（如石灰渣、炭渣、油毛毡等）。高床笼养鸡舍也可以设置粪沟，但粪沟与外边隔开，防止下雨进水。

5. 门窗　鸡舍的门宽要考虑所有设施和工作车辆能顺利出入。鸡舍门的规格一般为高 2 米左右、宽 1.2～1.6 米。门前不留门槛，便于出入。寒冷地区设置门斗。

鸡舍的窗户关系到采光、通风和保温隔热。窗户面积过大，不利于保温隔热，面积过小，不利于通风和采光。为了保温，育雏舍的窗户尽量小一些。如果是育雏育肥舍，窗户设计时既要考虑育雏期保温，又要注意育肥期的防热和通风，所以窗户要大一些，并能够很容易地封闭保温。种鸡舍的窗户尽可能大一些，夏天有利于自然通风。但窗户要便于封闭，这样有利于夏季的机械通风和冬季的保温。

（三）鸡舍的建筑要求

1. 良好的保温隔热性能　肉用种鸡和商品肉鸡在育雏期都需要较高的温度，而在产蛋期和育肥期对高温又很敏感，所以，肉鸡舍应该具有良好的保温隔热性能，为维持适宜环境温度奠定基础。

2. 良好的通风设计　加强舍内通风换气是维持舍内良好空气环境的主要的手段之一，夏季有利于缓解热应激，冬季可以保证舍内空气洁净，所以鸡舍设计时应将通风设计考虑在内，包括电源供给，设备的型号、大小、数量、安装位置等，以便预留安装位。

3. 便于清洁消毒　鸡舍地面要高出自然地面 25 厘米以上，舍内地面要有 2% 左右的坡度；地面要用水泥硬化，墙壁、屋顶要平整光滑，有利于鸡舍干燥和清洁消毒。

4. 鸡舍面积适宜 鸡舍面积的大小直接影响鸡的饲养密度，合理的饲养密度可使雏鸡获得足够的活动范围，足够的饮水、采食位置，有利于肉鸡的生长和发育均匀。鸡舍面积小、密度过高会限制鸡群活动，造成空气污染、温度增高，会诱发啄肛、啄羽等现象，同时，由于拥挤，有些弱鸡经常吃不到饲料，体重不够，造成鸡群均匀度过低；鸡舍面积大、密度过小会增加设备和人工费用，保温也较困难，通常，雏鸡、育成鸡饲养密度（平面饲养）为：0～3 周龄每平方米 20～30 只，4～9 周龄为每平方米 15～20 只，10～20 周龄为每平方米 5～6 只。

对于成年肉种鸡，如为单笼饲养，每个单笼面积 2 米²，饲养 18 只左右母鸡，2 只种公鸡；阶梯笼饲养采用人工授精方式，每个笼格饲养 1～2 只母鸡（每组笼可以饲养 36～48 只），种公鸡也单笼格饲养。笼养鸡舍应根据笼的规格和容纳鸡数、饲养规模确定鸡舍面积。平养条件下，根据地面类型不同（地面类型有全垫料、条板＋垫料）、鸡体型大小不一样，密度有一定的差异，一般每平方米饲养鸡 5～6 只。

对于商品肉鸡，其饲养密度以每平方米的地面面积生产肉鸡的重量来确定，按照国内外的经验，这个指标合适的数值是24.5 千克。根据此原则，若饲养15 000只肉用仔鸡，体重 2 千克上市，则所需鸡舍总面积为15 000只×2 千克/只÷24.5 千克/米²＝1 224.5 米²。

鸡舍跨度一般为 9～12 米（根据舍内笼具、走道宽度和通风条件而定），高度（屋檐高度）为 2.5～3 米，虽然增加高度有利于通风，但会增加建筑成本，冬季增加保温难度，故鸡舍高度不需太高。

（四）肉鸡舍的配备及规格

根据生产工艺要求确定鸡舍种类和配套比例，这样既可以保证连续均衡生产，又可以充分利用鸡舍面积，减少基建投资，降低每只鸡固定成本。

1. 肉鸡舍的种类　肉鸡场性质不同，鸡舍种类不同。综合性肉鸡场既需要肉用种鸡舍，又需要商品肉鸡舍，鸡舍种类较多；专业化肉鸡场只饲养商品肉鸡，鸡舍种类比较单一，只有育雏育肥舍即可（过去多将育雏和育肥舍分开，这样不利于管理）。

2. 肉鸡舍配备　科学的饲养制度是"全进全出制"，根据年出栏肉鸡数量确定鸡舍的配备数量。如年出栏100万只商品肉鸡时，肉鸡舍的配备计算见表1-3。

表1-3　商品肉鸡场鸡舍配备计算表

饲养天数	空舍天数	年周转批次	每批出栏数/（万只/批）	每栋鸡舍容鸡/（万只/栋）	需要鸡舍栋数/栋
45	15	6	17	1	17

3. 鸡舍规格　鸡舍规格即是鸡舍的长宽高。鸡舍规格决定于饲养方式、设备和笼具的摆放形式及尺寸、鸡舍的容鸡数和内部设置。

（1）平养肉鸡舍的规格　平养肉鸡有地面平养和网上平养，因不受笼具摆放形式和笼具尺寸影响，只要满足饲养密度要求，可以根据容纳肉鸡数量和场地情况确定鸡舍的大小和长宽。

如网上平养肉鸡舍，饲养密度为 8 只/米^2（饲养至出栏），饲养5 000只肉鸡需要鸡舍面积是 625 米^2。肉鸡舍的规格：跨度（宽度）10 米，则长度为 62.5 米；跨度 12 米，则长度为 52.1 米；跨度 8 米，则长度78.1 米。

（2）笼养肉鸡舍规格　笼养肉鸡舍的规格要考虑笼的规格、摆放形式和容鸡的数量。

①鸡舍的长度　可根据下面公式计算鸡舍长度。

鸡舍长度（米）＝鸡舍容鸡数÷（每组笼容鸡数×鸡笼列数）
　　　　　　　×单笼长度＋横向通道总宽度

＋操作间长度＋端墙厚度。

如一栋肉鸡舍容鸡10 000只，每组容鸡160只，单笼长2米，二列三走道排放，鸡舍两端和中间各留横向走道共3条。每个走道宽1.5米，邻净道一侧设置一操作间，长度为3米，两端墙各24厘米厚，则该鸡舍的长度为10 000÷（160×2）×2＋3×1.5＋3＋0.48＝70.48米。

②鸡舍的宽度 可根据下面公式计算。

鸡舍的宽度（米）＝每组笼跨度×鸡笼列数＋纵向走道宽度×纵向走道条数＋纵墙厚度。

如上例中，每组笼的跨度为0.8米，每条纵向走道宽度1.2米，纵墙厚度0.24米，则鸡舍的总跨度为：0.8×2＋1.2×3＋0.48＝5.68米。

准备篇

三、设备的准备

养鸡设备种类繁多，可根据不同饲养方式和机械化程度，选用不同的设备。

（一）笼具

1. 种鸡笼具

（1）单笼　肉用种鸡采用自然交配方式时一般用此种笼具，这种笼具为一种金属大方笼，长2米，宽1米，高0.7米，笼底向外倾斜，伸到笼外形成蛋槽。数个或数十个组装成一列，笼外挂上料槽和饮水管，采用乳头饮水器饮水。

（2）全阶梯式笼具　这是目前肉用种鸡生产中采用人工授精方式时的主要饲养笼具之一。这种笼具各层之间全部错开，粪便直接掉入粪坑或地面，不需安装承粪板。多采用三层结构。人工喂料、集蛋时，为降低饲养员工作强度和有利于保护笼具，也可采取二层结构，但降低了单位面积上的养鸡数量。近年来为降低舍内氨气浓度和方便除粪，南方很多鸡场均采用高床饲养，即笼子全部架空在距地2米左右高的水泥条板上。这种结构，单位面积上养鸡数量虽不及其他方式多，但生产中使用效果较好。

（3）半阶梯式笼具　这种方式与全阶梯式的区别在于上下层鸡笼之间有一半重叠，其重叠部分设有一斜面承粪板，粪便通过承粪板而落入粪坑或地面。由于有一半重叠，故节约了地面而使单位面积上的养鸡数量比全阶梯式增加了1/3，同时也减少了鸡舍的建筑投资，生产效果二者基本相似。

（4）综合阶梯式笼具　这种布局为三层中的下两层重叠，顶层与下两层之间完全错开呈阶梯式。此布局与半阶梯式在占地面积上是相等的，不同的是施工难度较半阶梯式低。同时，在低温环境下，重叠部分的局部区域空气质量相对较好。

2. 育雏笼　常见的是四层重叠育雏笼。该笼四层重叠，层高333毫米，每组笼面积为700毫米×1 400毫米，层与层之间设置两个粪盘，全笼总高为1 720毫米。一般采用6组配置，其外形尺寸为4 400毫米×1 450毫米×1 720毫米，总占地面积为6.38米^2。加热组在每层顶部内侧装有350瓦远红外加热板1块，由乙醚胀缩饼或双金属片调节器自动控温，另设有加湿槽及吸引灯，除与保温组连接一侧外，三面采用封闭式，以便保温。保温组两侧封闭，与雏鸡活动笼相连的一侧挂帆布帘，以便保温和雏鸡进出。雏鸡活动笼两侧挂有饲喂网格片，笼外挂饲槽或饮水槽。目前多采用6~7组的雏鸡活动笼。

3. 育雏育成笼　育雏育成笼每个单笼长1 900毫米，中间有一隔网隔成两个笼格，笼深500毫米，适用0~20周龄雏鸡，以3层阶梯或半阶梯布置，每小笼养育成12~15只鸡，每整组150~180只。饲槽喂料，乳头饮水器或长流水水槽供水。

4. 肉仔鸡笼　肉仔鸡笼由笼架、笼体、料槽、水槽和托粪盘构成。规模不等，一般笼体体长100厘米，宽60~80厘米，高150厘米。从离地30厘米起，每40厘米为一层，可设三层或四层，笼底与托粪盘相距10厘米。饲槽喂料，乳头饮水器或长流水水槽供水。

（二）条板

网上平养鸡舍需要条板形成网面。肉种鸡一般采用条板—垫料鸡舍，其中条板应占地面面积的 60%，垫料应占地面面积的 40%，条板的宽为 2.5～5 厘米，间隙为 2.5 厘米，应沿着鸡舍纵向铺设，不能在鸡舍内横向铺设，否则鸡沿食槽吃料时不能很好站立来支撑自己的身体。也可用金属网来代替条板，但金属网应足够粗，网眼尺寸为 2.5 厘米×5 厘米，同样的道理，网眼的长度方向应横向于鸡舍。条板在鸡舍内的安装方法有 2 种，一种为一半条板靠左墙，另一半条板靠右墙，中央铺设垫料，日常工作在中央垫料区域内进行；另一种方法为鸡舍中央铺设条板，垫料分别铺设在条板两边。条板离地面应在 70 厘米以上，条板下才有足够的空间来积聚一年的粪便。肉用仔鸡舍可以使用全条板。

（三）喂料设备

1. 料桶 适用于平养、人工喂料。由上小下大的圆形盛料桶和中央锥形的圆盘状料盘及栅格等组成，并可通过吊索调节高度。料桶有大小两种型号，育雏期用小号，育成期用大号。

2. 自动喂料系统 自动喂料系统主要有链环式喂料系统、螺旋式喂料系统和塞盘式喂料系统。链环式喂料系统由料箱、驱动器、链片、饲槽、饲料清洁器和升降装置等部分组成，适用于平养或笼养。饲料从舍外料塔经输料管送入舍内料箱，再由驱动轮带动饲槽中的链片，将饲料输送至整个饲槽中。平养喂料机应加栅格，并在余料带回料箱前，经饲料清洁器筛去鸡毛、鸡粪和垫料。另还设有升降装置来调节饲槽高度，既可减少饲料浪费，又便于鸡舍清扫。螺旋式喂料系统由料箱、驱动器、推送螺旋、输料管、料盘和升降装置等部分组成；塞盘式喂料系统由料箱、驱动器、塑料塞盘及镀锌钢缆、输料管、转角器、料盘和升降装置等部分组成。两者都适用于平养。

3. 轨道车喂饲机 多层笼养鸡舍内常采用轨道车喂饲机。

在鸡笼的顶端装有角钢或工字钢制的轨道，轨道上有一台四轮料车，车的两侧分别挂有与笼层列数相同的料斗，料斗底部的排料管伸入饲槽内，排料管上套有伸缩管，调整伸缩离槽底的距离，可改变喂料量。料车由钢索牵引或自行，沿轨道从鸡笼一端运行至另一端，即完成一次上料。

（四）饮水设备

1. 水槽式饮水设备 长流水式水槽供水设备简单，国内广泛应用。但水量浪费大，水质易受污染，须定期刷洗。安装时，应使整列水槽处于同一水平线，以免出现缺水或溢水。在平养中应用，可用支架固定，其高度高出鸡背2厘米左右，并设防栖钢丝。水线安置在离料线1米左右或靠墙地方。可采用浮子阀门或弹簧阀门机构来控制水槽内水位高度。

2. 真空饮水器 真空饮水器（壶式饮水器），由水罐和水盘组成，有大、中、小三种型号，适用于平养鸡。

3. 吊塔式饮水器 烤盘内水的重量来启闭供水阀门，即当盘内无水时，阀门打开，当盘内水达到一定量时，阀门关闭。主要用于平养鸡舍，用调索吊在离地面一定高度（与雏鸡的背部或成鸡的眼睛等高）。该饮水器的特点是适应性广，不妨碍鸡群的活动。

4. 杯式和乳头式饮水器

（1）杯式饮水器 由饮水杯、控制系统和水线构成，水线供水，通过控制系统使水杯中的水始终保持在一定水位。每个笼格前面安装一个即可。优点是自动供水，易于观察有无水，不足是需要定时洗刷水杯。

（2）乳头式饮水器 乳头式饮水器因其出水处设有乳头状阀门杆而得名，多用于笼养。每个饮水器可供10～20只雏鸡或3～5只成鸡，前者水压 $1.47 \times 10^4 \sim 2.45 \times 10^4$ 帕，后者为 $2.45 \times 10^4 \sim 3.43 \times 10^4$ 帕，由于全封闭水线供水，保证饮水清洁，有利防疫并可大量节水，但要求制造工艺精度高，以防漏水，有的产品配有接水槽或接水杯。

5. 供水系统　　笼养的供水系统包括饮水器、水质过滤器、减压水箱、输水管道。平养的供水系统，在上述设备基础上再增设防栖钢丝、升降钢索、滑轮和减速器及摇把，以便根据需要调节高度。在鸡群淘汰后还可将水线升至鸡舍高处，以利鸡舍清洗的操作。

（五）清粪设备

鸡舍内的粪便清理方法有分散式和集中式两种。分散式除粪每日清粪2～3次，常用普通网上平养和笼养。集中式除粪是每隔数天、数月或一个饲养期清粪一次，主要用于平养或高床式笼养。

1. 刮板式清粪机　　用于网上平养和笼养，安置在鸡笼下的粪沟内，刮板略小于粪沟宽度。每开动一次，刮板作一次往返移动，刮板向前移动时将鸡粪刮到鸡舍一端的横向粪沟内，返回时，刮板上抬空行。横向粪沟内的鸡粪由螺旋清粪机排至舍外。视鸡舍设计，1台电机可负载单列、双列或多列。

2. 输送带式清粪机　　只用于叠层式笼养。它的承粪和除粪均由输送带完成，工作时由电机带动上下各层输送带的主动辊，使鸡粪排到鸡舍一端的横向粪沟。排粪处设有刮板，将粘在带上的鸡粪刮下。为将鸡粪排出舍外，多在鸡舍横向粪沟内安装螺旋排粪机，在鸡舍外的部分为倾斜搅龙以便装车。

3. 高床定期清粪　　高床式网上平养、高床平置式笼养和高床阶梯式笼养，床下粪坑一般深1.7～2米，粪坑的墙上装有风机，在畜舍的屋檐处进气，粪坑两侧端壁排气，以使鸡粪干燥。床下的鸡粪可一年或数年清除一次，清粪机为铲车或推上机。

（六）通风设备

鸡舍的通风方式有自然通风和机械通风。

1. 自然通风　主要利用舍内外温差（热压）和自然风力（风压）进行舍内外空气交换，适用于开放舍和有窗舍，利用门窗和屋顶上的通风口进行。通风效果决定于舍内外的温差、风口和风力的大小，炎热夏季舍内外温差小，冬季鸡舍封闭严密都会影响通风效果。

2. 机械通风　利用风机进行强制送风（正压通风）和排风（负压通风）。常用的风机是轴流式风机（鸡舍常用风机性能参数见表1-4）。风机是由外壳、叶片和电机组成的，有的叶片直接安装在电机的转轴上，有的是叶片轴与电机轴分离，由传送带连接。

（1）正压通风　利用风机向舍内送风，使舍内形成正压区，污浊空气自然排出。密闭舍可以在风机口安装过滤和降温设备对进入的空气进行过滤和降温。不能密封的鸡舍在炎热夏季为加大舍内气流速度，也可使用高速风机向舍内送风。

表1-4　鸡舍常用风机性能参数

型号	HRJ-71型	HRJ-90型	HRJ-100型	HRJ-125型	HRJ-140型
风叶直径/毫米	710	900	1 000	1 250	1 400
风叶转速/（转/分钟）	560	560	560	360	360
风量/（米^3/分钟）	295	445	540	670	925
全压/帕	55	60	62	55	60
噪声/分贝	≤70	≤70	≤70	≤70	≤70
输入功率/千瓦	0.55	0.55	0.75	0.75	1.1

型号	HRJ-71 型	HRJ-90 型	HRJ-100 型	HRJ-125 型	HRJ-140 型
额定电压/伏	380	380	380	380	380
电机转速/（转/分钟）	1 350	1 350	1 350	1 350	1 350
安装外形尺寸（长×宽×厚）/（毫米）	810×810×370	1 000×1 000×370	1 100×1 100×370	1 400×1 400×400	1 550×1 550×400

（2）负压通风 利用风机排风，使舍内形成负压，外界空气通过进气口进入舍内。适用于封闭舍。过去采用的是横向通风，将风机安装在纵墙上或屋顶上，进气口留在另一侧纵墙上。这种方式容易形成通风死角，造价和运行成本高，还容易造成环境污染。现在多采用纵向负压通风。纵向通风可以消除通风死角，降低安装成本和运行成本，气流速度快且均匀，避免场区空气污染。夏季在进气口安装湿帘可以降低舍内温度。风机的位置根据鸡舍的长度和布局确定，如果鸡舍长度在 60 米以内，把风机安装在一侧端墙上或紧邻端墙的侧墙上，另一侧端墙上或紧邻端墙的侧墙上设置进气口；如果鸡舍长度大于 60 米，把风机安装在两侧端墙上或紧邻端墙的侧墙上，把进气口设置在鸡舍中部的侧墙上。

（七）照明设备

鸡舍必须要安装人工光照照明系统。人工照明采用普通灯泡或节能灯泡，安装灯罩，以防尘和最大限度的利用灯光。根据饲养阶段采用不同功率的灯泡。如育雏舍用 40～60 瓦的灯泡，育成舍用 15～25 瓦的灯泡，种鸡舍用 25～45 瓦的灯泡。灯距为 2～3 米。笼养鸡舍每个走道上安装一列光源。平养鸡舍的光源布置要均匀。

（八）畜舍的清洗消毒设备

为做好卫生防疫工作，保证肉鸡健康，肉鸡场必须配备清洗消毒设备，主要有高压冲洗机、喷雾器等。常用的喷雾器见图1-6。

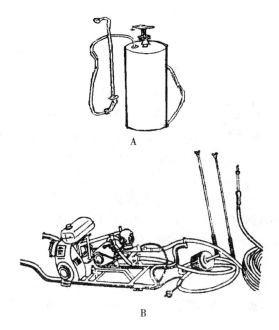

图 1-6　喷雾器
A. 背负式手动喷雾器　B. 担架式高压机动喷雾器

（九）供温设备

1. 烟道供温　烟道供温有地上水平烟道和地下烟道两种。地上水平烟道是在育雏室墙外建一个炉灶，根据育雏室面积的大小在室内用砖砌成一个或两个烟道，一端与炉灶相通。烟道排列形式因房舍而定。烟道另一端穿出对侧墙后，沿墙外侧建一个较高的烟囱，烟囱应高出鸡舍1米左右，通过烟道对地面和育雏室空间加温。地下烟道与地上烟道相比差异不大，只不过室内烟道建在地下，与地面齐平。烟道供温应注意烟道不能漏气，以防煤气中毒。烟道供温时室内空气新鲜，粪便干燥，可减少疾病感染，适用于广大农户养鸡和中小型鸡场，对平养和笼养均适宜。

2. 煤炉供温 煤炉由炉灶和铁皮烟筒组成。使用时先将煤炉加煤升温后放进育雏室内，炉上加铁皮烟筒，烟筒伸出室外，烟筒的接口处必须密封，以防煤烟漏出致使雏鸡发生煤气中毒死亡。此方法适用于较小规模的养鸡户使用，方便简单。

3. 保温伞供温 保温伞由伞部和内伞两部分组成。伞部用镀锌铁皮或纤维板制成伞状罩，内伞有隔热材料，以利保温。热源用电阻丝、电热管子或煤炉等，安装在伞内壁周围，伞中心安装电热灯泡。直径为2米的保温伞可养鸡300～500只。保温伞育雏时要求室温24℃以上，伞下距地面高度5厘米处温度35℃，雏鸡可以在伞下自由出入。此种方法一般用于平面垫料育雏。

4. 热水热气供温 利用锅炉和供热管道将热气或热水送到鸡舍的散热器中，然后提高舍内温度。温度稳定，舍内卫生，但一次投入大，运行成本高，适用于大型肉鸡场。

5. 热风炉供温 利用热风炉将热空气送入舍内，使舍内温度达到要求。舍内温度稳定，空气洁净，是一种实用的、新型的供温方式。

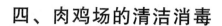

四、肉鸡场的清洁消毒

消毒可消灭被病原微生物污染的场内环境、畜体表面及设备器具上的病原体，切断传播途径，防止疾病的发生或蔓延。因此，消毒是保证鸡群健康和正常生产的重要技术措施。

（一）未使用肉鸡场的消毒

新建肉鸡场的鸡舍和设备都是新的，还没有受到污染，消毒相对简单。具体清洁消毒步骤如下。

1. 清扫冲洗　将鸡舍和设备用具表面的灰尘、垃圾和污物等清理干净，用清水将将鸡舍和设备、用具冲洗干净（如果设备不能冲洗，可以用抹布擦洗干净）。

2. 喷洒消毒药物　待鸡舍干燥后，用 3％～5％ 的火碱、0.03％ 百毒杀溶液喷洒地面、墙壁以及可以喷洒的设备用具等（每平方米面积使用 300～500 毫升药液）。

3. 熏蒸　在进鸡前 1～2 周，封闭鸡舍门窗以及所有缝隙，每立方米空间使用福尔马林 28 毫升，高锰酸钾 14 毫克熏蒸消毒24 小时，然后打开门窗通风 1 周。

4. 鸡舍周围环境消毒　进鸡前 1 周，对鸡场道路、鸡舍周围等进行彻底全面的消毒。使用 5％ 的火碱溶液或 5％ 的福尔马林溶液喷洒消毒。

（二）使用过肉鸡场的消毒

使用过的肉鸡场（或饲养过其他畜禽的场地）无论是场地、鸡舍以及设备都受到了严重的污染，可能含有多种的、大量的病原微生物，必须进行严格的清洁消毒，为下一批肉鸡的饲养创造一个卫生的环境，以减少疾病的发生。

为了获得确实的消毒效果，鸡舍全面消毒应按鸡舍排空、清扫、洗净、干燥、消毒、干燥、再消毒的顺序进行。鸡群更新原则是"全进全出"，尤其是肉鸡，每批饲养结束后要有 2～3 周的空舍时间。将所有的肉鸡尽量在短期内全部清转，对不同日龄共存的，可将某一日龄的禽舍及附近的舍排空。肉鸡舍消毒的具体步骤如下。

1. 清理清扫　移出能够移出的设备和用具，如饲料器（或料槽）、饮水器（或水槽）、笼具、加温设备、育雏育成用的网具等，清理舍内杂物。然后将鸡舍各个部位、任何角落所有灰尘、垃圾及粪便清理、清扫干净。为了减少尘埃飞扬，清扫前用 3% 的火碱溶液喷洒地面、墙壁等。通过清扫，可使环境中的细菌含量减少 21% 左右。

2. 冲洗　经过清扫后，用动力喷雾器或高压水枪进行洗净，洗净按照从上至下、从里至外的顺序进行。对较脏的地方，可事先进行人工刮除，并注意对角落、缝隙、设施背面的冲洗，做到不留死角，不留一点污垢，真正达到清洁的目的。有些设备不能冲洗可以使用抹布擦净上面的污垢。清扫、洗净后，肉鸡舍环境中的细菌可减少 50%～60%。

3. 消毒药喷洒　禽舍经彻底洗净、检修维护后即可进行消毒。鸡舍冲洗干燥后，用 5%～8% 的火碱溶液喷洒地面、墙壁、屋顶、笼具、饲槽等 2～3 次，用清水洗刷饲槽和饮水器。其他不易用水冲洗和火碱消毒的设备可以用其他消毒液涂擦。为了提高消毒效果，一般要求禽舍消毒使用 2 种或 3 种不同类型的消毒药进行 2～3 次消毒。通常第 1 次使用碱性消毒药，第 2 次使用表面活性剂类、卤素类、酚类等消毒药。

4. 移出的设备消毒　鸡舍内移出的设备用具放到指定地点，先清洗再消毒。如果能够放入消毒池内浸泡的，最好放在 3％～5％的火碱溶液或 3％～5％的福尔马林溶液中浸泡 3～5 小时；不能放入池内的，可以使用 3％～5％的火碱溶液彻底全面喷洒。消毒 2～3 小时后，用清水清洗，放在阳光下曝晒备用。

5. 熏蒸消毒　能够密闭的鸡舍，特别是雏鸡舍，将移出的设备和或许要的设备用具移入舍内，密闭熏蒸。熏蒸常用的药物是福尔马林溶液和高锰酸钾，熏蒸时间为 24～48 小时，熏蒸后待用。经过甲醛熏蒸消毒后，舍内环境中的细菌减少 90％。熏蒸操作方法如下：

（1）封闭鸡舍的窗和所有缝隙　如果使用的是能够关闭的玻璃窗，可以关闭窗户，用纸条把缝隙粘贴起来，防止漏气。如果不能关闭的窗户，可以使用塑料布封闭整个窗户。

（2）准确计算药物用量　根据鸡舍的空间分别计算好福尔马林和高锰酸钾的用量。参考用量见表，可根据鸡舍的污浊程度选用。新的没有使用过的鸡舍一般使用 Ⅰ 或 Ⅱ 浓度熏蒸；使用过的鸡舍可以选用 Ⅱ 或 Ⅲ 浓度熏蒸。如果一个鸡舍面积 100 米^2，高度 3 米，则体积为 300 米^3，用 Ⅱ 浓度，需要福尔马林 8 400 毫升，高锰酸钾 4 200 克（表 1-5）。

表 1-5　不同熏蒸浓度的药物使用量

药品名称	Ⅰ	Ⅱ	Ⅲ
福尔马林（毫升/米^3）	14	28	42
高锰酸钾（克/米^3）	7	14	21

（3）熏蒸操作　选择的容器一般是瓦制的或陶瓷的，禁用塑料的（反应腐蚀性较大，温度较高，容易引起火灾）。容器容积是药液量的 8～10 倍（熏蒸时，两种药物反应剧烈，因此盛装药

品的容器尽量大一些，否则药物流到容器外，反应不充分），鸡舍面积大时可以多放几个容器。把高锰酸钾放入容器内，将福尔马林溶液缓缓倒入，迅速撤离，封闭好门。熏蒸后可以检查药物反应情况。若残渣是一些微湿的褐色粉末，则表明反应良好。若残渣呈紫色，则表明福尔马林量不足或药效降低。若残渣太湿，则表明高锰酸钾量不足或药效降低。

（4）熏蒸的最佳条件　熏蒸效果最佳的环境温度是24℃以上，相对湿度75%～80%，熏蒸时间24～48小时。熏蒸后打开门窗通风换气1～2天，使其中甲醛气体逸出。不立即使用的可以不打开门窗，待用前再打开门窗通风。

（5）熏蒸达到指定时间后，打开通风器，如有必要，升温至15℃，先开出气阀后开进气阀。可喷洒25%的氨水溶液来中和残留的甲醛，而通过开门来逸净甲醛则有可能使不期望的物质进入。

6. 鸡舍周围环境消毒　进鸡前1周，对鸡场道路、鸡舍周围等进行彻底全面的消毒。使用5%的火碱溶液或5%的福尔马林溶液喷洒消毒。

五、饲料准备

饲料是肉鸡养殖的基础，没有优质、充足和安全的饲料就不可能搞好肉鸡生产，获得较好的效益。因此，在肉鸡饲养前必须准备好饲料。

（一）配合饲料种类

1. 按照营养成分划分 按照营养成分含量划分配合饲料有全价饲料、浓缩饲料和添加剂预混合饲料。其中浓缩饲料和添加剂预混合饲料是半成品，不能直接饲喂肉鸡，全价配合饲料是最终产品，是鸡的全价营养饲粮，可以直接饲喂肉鸡。三者关系见图1-7。

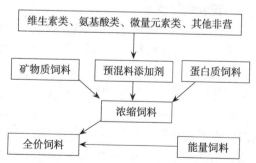

图1-7 预混合饲料、浓缩饲料和全价配合饲料之间的关系

2. 按照饲料的形态划分 肉鸡的全价配合饲料按其形态可分为粉状饲料、颗粒饲料两种。

（1）粉状饲料 粉状饲料是按全价料要求设计配方，将饲料中所有饲料都加工成粉状，然后加氨基酸、维生素、微量元素补充料及添加剂等混合拌匀而成。肉鸡采食慢，粉状饲料能使所有肉鸡均匀地吃食，摄入的饲料营养全面，易于消化，可延长采食时间。且粉状饲料不易腐烂变质，生产成本低。但粉状饲料磨得过细，适口性差，影响采食量，易飞散损失。生产上常用于2周以内的肉用仔鸡、生长后备鸡和种鸡。

（2）颗粒饲料 颗粒饲料是将按全价料要求生产的粉状饲料再制成颗粒。颗粒饲料易于采食，降低采食消耗和减少采食时间，可以防止肉鸡挑食和保证饲粮平衡；制粒时蒸汽处理可以灭菌，消灭虫卵，有利于淀粉的糊化，提高利用率，减少采食与运输时的粉尘损失。但由于在加工过程中的高温易破坏饲料中的某些成分，特别是维生素和酸制剂等。改进的方法是先制粒，然后再将维生素等均匀地喷洒在颗粒表面。因此，颗粒饲料的成本较高。颗粒饲料在生产上适用于各种类别的肉鸡，主要用于肉用仔鸡。

（二）肉鸡饲料的配制

1. 肉鸡饲料配制的注意点

（1）饲料原料要优质 肉用仔鸡消化道容积小，肠道短，消化机能较为软弱，但生长速度快，所以要求饲料营养浓度高，各种养分平衡、充足，而且易消化。生产上应多用优质饲料原料如黄玉米、豆粕、优质鱼粉等，不用或少用劣质杂粕（如棉籽饼、菜籽粕、蓖麻粕等）、粗纤维含量高的稻谷、糠麸以及非常规饲料原料（药渣、皮毛粉等）。如果原料价格太高，则少量使用其他谷物和植物蛋白饲料原料，例如次粉、杂粮等。肉用仔鸡口粮中大豆饼、粕用量可达到30%以上，玉米用量可达50%左右，油脂用量可达 5％，鱼粉用量在 3％就行了。在鸡配合饲料中使用小麦会增大粉尘，并且易塞满鸡的下嗉，所以常常限制小麦在鸡日粮中的使用；实践中可采用粗磨或压扁等以对付这种缺点，并且可以加小麦专用酶。当优质鱼粉（含粗蛋白 65％）的价格等于或略高于豆粕（含蛋白质 48％）价格的 1.5 倍时，可把鱼粉的用量增加到上限。肉骨粉和鱼粉，单独或两者配合，但要注意磷过量问题。磷用量过大有害于幼龄肉鸡生长，并且有可能产生股骨短粗病。生长鸡可耐受的有效磷最高水平为 0.75％，如果采用这个水平，应当增加钙的水平以保持钙磷比例为 2：1。利用其他的动物副产品饲料原料时也应考虑到有效磷问题。

（2）适当使用油脂　油脂饲料包括动物油和植物油。动物油如猪油、牛油、鱼油等代谢能在 33.5 兆焦/千克以上，植物油如菜籽油、棉籽油、玉米油等代谢能较低，也有 29.3 兆焦/千克。为了达到饲养标准规定的营养浓度，通常在肉鸡配合饲料中添加动、植物油脂，前期加 0.5％，后期加 5％～6％。动物油脂如牛、羊脂肪的饱和脂肪酸含量高，雏鸡不能很好地消化吸收，如果同时使用 1％的大豆油或 5％全脂大豆粉作为替代物，则可有效提高脂肪的消化率。若不添加油脂，能量指标达不到饲养标准，就须降低饲养标准，以求营养平衡。否则，若只有能量与饲养标准相差很多，蛋白质等指标满足饲养标准，则不仅蛋白质做能源浪费，而且还会因尿酸盐产生过多，肾脏负担过重，造成肾肿和尿酸盐沉积。

（3）使用添加剂　经验表明，肉鸡配合饲料中必须使用饲用添加剂才能达到较好效果。可大胆使用各种国家允许使用的添加剂，都有很好效果。只是要注意按照国家有关规定使用。如肉鸡日粮中添加酸化剂可提高生产性能。例如，添加柠檬酸 0.50％，可使日增重提高 6.1％，使成活率提高 8.6％；添加延胡索酸 0.15％，可使日增重提高 5.35％，成活率提高 10％，饲料消耗降低 62％。

为了防止球虫病的发生，饲料中使用抗球虫药物。0～42日龄肉鸡的日粮中一般都应当使用抗球虫药物，常用的抗球虫药物有马杜拉霉素、克球粉、氯苯胍、有机砷等。马杜拉霉素的用量：在有效含量为4～7毫克/千克饲料的范围内都有效，而一般推荐量为5毫克/千克饲料。需要强调的是，在有效浓度超过9毫克/千克饲料时就可引起中毒。实践表明，在这期间多种抗球虫药物交替使用比始终使用一种药物要好。使用药物要注意停药期。在上市前5～7天，饲料中应减少药物添加剂，如抗生素、磺胺类药物、喹乙醇、呋喃类药物、克球粉、氯苯胍等。以免因药物残留被拒绝收购。

（4）注意酸碱平衡和胴体质量 通过饲料控制腹水症、猝死症、腿病等。通过饲料控制腹水症的关键技术在于日粮的离子平衡，主要是钠、钾、氯，同时降低粗蛋白质浓度；添加维生素C可有效降低腹水症发生率。日粮对肉鸡胴体质量有重要影响，设计肉鸡饲料配方时必须要考虑。

2. 肉鸡饲料配方的设计步骤

（1）确定肉鸡的饲养标准 根据肉鸡维持生命活动和从事各种生产等对能量和各种营养物质需要量的测定，并结合各国饲料条件及当地环境因素，制订出鸡对能量、蛋白质、必需氨基酸、维生素和微量元素等的供给量或需要量，称为鸡的饲养标准，并以表格形式以每日每只具体需要量或占日粮含量的百分数来表示。

鸡的饲养标准有许多种，如美国的NRC饲养标准、日本家禽饲养标准，我国也制订了中国家禽饲养标准。目前许多育种公司根据其培育的品种特点、生产性能以及饲料、环境条件变化，制订其培育品种的营养需要标准，按照这一饲养标准进行饲养，便可达到该公司公布的某一优良品种的生产性能指标，在购买各品种雏鸡时索要饲养管理指导手册，按手册上的要求配制饲粮（表1-6至表1-10）。

表1-6 罗斯308肉鸡的饲养标准

阶段	0～10日龄		11～24日龄		25～42日龄		43日龄至出栏	
代谢能/(兆焦/千克)	12.65		13.20		13.40		13.50	
蛋白质/%	22～25		21～23		19～22		17～21	
氨基酸/%	总量	可利用	总量	可利用	总量	可利用	总量	可利用
赖氨酸	1.43	1.27	1.24	1.10	1.06	0.94	1.0	0.89
蛋+胱	1.07	0.94	0.95	0.84	0.83	0.73	0.79	0.69
蛋氨酸	0.51	0.47	0.45	0.42	0.40	0.37	0.38	0.35
苏氨酸	0.94	0.83	0.83	0.73	0.72	0.63	0.68	0.60
缬氨酸	1.09	0.95	0.96	0.84	0.83	0.72	0.79	0.69
异亮氨酸	0.97	0.85	0.96	0.84	0.74	0.65	0.70	0.61
精氨酸	1.45	1.31	1.27	1.14	1.10	0.99	1.04	0.93
色氨酸	0.24	0.20	0.20	0.18	0.17	0.15	0.17	0.14
矿物质								
钙	1.05		0.90		0.9		0.85	
可利用磷	0.50		0.45		0.45		0.42	
镁	0.05～0.50		0.05～0.50		0.05～0.50		0.05～0.50	
钠	0.16～0.23		0.16～0.23		0.16～0.20		0.16～0.23	
氯	0.16～0.23		0.16～0.23		0.16～0.20		0.16～0.23	
钾	0.40～0.90		0.40～0.90		0.40～0.90		0.40～0.90	
每千克添加微量元素								
铜/毫克	16		16		16		16	
碘/毫克	1.25		1.25		1.25		1.25	
铁/毫克	40		40		40		40	
锰/毫克	120		120		120		120	
钼/毫克	0.30		0.30		0.30		0.30	
锌/毫克	100		100		100		100	
每千克添加维生素	小麦型日粮	玉米型日粮	小麦型日粮	玉米型日粮	小麦型日粮	玉米型日粮	小麦型日粮	玉米型日粮
维生素A/国际单位	12 000	11 000	10 000	9 000	10 000	9 000	10 000	9 000
维生素D₃/国际单位	5 000	5 000	5 000	5 000	5 000	5 000	5 000	5 000
维生素E/国际单位	75	75	50	50	50	50	50	50

阶段	0～10 日龄		11～24 日龄		25～42 日龄		43 日龄至出栏	
维生素 K/毫克	3	3	3	3	2	2	2	2
维生素 B_1/毫克	3	3	2	2	2	2	2	2
维生素 B_2/毫克	8	8	6	6	5	5	5	5
烟酸/毫克	55	60	55	60	35	40	35	40
泛酸/毫克	13	15	13	15	13	15	13	15
维生素 B_6/毫克	5	4	4	3	3	2	3	2
生物素/毫克	0.20	0.15	0.20	0.10	0.10	0.10	0.10	0.10
叶酸/毫克	2.0	1.5	1.75	1.75	1.5	1.5	1.5	1.5
维生素 B_{12}/毫克	0.016	0.016	0.016	0.016	0.010	0.010	0.010	0.010

注：公、母混养出栏体重大于3.0千克的营养标准。

表1-7 爱拔益加肉鸡饲养标准

阶段	育雏期 (0～21 日龄)	中期 (22～37 日龄)	后期 (38 日龄至出栏)
代谢能/（兆焦/千克）	12.97	13.40	13.40
粗蛋白质/%	23.00	20.50	18.50
钙/%（最低～最高）	0.95～1.00	0.85～1.00	0.80～0.95
有效磷/%（最低～最高）	0.47～0.50	0.41～0.50	0.38～0.48
盐/%（最低～最高）	0.30～0.50	0.30～0.50	0.30～0.50
钠/%（最低～最高）	0.18～0.25	0.18～0.25	0.18～0.25
钾/%（最低～最高）	0.70～0.90	0.70～0.90	0.70～0.90
镁/%	0.60	0.60	0.60
氯/%（最低～最高）	0.15～0.25	0.15～0.25	0.15～0.25
氨基酸/%（最低）			
蛋氨酸	0.47	0.45	0.38
蛋氨酸＋胱氨酸	0.90	0.83	0.68
赖氨酸	1.18	1.02	0.77

阶　　段	育雏期 （0～21 日龄）	中期 （22～37 日龄）	后期 （38 日龄至出栏）
精氨酸	1.25	1.22	0.96
色氨酸	0.23	0.20	0.18
苏氨酸	0.78	0.75	0.65
每千克添加维生素			
维生素 A/国际单位	8 800	8 800	6 600
维生素 D/国际单位	3 000	3 000	2 200
维生素 E/国际单位	30.0	30.0	30.0
维生素 K_3/毫克	1.65	1.65	1.65
维生素 B_1/毫克	1.1	1.1	1.1
维生素 B_2/毫克	6.6	6.6	55
泛酸/毫克	11.0	11.0	11.0
烟酸/毫克	66.0	66.0	66.0
维生素 B_6/毫克	4.4	4.4	3.0
叶酸/毫克	1.0	1.0	1.0
胆碱/毫克	550	550	440
维生素 B_{12}/毫克	0.022	0.022	0.011
生物素/毫克	0.2	0.2	0.2
每千克添加微量元素			
锰/毫克	100	100	100
锌/毫克	75	75	75
铁/毫克	100	100	100
铜/毫克	8	8	8
碘/毫克	0.45	0.45	0.45
硒/毫克	0.3	0.3	0.3

表1-8　艾维茵肉鸡饲养标准

阶　　段	育雏期 （0～21 日龄）	中期 （22～42 日龄）	后期 （43～56 日龄）
代谢能/（兆焦/千克）	12.89～13.87	13.14～14.02	13.35～14.27
粗蛋白质/%	22～24	20～22	18～20
钙/%	0.90～1.10	0.85～1.00	0.80～1.0
有效磷/%	0.48～0.55	0.43～0.50	0.38～0.50

准
备
篇

（续）

阶　段	育雏期 （0～21 日龄）	中期 （22～42 日龄）	后期 （43～56 日龄）
氨基酸/%（最低）			
蛋氨酸	0.33	0.32	0.25
蛋氨酸＋胱氨酸	0.60	0.56	0.46
赖氨酸	0.81	0.70	0.53
精氨酸	0.88	0.81	0.66
色氨酸	0.16	0.12	0.11
每千克添加维生素			
维生素 A/国际单位	8 800	6 600	6 600
维生素 D/国际单位	2 750	2 200	2 200
维生素 E/国际单位	11.0	8.8	8.8
维生素 K_3/毫克	2.2	2.2	2.2
维生素 B_1/毫克	1.1	1.1	1.1
维生素 B_2/毫克	5.5	4.4	4.4
泛酸/毫克	11.0	11.0	11.0
烟酸/毫克	38.5	33.0	33.0
维生素 B_6/毫克	2.2	1.1	1.1
叶酸/毫克	0.66	0.66	0.66
胆碱/毫克	550	500	440
维生素 B_{12}/毫克	0.011	0.011	0.011
每千克添加微量元素			
锰/毫克	55	55	55
锌/毫克	55	55	55
铁/毫克	44	44	44
铜/毫克	5.5	5.5	5.5
碘/毫克	0.44	0.44	0.44
硒/毫克	0.099	0.099	0.099

表 1-9　黄羽肉仔鸡的饲养标准（优质地方品种）

项　目	0～5 周	6～10 周	11 周	11 周以后
代谢能/（兆焦/千克）	11.72	11.72	12.55	13.39～13.81
粗蛋白质/%	20.0	18～17	16	16
蛋能比/（克/兆焦）	17	16	13	13

项　　目	0～5 周	6～10 周	11 周	11 周以后
钙/%	0.90	0.80	0.80	0.70
总磷/%	0.65	0.60	0.60	0.55
有效磷/%	0.50	0.40	0.40	0.40
食盐/%	0.35	0.35	0.35	0.35

表 1-10　黄羽肉仔鸡的饲养标准（中速、快速型鸡种）

项　　目	0～1 周	2～5 周	6～9 周	10～13 周
代谢能/（兆焦/千克）	12.55	11.72～12.131	13.81	13.39
粗蛋白质/%	20.0	8	16	23
蛋能比/（克/兆焦）	16	15	11.5	17
钙/%	0.90～1.1	0.90～1.1	0.75～0.9	0.90
总磷/%	0.75	0.65～0.7	0.60	0.70
有效磷/%	0.50～0.6	0.50	0.45	0.55
食盐/%	0.37	0.37	0.37	0.37

　　（2）选择肉鸡常用饲料　饲料原料包括能量饲料（玉米、小麦麸、脂肪等）、蛋白质饲料（鱼粉、大豆粕、菜籽粕、花生粕）、矿物质饲料、预混料（包括微量元素、维生素饲料和饲料添加剂）。只有选择优质的饲料原料，并合理使用，才能配制出高质量的日粮。

　　肉鸡常用的能量饲料是玉米和植物油。蛋白质饲料主要是豆粕和少量的杂粕，如棉籽（饼）粕、菜籽（饼）粕、花生（饼）粕等，以玉米—豆粕为主的日粮，对于肉鸡而言蛋氨酸是第一限制性氨基酸，赖氨酸为第二限制性氨基酸，因此还需要添加合成的蛋氨酸和赖氨酸。

　　在选择肉鸡饲料原料的同时，必须掌握目前肉鸡饲料及原料的市场价格。因为设计饲料配方的目的不仅要满足肉鸡营养需要，而且要求是一个低成本的饲料配方，这样才能做到以最低的投入达到最大的产出。因此，要了解饲料原料的购入价格及其加工成本。在饲料原料价格一定的条件下，尽量少用价格高的饲

准备篇

料，另外尽量用当地饲料，这样可减少运输成本。采用多种原料合理搭配，一方面使各种饲料原料的营养物质互补，提高饲料的利用效率；另一方面可扩大饲料资源，使一些适口性差、利用率低的饲料得以利用，这样可大大降低饲料成本。

（3）参考饲料营养成分表　该营养成分表记录了各种饲料的营养成分及其含量，是我们设计肉鸡饲料配方时选择饲料原料的依据，一般配方时常参考中国农业科学院公布的《中国常用饲料成分及营养价值表》。饲料因品种、产地、加工工艺、质量等级等不同，营养成分含量也不同。配合出的饲料的营养成分含量可能有出入。最好的办法是对每一批饲料原料进行化验分析，根据分析结果设计饲料配方。如果没有条件，则参考饲料营养成分表，以最低的营养成分含量设计饲料配方。

（4）计算肉鸡全价饲料配方　目前设计饲料配方主要采用手工计算和计算机软件计算两种方法。在设计饲料配方时，要严格按饲料卫生标准执行，严格控制有害物质和添加剂的使用，作为预防疾病的添加剂，要注意使用无毒副作用和药物残留的微生态制剂。

3. 肉鸡日粮配方示例　见表 1-11 至 1-16。

表 1-11　肉仔鸡二段制饲料配方（一）

原　　　料	0～4 周		5～8 周	
	玉米豆粕型	玉米豆粕鱼粉型	玉米豆粕型	玉米豆粕鱼粉型
玉米/%	61.5	63.0	66.0	67.0
大豆粕/%	34.0	30.0	29.0	26.0
鱼粉/%	0	3.0	0	2.0
动、植物油/%	0	0	10	1.0
骨粉/%	2.8	2.2	2.5	2.1
石粉/%	0.3	0.4	0.2	0.4
食盐/%	0.3	0.3	0.3	0.3
预混料/%	1.0	1.0	1.0	1.0
合计/%	100	100	100	100

原　　料	0～4 周		5～8 周	
	玉米豆粕型	玉米豆粕鱼粉型	玉米豆粕型	玉米豆粕鱼粉型
每 10 千克预混料中氨基酸				
赖氨酸/克	300	0	0	0
蛋氨酸/克	1 200	900	550	400
成分				
代谢能/（兆焦/千克）	12.14	12.30	12.55	12.55
粗蛋白/%	20.2	20.4	18.4	18.3
钙/%	1.04	1.00	0.90	0.9
有效磷/%	0.44	0.44	0.40	0.4
赖氨酸/%	1.08	1.09	0.94	0.95
蛋氨酸/%	0.45	0.45	0.36	0.36
蛋氨酸＋胱氨酸/%	0.80	0.78	0.62	0.63

表 1-12　肉仔鸡二段制饲料配方（二）

原　　料	0～4 周			5～8 周		
	配方 1	配方 2	配方 3	配方 1	配方 2	配方 3
玉米/%	60.0	59.0	60.0	66.0	66.6	69.0
大豆粕/%	24.0	22.0	21.7	20.0	19.0	18.0
棉粕/%	0	12.0	9.0	0	9.5	4.3
花生粕/%	10.8	0	0	9.2	0	0
肉骨粉/%	0	0	5.0	0	0	6.0
鱼粉/%	1.0	1.4	0	0.8	1.0	0
动、植物油/%	0	1.5	1.0	0	0	0
骨粉/%	2.7	2.6	1.6	2.4	2.3	1.2
石粉/%	0.2	0.2	0.4	0.2	0.3	0.2
食盐/%	0.3	0.3	0.3	0.3	0.3	0.3
预混料/%	1.0	1.0	1.0	1.0	1.0	1.0
合计/%	100	100	100	100	100	100
每 10 千克预混料中氨基酸						
赖氨酸/克	1 100	1 200	1 000	800	400	500
蛋氨酸/克	1 100	1 200	1 000	600	500	500
成分（代谢能：兆焦/千克；其他：%）						

准
备
篇

原　料	0～4 周			5～8 周		
	配方 1	配方 2	配方 3	配方 1	配方 2	配方 3
代谢能/（兆焦/千克）	12.2	12.2	12.2	12.4	12.7	13.0
粗蛋白/%	21	20.5	20.6	18.9	18.6	18.9
钙/%	1.00	1.00	1.00	0.92	0.91	0.90
有效磷/%	0.45	0.45	0.46	0.40	0.40	0.44
赖氨酸/%	1.09	1.09	1.09	0.94	0.91	0.89
蛋氨酸/%	0.45	0.45	0.45	0.37	0.36	0.36
蛋氨酸＋胱氨酸/%	0.79	0.82	0.80	0.69	0.64	0.62

表 1-13　肉仔鸡二段制饲料配方（三）

原　料	0～4	5～8
玉米/%	61.17	66.22
大豆粕/%	30.0	28.0
鱼粉/%	6.0	2.0
98%的 DL-蛋氨酸/%	0.19	0.27
98%的赖氨酸/%	0.05	0.27
骨粉/%	1.22	1.89
食盐/%	0.37	0.35
微量元素、维生素预混料/%	1.0	1.00
成分		
代谢能/（兆焦/千克）	12.97	13.14
粗蛋白/%	20.5	19.1
钙/%	1.02	1.11
有效磷/%	0.45	0.44
赖氨酸/%	1.20	1.20
蛋氨酸/%	0.53	0.53
蛋氨酸＋胱氨酸/%	0.86	0.83

准
备
篇

表 1-14 肉仔鸡三段制饲料配方（四）

原　料	0～21 日龄		22～37 日龄		38 日龄	
	配方 1	配方 2	配方 1	配方 2	配方 1	配方 2
玉米/%	59.8	56.7	65.5	63.8	68.2	66.9
大豆粕/%	32.0	38.0	28.0	31.0	25.5	27.0
鱼粉/%	4.0	0	2.0	0	1.0	0
动、植物油/%	0.5	1.0	0.6	1.0	1.4	2.0
骨粉/%	2.0	2.8	2.2	2.6	2.3	2.5
石粉/%	0.4	0.2	0.4	0.3	0.3	0.3
食盐/%	0.3	0.3	0.3	0.3	0.3	0.3
预混料/%	1.0	1.0	1.0	1.0	1.0	1.0
合计/%	100	100	100	100	100	100
每 10 千克预混料中氨基酸						
赖氨酸/克	0	0	0	0	0	0
蛋氨酸/克	700	900	850	1 000	550	650
成分						
代谢能/（兆焦/千克）	12.3	12.2	12.5	12.5	12.8	12.8
粗蛋白/%	21.6	21.5	19.1	19.1	17.6	17.6
钙/%	1.00	1.00	0.95	0.96	0.90	0.92
有效磷/%	0.46	0.45	0.42	0.42	0.40	0.40
赖氨酸/%	1.18	1.15	1.00	0.98	0.90	0.88
蛋氨酸/%	0.45	0.44	0.42	0.42	0.36	0.36
蛋氨酸＋胱氨酸/%	0.80	0.82	0.74	0.75	0.66	0.67

表 1-15 肉仔鸡三段制饲料配方（五）

原　料	0～3	4～6	7～8
玉米/%	56.7	67.24	70.23
大豆粕/%	25.29	14.80	15.30
鱼粉/%	12.00	12.0	8.00
植物油/%	3.00	3.00	3.00
含量 98% 的 DL-蛋氨酸/%	0.14	0.23	0.31
含量 98% 的 L-赖氨酸/%	0.20	0.20	0.21
石粉/%	0.95	1.03	1.08
磷酸氢钙/%	0.42	0.20	0.57

原　　料	0～3	4～6	7～8
食盐/%	0.30	0.30	0.30
微量元素、维生素预混料/%	1.00	1.00	1.00
成分			
代谢能/（兆焦/千克）	12.97	13.39	13.39
粗蛋白/%	24	20.0	18.0
钙/%	1.00	0.95	0.90
有效磷/%	0.50	0.50	0.40
赖氨酸/%	1.42	1.26	1.16
蛋氨酸/%	0.60	0.59	0.51
蛋氨酸＋胱氨酸/%	0.95	0.86	0.80

表 1-16　黄羽肉鸡配方

原　　料	0～5 周		6～12 周	
	配方 1	配方 2	配方 1	配方 2
玉米/%	63.7	62.0	69.0	68.0
大豆粕/%	22.0	18.0	16.7	15.0
棉粕/%	7.0	6.8	8.0	7.0
花生粕/%	0	8.0	0	6.0
肉骨粉/%	4.0	0	3.0	0
鱼粉/%	0	1.0	0	0
动、植物油/%	0	0	0	0
骨粉/%	1.6	2.5	1.6	2.5
石粉/%	0.6	0.4	0.4	0.2
食盐/%	0.3	0.3	0.3	0.3
预混料/%	1.0	1.0	1.0	1.0
合计/%	100	100	100	100
每 10 千克预混料中氨基酸				
赖氨酸/克	0	500	0	500
蛋氨酸/克	150	200	0	0
成分				
代谢能/（兆焦/千克）	12.3	12.1	12.4	12.3

原　　料	0～5 周		6～12 周	
	配方 1	配方 2	配方 1	配方 2
粗蛋白/%	20.1	20.1	18.1	17.9
钙/%	0.95	1.00	0.88	0.88
有效磷/%	0.42	0.43	0.38	0.39
赖氨酸/%	0.96	0.95	0.82	0.81
蛋氨酸/%	0.34	0.34	0.29	0.28
蛋氨酸＋胱氨酸/%	0.68	0.68	0.61	0.61

4. 肉鸡饲料的加工

（1）饲料原料的称量　饲料原料的称量准确与否直接影响到配合饲料的质量，配方设计的再科学，称量不准也不可能配出符合要求的全价饲料。准确称量：一要有符合要求的称量器具，常用电子秤（规模化饲料加工厂）和一般的磅秤（小型饲料加工厂和饲养场）。要求具有足够的准确度和稳定性，满足饲料配方所提出的精确配料要求，不易出现故障，结构简单，易于掌握和使用；二要准确称量。配料人员要有高度的责任心，一丝不苟，认真称量，保证各种原料准确无误。并定期检查磅秤的准确程度，发现问题及时解决。

（2）粉碎　将玉米、豆饼、花生饼等各类籽实及块状饲料进行粉碎，主要目的是减少鸡的咀嚼，增加与消化液的接触面，是肉鸡采食的营养均匀，从而提高饲料养分的消化率。鸡饲料粉碎一般要求筛孔直径在 1 毫米以下。

（3）混合　即使配方非常科学，饲料原料也非常优质，但饲料混合（搅拌）不匀仍然不能获得满意的饲养效果。因此，必须将饲料混合均匀，以满足鸡的营养需要。

常用的搅拌机有立式和卧式两种类型。立式搅拌机适用于拌和含水量低于 4％的粉状饲料，含水量过多则不易拌和均匀。这种搅拌机所需动力小，价格低，维修方便，但搅拌时间较长（一般每批需 10～20 分钟），使饲料混合均匀后又因过度混合而导致

准
备
篇

分层现象，同样影响混合均匀度。时间长短可按搅拌机使用说明进行。

严重影响饲养效果的微量成分，如食盐和各种添加剂，如果拌和不均，轻者影响饲养效果，重者造成鸡群发生疾病、中毒，甚至死亡。对这些微量成分，在拌和时首先要充分粉碎，不能有结块现象（块状物不能拌和均匀，被鸡采食后有可能发生中毒）。其次，由于这类成分用量少，不能直接加入大宗饲料中进行混合，而应采用预混合的方式。可以采用预混料混合机进行混合，如果没有机器，可以人工预混合。其做法是：取10%～20%的精料（最好是比例大的能量饲料，如玉米面、麦麸等）作为载体，另外堆放，然后将微量成分分散加入其中，用平锹着地撮起，重新堆放，将后一锹饲料压在前一锹放下的饲料上，即一直往饲料的顶上放，让饲料沿中心点向四周流动成为圆锥形，这样可以使各种饲料都有混合的机会。如此反复3～4次即可达到拌和均匀的目的，预混合料即制成。最后再将这种预混合料加入全部饲料中，用同样方法拌和3～4次即能达到目的。

（4）制粒　混合后的粉状饲料，通过制粒机的蒸汽、热和压力的综合处理，使淀粉类物质糊化、熟化，可以改善饲料的适口性，提高养分的消化率，避免鸡挑食，提高采食量。颗粒料常用于肉鸡的饲养，颗粒饲料的直径为3～5毫米。

（三）肉鸡饲料的选购

如果外购饲料，生产肉鸡商品饲料的厂家很多，品种也不少，但商品饲料的质量千差万别，因此，需要选购饲料。选购商品饲料时一定要注意饲料质量，选购优质饲料。选择规模较大、质量可靠的厂家生产的商品饲料。选购时可通过以下几个方面的检查来判断饲料的质量。

1. 查看包装　饲料产品包装必须符合保证质量安全卫生的要求，便于储存、运输和使用。选购时，要注意外包装袋的新旧程度和包装缝口线路，若外观陈旧、粗糙、字迹图案退色、模糊不清，表明饲料储存过久或转运过多，或者是假冒产品，不宜购买。

2. 查看标记　根据国家饲料产品质量监督管理的要求，凡质量合格的商品饲料，应有完备的标签、说明书、检验合格证和注册商标。标签的基本内容应包括注册商标、生产许可证号、产品名称及饲用对象、产品成分分析保证值及原料组成、净重、生产日期、产品保质期、厂名厂址、电话号码、产品标准代号等。产品说明书的内容应包括：产品名称、型号、适用对象、使用方法及注意事项。产品检验合格证必须加盖检验人员印章和检验日期。注册商标除标志在标签上外，还应标志在外包装和产品说明书上。

3. 查看质量　选购时，可先用手提袋口及包装袋四角，感觉袋内不松散，有成团现象，可能储存方法不当引起受潮，或运输途中被水淋湿过，不宜选购。必要时，应打开包装袋检查。检查时，先将手插入饲料中，感觉是否有潮湿发热现象，如有，可能是干燥不好或受潮；颗粒饲料要检查饲料的破碎料含量；然后再进行闻味、观色、捏试检查，质量好的饲料产品气味芳香，没有异味，手用力握捏时，粉状料不成团，颗粒料硬度大，不易破碎，且表面光滑，当饲料从手中缓缓放出时，流动性好，颗粒状饲料落地有清脆的响声。否则是质量不好，不宜选用。

（四）饲料的运输贮藏

饲料运输中主要应防止雨淋受潮，应注意收听有关沿途的天气预报广播，尽量避免在雨天运输。必须在雨天运输的，应注意防止雨布漏水使饲料受潮。其次，饲料运输中应尽量避免日光曝晒，夏天运输应避免饲料袋暴露在日光下，中途休息应将汽车停在阴凉的地方。

日光、潮湿、高温是造成饲料霉变和维生素被破坏的主要因素，饲料产品所规定的保质期也是在良好保存条件下的保质期。贮藏条件不良，饲料可在很短时间内失去饲用价值。贮藏饲料的库房应地势高燥，尽可能保持空气凉爽，应避免阳光直射在饲料袋上。饲料袋应垛放在离地面有一定的距离的木板或竹排上，以防底部饲料受潮。应根据饲料的使用情况，安排购进饲料或生产饲料计划，避免饲料放置过久。如果前期为0～28天，后期为29～49天，前期配合料占总饲料耗料量的35%，后期占65%；每10 000只快大型肉鸡共耗配合料50 000千克，其中前期料约为17 500千克（需40%肉鸡前期浓缩料7 000千克），后期料为32 500千克（需33%肉鸡后期浓缩料10 830千克），可根据以上比例和饲养肉鸡的数量安排进料。

准 备 篇

六、生产记录准备

　　记录管理就是将鸡场生产经营活动中的人、财、物等消耗情况及有关事情记录在案，并进行规范、计算和分析。记录管理是经济核算的基础，但生产中许多肉鸡场没有生产记录或记录不全，影响效益的提高。

（一）记录管理的作用

1. 反映鸡场生产经营活动的状况　完善的记录可将整个鸡场的动态与静态记录无遗。有了详细的鸡场记录，管理者和饲养者通过记录不仅可以了解现阶段鸡场的生产经营状况，而且可以了解过去鸡场的生产经营情况。有利于加强管理，有利于对比分析，有利于进行正确的预测和决策。

2. 经济核算的基础　详细的鸡场记录包括了各种消耗、鸡群的周转及死亡淘汰等变动情况、产品的产出和销售情况、财务的支出和收入情况以及饲养管理情况等，这些都是进行经济核算的基本材料。没有详细的、原始的、全面的鸡场记录材料，经济核算也是空谈，甚至会出现虚假的核算。

（二）鸡场记录的原则

1. 及时准确　及时是根据不同记录要求，在第一时间认真填写，不拖延、不积压，避免出现遗忘和虚假；准确是按照鸡场当时的实际情况进行记录，既不夸大，也不缩小，实实在在。特别是数据要真实，不能虚构。如果记录不精确，将失去记录的真实可靠性，这样的记录也是毫无价值的。

2. 简洁完整　记录工作烦琐就不易持之以恒地去实行。所以，设置的各种记录簿册和表格力求简明扼要，通俗易懂，便于记录；完整是记录要全面系统，最好设计成不同的记录册和表格，并且填写完全、工整，易于辨认。

3. 便于分析　记录的目的是为了分析鸡场生产经营活动的情况，因此在设计表格时，要考虑记录下来的资料便于整理、归类和统计，为了与其他鸡场的横向比较和本鸡场过去的纵向比较，还应注意记录内容的可比性和稳定性。

（三）肉鸡场记录的内容

鸡场记录的内容因鸡场的经营方式与所需的资料而有所不同，一般应包括以下内容。

1. 生产记录　主要有鸡群生产情况记录，如鸡的品种、饲养数量、饲养日期、死亡淘汰、产品产量等；饲料记录，鸡群所消耗的饲料种类、数量及单价等；劳动记录，如每天出勤情况，工作时数、工作类别以及完成的工作量、劳动报酬等。

2. 财务记录　主要包括收支记录，包括出售产品的时间、数量、价格、去向及各项支出情况；资产记录，包括固定资产类（包括土地、建筑物、机器设备等的占用和消耗）、库存物资类（包括饲料、兽药、在产品、产成品、易耗品、办公用品等）的消耗数、库存数量及价值以及现金及信用类，包括现金、存款、债券、股票、应付款、应收款等。

3. 饲养管理记录　主要包括饲养管理程序及操作记录，如饲喂程序、光照程序、鸡群的周转、环境控制等记录；疾病防治记录，包括隔离消毒情况、免疫情况、发病情况、诊断及治疗情况、用药情况、驱虫情况等。

（四）肉鸡场生产记录表格

1. 肉鸡饲养记录表 肉鸡饲养中填写好饲养记录非常重要，每天要如实地、全面地填写。肉鸡饲养记录见表1-17。

表1-17 肉鸡饲养记录表

进雏时间＿＿＿＿ 购雏种鸡场＿＿＿＿ 数量＿＿＿ 栋号＿＿＿

日期	日龄	实存数/只	死亡数/只	淘汰数/只	料号	总耗料/千克	日平均耗料/克	温、湿度	备注

2. 肉鸡周报表 根据日报内容每周末要做好周报表的填写。肉鸡周报表见表1-18。

表1-18 肉鸡周报表

周龄	存栏数/只	死亡数/只	淘汰数/只	死亡淘汰率/%	累计死亡淘汰数/只	累计死亡淘汰率/%	耗料/千克	累计耗料/千克	只日耗料/克	体重/克	周料肉比	备注
1												
2												
3												
4												
5												
6												
7												
8												

准备篇

3. 免疫记录表 免疫接种工作是预防肉鸡疫病的一项重要工作，免疫的疫苗种类和次数较多，要做好免疫记录。每次免疫后要将免疫情况填入表1-19。

表1-19　肉鸡群免疫记录表

日龄	日期	疫苗名称	生产厂家	批号、有效期限	免疫方法	剂量	备　注

4. 用药记录表 肉鸡场为了预防和治疗疾病，会经常有计划地使用药物，每次用药情况要填入表1-20。

表1-20　肉鸡群用药记录表

日龄	日期	药名及规格	生产厂家	剂量	用途	用法	备注

5. 肉鸡出栏后体重报表 见表1-21。

表1-21　肉鸡出栏后体重报表

车序号	筐数/筐	数量/只	总重/千克	平均体重/千克	预收入/元	实收入/元	肉联厂只数/只
1							
2							
3							
4							
5							
6							
7							
8							

准备篇

							(续)
车序号	筐数/筐	数量/只	总重/千克	平均体重/千克	预收入/元	实收入/元	肉联厂只数/只
9							
10							
合计							

6. 肉鸡场入库和出库的药品、疫苗、药械记录表 肉鸡场技术人员和采购人员将每批入库及出库的药品、疫苗和药械逐一登记填入表1-22和表1-23。

表1-22 肉鸡场入库的药品、疫苗、药械记录表

日期	品名	规格	数量	单价	金额	生产厂家	生产日期	生产批号	经手人	备注

表1-23 肉鸡场出库的药品、疫苗、药械记录表

日期	车间	品名	规格	数量	单价	金额	经手人	备注

7. 肉鸡场购买饲料或饲料原料记录表 饲料采购和加工人员要将每批购买的饲料或饲料原料填入表1-24和表1-25中。

表1-24 购买饲料及出库记录表

日期	育雏期			育肥期		
	入库量/千克	出库量/千克	库存量/千克	入库量/千克	出库量/千克	库存量/千克

表 1-25　购买饲料原料记录表

日期	饲料品种	货主	级别	单价	数量	金额	化验结果	化验员	经手人	备注

8. 收支记录表格　见表 1-26。

表 1-26　收支记录表格

收入		支出		备注
项目	金额（元）	项目	金额（元）	
合计				

（五）鸡场记录的分析

　　通过对鸡场的记录进行整理、归类，可以进行分析。分析是通过一系列分析指标的计算来实现的。利用成活率、母鸡存活率、蛋重、日产蛋率、饲料转化率等技术效果指标来分析生产资源的投入和产出产品数量的关系以及分析各种技术的有效性和先进性。利用经济效果指标分析生产单位的经营效果和赢利情况，为鸡场的生产提供依据。

准
备
篇

七、肉鸡品种及选择

（一）肉鸡品种的类型及特点

我国目前饲养的肉鸡品种有几十种，按其来源分为国外引进品种和地方优良品种（包括培育品种）。国外引进品种生长速度快，饲料报酬高，但肉质风味相对差；我国地方优良种鸡相对国外引进品种生长速度慢，饲料报酬低，但肉质风味优良。按照生长速度和体重可以分为快大型肉鸡和优质黄羽肉鸡。

1. 快大型肉鸡　快大型肉鸡是利用选育的专门化父系和母系进行杂交生产出来的，具有如下特点。

（1）早期生长速度快，饲料利用率高　这是快大型肉鸡最重要的特点，只有早期生长快，才能早出场，减少饲料消耗。如快大型肉鸡初生重40～45克，6周龄末公、母混群饲养的肉鸡平均体重为2.35千克左右，7周龄末体重可达2.5千克左右，每增重1千克肉消耗饲料1.8～2.0千克，料肉比达1.8～2.0∶1。

（2）生活力强，饲养密度高　现代肉鸡业都是高密度大群饲养，数千只鸡一群，挤满整个舍内，几乎看不到地面。只有密集大量饲养，才能获取最大的经济效益。但大规模高密度饲养不仅加大了疫病的传播和流行机会，而且应激的因素也增多，家禽容易发生疾病。现代培育的肉鸡具有体质强健，适应力和抗病力强，成活率高的特点，适合高密度大规模饲养。

（3）整齐一致，商品性强　现代肉鸡不仅生长快、耗料省、成活率高，而且体格发育均匀一致，出场时商品率高。如果体格大小不一，给屠宰加工也带来麻烦，影响商品等级，降低经济收入。这种一致性只有通过杂交才能获得。由于多年的选育改良，公、母鸡体重之间的差异愈来愈大。为提高商品肉鸡的一致性，有的国家采取公母分开饲养。有的国家，如日本，当仔鸡长到一定周龄先将母鸡挑出上市，公鸡再养一段时间，这样既有使肉鸡出场体重均匀，又能充分发挥公鸡生长的潜力，从而增加经济效益。

（4）繁殖力强，总产肉量高　繁殖力实际上也是肉用性状的指标。今天的肉用种鸡，差不多是 24 周龄开产，养到 64 周龄，每只鸡大约产蛋 180 个，生产种蛋 160 个左右，种蛋受精率95%，受精蛋孵化率95%，一只肉用母鸡一个生产周期生产商品雏鸡 155 只左右，而且生产的肉用仔鸡当年可以上市，短期内为市场提供大量的肉食。

2. 优质肉鸡　优质肉鸡虽然提法各异，优质肉鸡应是指饲养到一定日龄、肉质鲜美、风味独特的肉鸡品种，主要强调的是肉质。优质肉鸡按照生长速度，我国的优质肉鸡可分为三种类型，即快速型、中速型和优质型。优质肉鸡生产呈现多元化的格局，不同的市场对外观和品质有不同的要求。优质黄羽肉鸡的分类如下。

快速型：以长江中下游上海、江苏、浙江和安徽等省、直辖市为主要市场。要求 49 日龄公、母平均上市体重 1.3～1.5 千克，1 千克以内未开啼的小公鸡最受欢迎。该市场对生长速度要求较高，对"三黄"特征要求较为次要，黄羽麻羽黑羽均可，胫色有黄有青也有黑。

中速型：以香港、澳门和广东珠江三角洲地区为主要市场，内地市场有逐年增长的趋势。港、澳、粤市民偏爱接近性成熟的小母鸡，当地称之为"项鸡"。要求 80～100 日龄上市，体重 1.5～2.0 千克，冠红而大，毛色光亮，具有典型的"三黄"外形特征。

优质型：以广西、广东湛江地区和部分广州市场为代表，内地中高档宾馆饭店、高收入人员也有需求。要求 90～120 日龄上市，体重 1.1～1.5 千克，冠红而大，羽色光亮，胫较细，羽色和胫色随鸡种和消费习惯而有所不同。这种类型的鸡一般未经杂交改良，以各地优良地方鸡种为主。

优质肉鸡具有如下特点。

（1）生长速度较快　优质肉鸡通过选育和配套杂交，生长速度比传统的品种有了巨大提高。有的母鸡 60 天即上市，上市体重达1 300～2 000克。饲料转化率也有较大提高。

（2）肉质好　黄羽肉鸡肉质细嫩、味道鲜美，羽毛黄色，在市场上具有较强的竞争力和较高的价值。

3. 肉杂鸡　肉杂鸡一般是用速生型的肉鸡作为父本（如 AA、艾维因、海星等），中重型高产蛋鸡作为母本（如罗曼褐、海兰褐等）杂交生产肉鸡的一种模式，20 世纪 90 年代初在我国部分地区开始兴起。具有生长速度较快，比普通蛋公鸡快，但比大型肉鸡慢；饲养成本低，如鸡苗价格便宜，只有肉鸡苗价格的 1/3 左右；适应能力强，各种饲养方式都能较好生长以及鸡肉口感好等特点，越来越受到养殖户和消费者的欢迎，饲养数量不断增加，市场占有的比例不断提高。

（二）主要的肉鸡品种

1. 快大型肉鸡品种

（1）**罗斯 308 肉鸡**　罗斯 308 肉鸡是英国罗斯育种公司培育的四系配套优良肉用鸡种。1989 年上海新杨种畜场从原公司引进配套祖代鸡。罗斯 308 是当今世界上肉鸡产肉性能极佳的品种之一。

父母代生产性能：23～24周产蛋率可达5%，24周蛋重可达48克以上即可入孵；高峰产蛋率可达86%，全期累计产合格种蛋177枚；商品鸡可通过羽毛鉴别雌雄，规模鸡场可公、母分饲。

商品代生产性能：适应性和抗病力都很强，在良好的饲养管理下，前期增重比较快，育雏成活率可达98%以上。6周龄平均体重2480克，料肉比1.7∶1；7周龄平均体重3000克，料肉比为1.85∶1。

（2）爱拔益加　简称AA肉鸡，是美国爱拔益加育种公司培育的四系配套白羽肉鸡品种，父本豆冠，母本单冠，胸宽，腿粗，肌肉发达，尾巴短，蛋壳棕色。目前我国已有十多个祖代和父母代种鸡场，是白羽肉鸡中饲养较多品种。具有生产性能稳定、增重快、胸肌率高、成活率和饲料报酬高、抗逆性强等特点。AA肉鸡可在全国绝大部分地区饲养，适宜于各类养殖场饲养。

父母代生产性能：全群平均成活率90%，入舍母鸡66周龄产蛋数193枚，入舍母鸡产种蛋数185枚，入舍母鸡产健雏数159只，种蛋受精率94%，入孵种蛋平均孵化率80%，36周龄蛋重63克。

商品代生产性能：商品代公母混养35日龄体重1770克，成活率97.0%，饲料利用率1.56；42日龄体重2360克，成活率96.5%，饲料利用率1.73，胸肉产肉率16.1%；49日龄体重2940克，成活率95.8%，饲料利用率1.90，胸肉产肉率16.8%。

（3）艾维因　艾维因肉鸡是由美国艾维因国际有限公司培育的三系配套白羽肉鸡品种，我国自1987年开始引进，也是我国白羽肉鸡中饲养较多的品种之一。艾维因肉鸡为显性白羽肉鸡，体型饱满、胸宽、腿短、黄皮肤，具有增重快、成活率和饲料报酬高等特点。艾维因肉鸡可在我国绝大部分地区饲养，适宜各种类型的养殖场饲养。

父母代生产性能：入舍母鸡产蛋 5％时成活率不低于 95％，产蛋期死淘汰率不高于 8％～10％；高峰期产蛋率 86.9％，41 周龄可产蛋 187 枚，产种蛋数 177 枚，入舍母鸡产健雏数 154 只，入孵种蛋最高孵化率 91％以上。

商品代生产性能：商品代公、母混养 49 日龄体重 2 600 克，耗料 4.63 千克，饲料转化率 1.89，成活率 97％以上。

（4）安卡红　安卡红为速生型黄羽肉鸡，四系配套，原产于以色列。1994 年 10 月上海市华青曾祖代肉鸡场引进。安卡红鸡体型较大、浑圆，是目前国内生长速度最快的红羽肉鸡。初生雏较重，达 38～41 克。绒羽为黄色、淡红色，少数雏鸡背部有条纹状褐色，主翼羽、背羽羽尖有部分黑色羽，公鸡尾羽有黑色，肤色白色，喙黄，腿粗，胫趾为黄色。单冠，公、母鸡冠齿以 6 个居多，肉髯、耳叶均为红色，较大、肥厚。与我国地方鸡种杂交有较好的配合力，可在我国绝大部分地区饲养，适宜集约化鸡场、规模化养鸡场、专业户。

父母代生产性能：0～21 周龄成活率 94％，22～26 周龄成活率 92％～95％，淘汰周龄为 66 周龄。25 周龄产蛋率 5％。每只入舍母鸡产种蛋数 164 枚，入孵种蛋出雏率 85％。

商品代生产性能：商品代饲料转化率高，生长快，饲料报酬高，6 周龄体重达 2 000 克，累计料肉比 1.75∶1；7 周龄体重达 2 405 克，累计料肉比 1.94∶1；8 周龄体重达 2 875 克，累计料肉比 2.15∶1。

（5）哈巴德肉鸡　是上海大江股份有限公司从美国引进的高产肉鸡品种。该品种具有生长速度快，抗病能力强，胴体屠宰率高，肉质好，饲料报酬高，饲养周期短以及商品鸡可羽速自别雌雄，有利于分群饲养等特点。可在我国大部分地区饲养。

父母代生产性能：开产日龄 175 天，产蛋总数 180 枚，合格种蛋数 173 枚，平均孵化率 86％～88％，平均出雏数 135～

140 只。

商品代生产性能：28 天体重1 250克，料肉比 1.54：1；35天1 750 克，料肉比 1.68：1；42 天体重2 240克，料肉比1.82：1；49天体重2 710千克，料肉比 1.96：1。

（6）狄高肉鸡　该品种是由澳大利亚狄高公司培育而成的两系配套杂交肉鸡，父本为黄羽、母本为浅褐色羽，商品代皆黄羽。其特点是商品肉鸡生长速度快，与我国地方优良种鸡杂交，其后代生产性能好，肉质佳，可在我国大部分地区饲养。

父母代生产性能：开产日龄175 天，产蛋总数191 枚，合格种蛋数 177.5 枚，平均孵化率89%，平均出雏数175 只。

商品代生产性能42 天体重1 810克，料肉比 1.88：1；49 天体重2 120克，料肉比 1.95：1；56 天体重2 530克，料肉比2.07：1。

（7）红波罗肉鸡　红波罗肉鸡又称红宝肉鸡，体型较大，为有色红羽鸡，肉用仔鸡生长速度快，具有三黄特征，即黄喙、黄脚、黄皮肤，屠体皮肤光滑，味道较好，备受国内消费者欢迎。初生雏重达 38～40 克。绒毛呈红色，无白羽鸡，成年鸡羽色一致，鸡冠为单冠，公、母鸡冠齿极大，部分为 7 个，肉髯、耳叶均为红色、较大。

父母代生产性能：20 周龄体重为 1.9～2.1 千克，64 周龄体重为 3.0～3.2 千克，入舍母鸡累计产蛋数（66 周龄）185 个，入舍母鸡累计提供种蛋数（64 周龄）165～170 个，入舍母鸡累计提供肉用仔鸡初生雏数 137～145 个，生长期死亡率为 2%～4%，产蛋期死亡率（每月）为 0.4%～0.7%，平均日耗料量为 145 克。

商品代生产性能：用全价饲料 60 天体重可达2 200克，饲料转化率为 .2～1.7：1。生活力强，60 日龄存活率达 97% 以上。

（8）海波罗肉鸡　海波罗肉鸡是荷兰尤里勃利特育种公司培育的四系配套白羽肉用鸡。海波罗肉种鸡为白色快大型肉用种鸡，体型硕大，白色羽毛，单冠，胸肌发达，眼大有神，腿脚有力，早期生长速度快，产肉性能好；生产性能稳定，死亡率较低，但对寒冷气候适应性稍差。

父母代生产性能：20周龄母鸡体重2 230克，公鸡3 050克；65周龄时的母鸡体重3 685克，公鸡4 970克。65周龄入舍母鸡产蛋数185个，入舍母鸡产种蛋数178个，平均入孵蛋孵化率83%，入舍母鸡产雏鸡数148只。

商品代肉鸡生产性能：海波罗肉鸡生长速度快，28日龄体重1 280克，料肉比1.45：1；35日龄体重1 833克，料肉比1.65：1；42日龄体重2 418克，料肉比1.74：1；49日龄体重2 970克，料肉比1.85：1。

2. 优质肉鸡

（1）康达尔黄鸡　康达尔黄鸡是由深圳康达尔（集团）公司家禽育种中心培育的优质黄鸡配套系。利用A，B，D，R，S5个基础品系，组成康达尔黄鸡128和康达尔黄鸡132两个配套系。

康达尔黄鸡128：属于快大型黄鸡配套8系，由于父母代母本使用了黄鸡与隐性白鸡的杂交后代，使产蛋率、均匀度、生长速度和蛋形等都有了较大的改善。同时，利用品系配套技术，使各品系的优点在杂交后代得到了充分的体现。

父母代生产性能：20周龄体重1.66～1.77千克，64周龄体重2.50～2.55千克，25周龄产蛋率5%，产蛋高峰为30～31周，68周龄产蛋数160个，平均种蛋合格率95%，平均受精率92%，平均孵化率84.2%，产蛋期死亡率8%，饲料消耗49千克。

商品代生产性能：肉鸡出栏日龄70～95天，平均活重1.5～1.8千克，料肉比2.5～3.0：1。

康达尔黄鸡132：是用矮脚基因，根据不同的市场需求生产的系列配套品种。用矮脚鸡作母本来生产快大鸡，可使父母代种

准
备
篇

鸡较正常型节省 25%～30% 的生产成本；用来生产仿土鸡，可极大地提高种鸡的繁殖性能，降低生产成本。

①快大型黄鸡　利用矮脚鸡 D 系作父本，隐性白母鸡作母本，生产矮脚型的父母代母本，再以快大型黄鸡品系或品系之间的杂交后代作父本，生产快大型黄鸡品种，使商品代的生长速度达到市场上的主要快大黄鸡品种的性能。商品代的生产性能是肉鸡出栏日龄 70～95 天，平均活重 1.5～1.8 千克，料肉比 2.5～3.2 : 1。

②仿土鸡　用地方优质鸡（土鸡）作父本、矮脚母鸡作母本杂交生产方式，其特点是后代在外观上和肉质上具有地方种鸡特色，种母鸡生产性能较地方鸡有较大提高，可极大地提高地方鸡生产经济效益。这种配套的商品代、公鸡为黄羽快大型，母鸡为具有黄羽的矮脚型，肉质鲜美，胸肌发达，并较一些地方品种（土鸡）的生产速度快。

仿土鸡父母代生产性能：20 周龄体重 1.45～1.55 千克，24 周龄体重 1.70～1.80 千克，64 周龄体重 2.15～2.25 千克，5% 产蛋周龄 24 周，产蛋高峰周龄 29～30 周，68 周龄产蛋数 164 个，饲养日产蛋数 170 个，健雏数 127 羽；育成期死亡率 5%，产蛋期死亡率 8%，饲料消耗 39 千克。

（2）苏禽黄鸡　苏禽黄鸡是江苏省家禽科学研究所培育的优质黄鸡配套系列。苏禽黄鸡系列包括快大型、优质型、青脚型 3 个配套系，主要特点和生产性能如下。

快大型：快大型羽毛黄色，颈、翅、尾间有黑羽，羽毛生长速度快。父母代产蛋较多，入舍母鸡 68 周龄所产种蛋可孵出雏鸡 142 只，商品代 60 日龄体重，公鸡 1 700 克、母鸡 1 400 克，饲料转化比为 2.5 : 1。

优质型：该型的特点是商品鸡生长速度快，羽毛麻色，似土种鸡，肉质优，适合于要求 40 多天上市、体重在 1 千克左右的饲养户生产。麻羽鸡三系配套，由地方鸡种的麻鸡引进外血后作第一父本，具备了生长快、产蛋率高、肉质鲜嫩等特点；第二父本系国外引进的快大系黄鸡。因而，配套鸡的各项性能表现均处于国内先进水平。

青脚型：以我国地方鸡种为主要血缘，分别选育、配套而成。其羽毛黄麻、黄色，脚青色，生长速度中等，肉质风味特优，是典型的仿土品系。生产的仔鸡70日龄左右上市，可用于烧、炒、清蒸、白切等，在河南、安徽、四川、江西等省有较大的市场。

（3）佳禾黄鸡　佳禾黄鸡是南京温氏家禽育种有限公司培育的系列黄鸡配套系。分别有快大型、节粮型和青脚型配套系。其特点是，体形外貌仿土鸡，肉质优，生长速度适合不同层次消费，节约饲料。佳禾黄鸡配套系主要为快大型和青脚型。

快大型：用隐性白和矮脚黄等配套而成，其父母代具有体型小、产蛋率高、羽毛受消费者欢迎等优点。由于配套系中 dw 基因的选用，父母代种鸡的饲养成本降低 25%～30%，产蛋率比其他种鸡提高 12%以上，因而生产成本降低近 40%，每只种蛋全程消耗饲料仅 186 克左右。商品代早熟，35 天时冠大面红，羽毛丰满，可上市出售。羽毛黄（麻）色，黄脚，黄皮，生长速度 42 天公、母平均体重1 900克左右，饲料转化比 2.04∶1。

青脚型：其父母代种鸡青脚、白肤，羽毛以黄麻为主，68周龄生产；蛋181 个，提供商品雏鸡 154 只。商品代体型紧凑，胸肌丰满羽毛麻黄，似上种鸡，皮下脂肪中等，肉质优，生产量占国内青脚鸡市场的 40%以上。

（4）新浦东鸡　是由上海畜牧兽医研究所育成的我国第一个肉鸡品种。是利用原浦东鸡作为母本，与红科尼什、白洛克作父本杂交、选育而成的。羽毛颜色为棕黄或深黄，皮肤微黄，胫黄色。

生产性能：产蛋率5%的日龄为 26 周龄，500 日龄的产蛋量140～152 枚，受精蛋孵化率80%。受精率90%；仔鸡 70 日龄体重1 500~1 700克，料肉比2.6~3.0：1。成活率95%。

（5）鹿苑鸡　鹿苑鸡又名鹿苑大鸡，属兼用型鸡种，因产于江苏省张家港市鹿苑镇而得名。该鸡以屠体美观、肉质鲜嫩肥美而著称。鹿苑鸡体型高大，体质结实，胸部较深，背部平直。头部冠小而薄，肉垂、耳叶亦小。眼中等大，瞳孔黑色，虹彩呈粉红色，喙中等长，黄色，有的喙基部呈褐黑色。全身羽毛黄色，紧贴体躯，且使腿羽显得比较丰满。颈羽、主翼羽和尾羽有黑色斑纹。胫、趾黄色，两腿间距离较宽，无胫羽。

生产性能：母鸡开产日龄（按产蛋率达50%计算）为180天，开产体重2千克左右。年平均产蛋量144.7个，平均蛋重52.2克，蛋壳褐色；60日龄公鸡体重937.1克左右，母鸡786.9克左右；120日龄公鸡体重1 877.3克左右，母鸡1 581.3克左右。

另外，优质黄羽肉鸡还有惠阳鸡、桃源鸡、江村黄鸡、固始鸡、石歧杂、粤黄882等。

（三）优良品种的选择

只有选择适合市场需求和本地（本场）实际情况，且具有较好生产性能表现的品种，才能取得较好的养殖效益。选择肉鸡品种必须考虑如下方面。

1. 市场需要　市场经济条件下，生产者只有根据市场需要来进行生产，才能获得较好的效益。肉鸡的类型较多，根据市场需要选择适销对路的品种类型。如香港、深圳和沿海经济发达地区喜欢优质黄羽肉鸡，优质鸡肉的消费量大，所以南方饲养较多的是黄羽肉鸡；北方地区和一些肉鸡出口企业，饲养较多的快大型肉鸡。白羽肉鸡屠宰后皮肤光滑好看，深受消费者喜欢，我国饲养白羽肉鸡的多，饲养有色羽肉鸡的少。

2. 品种的体质和生活力　现代的肉鸡品种生长速度都很快，但在体质和生活力方面存在差异。应选用腿病、猝死症、腹水症较少，抗逆性强的肉鸡品种。

3. 种鸡场管理 我国肉用种鸡场较多，规模大小不一，管理参差不齐，生产的肉用仔鸡的质量也有较大差异，肉鸡的生产性能表现也就不同。如有的种鸡场不进行沙门氏菌的净化，沙门氏菌污染严重，影响肉鸡的成活率和增重速度；有的引种渠道不正规，引进的种鸡质量差，生产的仔鸡质量也差。无论选购什么样的鸡种，必须到规模大、技术力量强、有种禽种蛋经营许可证、管理规范、信誉度高的种鸡场购买。最好能了解种鸡群的状况，要求种鸡群体质健壮高产、没发生疫情、洁净纯正。

（四）肉鸡的订购

肉鸡的种蛋从入孵到出雏需要 21 天的时间（鸡的孵化期为 21 天），所以要按照生产计划提前安排雏鸡。自己孵化可以按照饲养时间提前 21 天上蛋孵化；外购雏鸡应按照饲养时间提前 1 个月订购雏鸡，如果是在雏鸡供应紧张的情况下，应更早订购，否则可能订购不到或供雏时间推迟而影响生产计划。

到有种禽种蛋经营许可证，信誉度高的的肉用种鸡场或孵化厂订购雏鸡，并要签订购雏合同（合同形式见表 1-27）。

表 1-27　禽产品购销合同范本

甲方（购买方）：＿＿＿＿＿＿＿＿＿＿＿＿
乙方（销售方）：＿＿＿＿＿＿＿＿＿＿＿＿
为保证购销双方利益，经甲乙双方充分协商，特订立本合同，以便双方共同遵守。
1. 产品的名称和品种＿＿＿＿＿＿＿＿＿＿；数量＿＿＿＿＿＿＿＿（必须明确规定产品的计量单位和计量方法）。
2. 产品的等级和质量：＿＿＿＿＿＿＿＿＿＿（产品的等级和质量，国家有关部门有明确规定的，按规定标准确定产品的等级和质量；国家有关部门无明文规定的，由双方当事人协商确定）；产品的检疫办法：＿＿＿＿＿＿＿（国家或地方主管部门有卫生检疫规定的，按国家或地方主管部门规定进行检疫；国家或地方主管部门无检疫规定的，由双方当事人协商检疫办法）。
3. 产品的价格（单价）＿＿＿＿＿＿＿＿；总货款＿＿＿＿＿＿＿＿；货款

结算办法＿＿＿＿＿＿＿＿＿＿＿＿。

4. 交货期限、地点和方式＿＿＿＿＿＿＿＿＿＿。

5. 甲方的违约责任

(1) 甲方未按合同收购或在合同期中退货的，应按未收或退货部分货款总值的＿＿＿＿＿％（5％～25％的幅度），向乙方偿付违约金。

(2) 甲方如需提前收购，商得乙方同意变更合同的，甲方应给乙方提前收购货款总值的＿＿＿＿＿％的补偿，甲方因特殊原因必须逾期收购的，除按逾期收购部分货款总值计算向乙方偿付违约金外，还应承担供方在此期间所支付的保管费或饲养费，并承担因此而造成的其他实际损失。

(3) 对通过银行结算而未按期付款的，应按中国人民银行有关延期付款的规定，向乙方偿付延期付款的违约金。

(4) 乙方按合同规定交货，甲方无正当理由拒收的，除按拒收部分货款总值的＿＿＿＿＿％（5％～25％的幅度）向乙方偿付违约金外，还应承担乙方因此而造成的实际损失和费用。

6. 乙方的违约责任

(1) 乙方逾期交货或交货少于合同规定的，如需方仍然需要的，乙方应如数补交，并应向甲方偿付逾期不交或少交部分货物总值的＿＿＿＿＿％（由甲、乙方商定）的违约金；如甲方不需要的，乙方应按逾期或应交部分货款总值的＿＿＿＿＿％（1％～20％的幅度）付违约金。

(2) 乙方交货时间比合同规定提前，经有关部门证明理由正当的，甲方可考虑同意接收，并按合同规定付款；乙方无正当理由提前交货的，甲方有权拒收。

(3) 乙方交售的产品规格、卫生质量标准与合同规定不符时，甲方可以拒收。乙方如经有关部门证明确有正当理由，甲方仍然需要乙方交货的，乙方可以迟延交货，不按违约处理。

7. 不可抗力 合同执行期内，如发生自然灾害或其他不可抗力的原因，致使当事人一方不能履行、不能完全履行或不能适当履行合同的，应向对方当事人通报理由，经有关主管部门证实后，不负违约责任，并允许变更或解除合同。

8. 解决合同纠纷的方式 执行本合同发生争议，由当事人双方协商解决。协商不成，双方同意由＿＿＿＿＿＿仲裁委员会仲裁（当事人双方不在本合同中约定仲裁机构，事后又没有达成书面仲裁协议的，可向人民法院起诉）。

9. 其他＿＿＿＿＿＿＿＿＿＿。

当事人一方要求变更或解除合同，应提前通知对方，并采用书面形式由当事人双方达成协议。接到要求变更或解除合同通知的一方，应在七天之内作出答复（当事人另有约定的，从约定），逾期不答复的，视为默认。

违约金、赔偿金应在有关部门确定责任后十天内（当事人有约定的，从约定）偿付，否则按逾期付款处理，任何一方不得自行用扣付货款来充抵。

本合同如有未尽事宜，须经甲、乙双方共同协商，作出补充规定，补充规定与本合同具有同等效力。

本合同正本一式三份，甲、乙双方各执一份，主管部门保存一份。

甲方：_____（公章）；　　代表人：_____（盖章）

乙方：_____（公章）；　　代表人：_____（盖章）

_____年_____月_____日订

（五）雏鸡的选择和运输

1. 雏鸡的选择

（1）质量标准　　雏鸡质量从两大方面衡量。

内在质量：雏鸡品种优良、纯正，具有高产的潜力；雏鸡要洁净，来源于严格净化的种鸡群。

外在质量：具有头大、脖短、腿短、大小均匀等肉鸡品种特点，平均体重符合品种要求（一般 35 克以上）；雏鸡适时出壳（孵化 20.5～21 天）；雏鸡羽毛良好，清洁而有光泽，鸡爪光亮如蜡，不呈干燥脆弱状；雏鸡脐部愈合良好，无感染，无肿胀，无钉脐；雏鸡眼睛大而明亮，站立姿势正常，行动机敏，活泼好动，握在手中挣扎有力；无畸形。

（2）选择方法　　选择方法是先了解，然后通过"看"、"听"、"摸"可以确定雏鸡的健壮程度（应该注重群体健壮情况）。了解雏鸡的出壳时间，出壳情况。正常应在 20 天半到 21 天半全部出齐，而且有明显的出雏高峰（俗称"出得脆"）；"看"是看雏鸡的行为表现，健康的雏鸡精神活泼，反应灵敏。绒毛长短适中，有光泽。雏鸡站立稳健；"听"是听声音，用手轻敲雏鸡盒的边缘，发出响动，健雏会发出清脆悦耳的叫声；"摸"是用手触摸雏鸡，健雏挣扎有力，腹部柔软有弹性，脐部平整光滑。另外，有的孵化场对出壳雏鸡福尔马林熏蒸消毒，并能使雏鸡绒毛颜色好看，但熏蒸过度易引起雏鸡的眼部损伤，发生结膜炎、角膜

准备篇

炎，严重影响雏鸡的生长发育和育成质量。

2. 雏鸡的运输 雏鸡的运输是一项技术性强的工作，运输要迅速及时，安全舒适到达目的地。

（1）接雏时间 应在雏鸡羽毛干燥后开始，至出壳 36 小时结束，如果远距离运输，也不能超过 48 小时，以减路途脱水和死亡。

（2）装运工具 运雏时最好选用专门的运雏箱（如硬纸箱、塑料箱、木箱等），规格一般长 60 厘米、宽 45 厘米、高 20 厘米，内分 2 个或 4 个格，箱壁四周适当设通气孔，箱底要平而且柔软，箱体不得变形。在运雏前要注意运雏箱的冲洗和消毒，根据季节不同每箱可装 80～100 只雏鸡。运输工具可选用车、船、飞机等。

（3）装车运输 主要考虑防止缺氧闷热造成窒息死亡或寒冷冻死，防止感冒腹泻。装车时箱与箱之间要留有空隙，确保通风。夏季运雏要注意通风防暑，避开中午运输，防止烈日暴晒引起中暑死亡。冬季运输要注意防寒保温，防止感冒及冻死，同时也要注意通风换气，不能包裹过严，防止出汗或窒息死亡；春、秋季节运输气候比较适宜，春、夏、秋季节运雏要备有防雨用具。如果天气不适而又必须运雏时，就要加强防护设施，在途中还要勤检查，观察雏鸡的精神状态是否正常，以便及早发现问题及时采取措施。无论采用哪种运雏工具，要做到迅速、平稳，尽量避免剧烈震动，防止急刹车，尽量缩短运输时间，以便及时开食、放水。

（六）雏鸡的安置

雏鸡运到目的地后，将全部装雏盒移至育雏舍内，分放在每个育雏器附近，保持盒与盒之间的空气流通，把雏鸡取出放入指定的育雏器内，再把所有的雏盒移出舍外，一次性的纸盒要烧掉；重复使用的塑料、木箱等应清除箱底的垫料并将其烧毁，下次使用前对雏盒进行彻底清洗和消毒。

（七）肉鸡生理常数

见表1-28。

表1-28　鸡的几种生理常数

体温/℃	心跳/（次/分）	呼吸/（次/分）	血液中血红蛋白/（克/升）	血液中红细胞数/（×10^6 个/毫升）
40.5～42	150～200	22～25	公鸡 117.6 母鸡 91.1	公鸡 3.23 母鸡 2.72

八、饲养人员的准备

准备篇

饲养员是肉鸡场的主体，饲养效果的好坏与饲养人员的基本素质、技术水平和敬业精神有直接关系。对于一个新建鸡场而言，选好饲养员、培训好饲养员和使用好饲养员至关重要。

（一）饲养员的选择

选择好饲养员是基础。通过一定程序的招聘，将有培养价值的人员录用为饲养人员，包括面试、笔试和实际动手能力。肉鸡饲养工作是一项比较脏、累和消耗时间的工作，应将饲养人员的吃苦耐劳、坚韧不拔、刻苦钻研和敬业精神放在首位。最好具有初中以上的文化程度，以便较快地接受新技术和新知识。对于新建肉鸡场，最好录用一些有肉鸡饲养经验的饲养员。由于肉鸡场防疫的严格要求，聘用外地农民更为适宜，以减少频繁回家出入肉鸡场的机会。

饲养员聘用数量，应根据肉鸡场的工作量而定。一般肉鸡场每3 000只肉鸡需要一个饲养员；机械化程度较高的可以5 000～6 000只肉鸡安排一个饲养员。

（二）饲养员的培训

饲养员的培训包括理论知识培训、操作技能培训和政治修养培训等。通过肉鸡养殖知识的培训，使之对科学肉鸡养殖有初步的认识；通过操作技能的培训，使之掌握一般的肉鸡饲养管理操作技术；通过政治修养培训，使饲养员树立以场为家、爱场爱业的思想。通过集中培训后进行理论和操作的考试，合格后方可正式录用。

（三）饲养员的使用

经过饲养员的招聘和培训合格之后，饲养员进入车间开始从事肉鸡养殖工作。使用过程中要注意：

一是加强对饲养员的培养，不断提高其技术水平和工作能力，可采用以老带新制，即师傅带徒弟，以便使刚刚从事养肉鸡的新饲养员很快了解并掌握养鸡的基本操作技能。

二是目标管理。定目标、定任务、定指标，分工明确、赏罚严明。定期考核，及时发现生产中问题，及时解决生产中存在的问题，提高生产水平和饲养员的报酬。

三是关心饲养员生活。及时了解饲养员生活中的问题和思想上顾虑，加强人性化管理，充分调动饲养员的劳动积极性。饲养员的思想工作是非常重要的。调动饲养员的积极性是肉鸡场场长的重要任务之一，以表扬和鼓励为主。制订目标应切合实际，让饲养员努力可实现，再努力可超额。如果努力后还达不到预定目标，将极大压制饲养员的积极性和创新性。

准 备 篇

九、药品和疫苗准备

进鸡前要准备好药物和疫苗。药物使用按照《无公害食品畜禽饲养兽药使用准则》（NY 5030—2006）进行准备。

疫苗主要有鸡新城疫疫苗、传染性支气管炎疫苗或联合疫苗、鸡传染性法氏囊病疫苗、禽流感疫苗等。疫苗要注意选择信誉度高、质量好的疫苗生产厂家，采购后要冷链运输和保存良好。

还要准备化学消毒剂、抗应激剂、营养补充剂等。

第2篇

日程管理篇

ROUJI RICHENG GUANLI JI YINGJI JIQIAO

一、肉用种公鸡的日程管理

（一）种公鸡的培育要点

1. 公、母分开饲养　为使公雏发育良好均匀，育雏期间公雏与母雏分开，以 350～400 只公雏为一组置于一个保温伞下饲养。

2. 及时开食　公雏的开食愈早愈好，为了使它们充分发育，应占有足够的饲养面积和食槽、水槽位置。公鸡需要铺设 12 厘米厚的清洁而吸湿性较强的垫料。

3. 断趾断喙　出壳时采用电烙铁断掉种用公雏的胫部内侧的两个趾。脚趾的剪短部分不能再行生长，故交配时不会伤害母鸡。种用公雏的断喙最好比母雏晚些，可安排在 10～15 日龄进行。公雏喙断去部分应比母雏短些，以便于种公鸡啄食和配种。

（二）种公鸡的饲养

1. 饲养　0～4 周龄为自由采食，5～6 周龄每日限量饲喂，要求 6 周龄末体重达到 900～1 000 克，如果达不到，则继续饲喂雏鸡料，达标后饲喂育成饲料。育成阶段采用周四、周三限饲或周五、周二限饲，使其腿部肌腱发育良好，同时要使体重与标准体重吻合。18 周龄开始由育成料换成预产料，预产料的粗蛋白和代谢能与母鸡产蛋料相同，钙为 1%。产蛋期要饲喂专门的公鸡料，实行公、母分开饲养。饲料中维生素和微量元素充足。体重和饲喂程序见表 2-1。

表 2-1　公鸡体重与限饲程序

周龄	平均体重/克	每周增重/克	饲喂计划	管理细节	建议料量/克/（天·只）
1			全饲		
2			全饲	8～9 日龄断喙	
3			全饲		
4	680		每日限饲		60
5	810	130	隔日限饲	限水计划	69
6	940	130	隔日限饲		78
7	1 070	130	隔日限饲	选种：5～6 周龄末把体重小、畸形、鉴别错误的鸡只淘汰	83
8	1 200	130	隔日限饲	—	88
9	1 310	110	隔日限饲	—	93
10	1 420	110	隔日限饲	—	96
11	1 530	110	隔日限饲	—	99
12	1 640	110	隔日限饲	—	102
13	1 750	110	周五、二限饲	公、母鸡在 20 周龄时混养，公鸡提前 4～5 天先移入产蛋舍，然后再放入母鸡。混群前后由于更换饲喂设备、混群、加光等应激，公鸡易出现周增重不理想，影响种公鸡的生产性能发挥。可在混群前后加料时有意识多加 3～5 克料；每周两次抽测体重，密切监测体重变化；加强公鸡料桶管理，防止公、母互偷饲料；混群后，注意观察采食行为，确保公、母分饲正确有效实施	105

周龄	平均体重/克	每周增重/克	饲喂计划	管理细节	建议料量/克/（天·只）
14	1 860	110	周五、二限饲		108
15	1 970	110	周三、周日不限饲、其他日限饲或继续采用		112
16	2 080	110			115
17	2 190	110			118
18	2 300	110			121
19	2 410	110	隔日限饲		124
20	2 770	360	每日限饲		127
21	2 950	180	每日限饲		130
22	3 130	180	每日限饲		133
23	3 310	180	每日限饲		136
24	3 490	180	每日限饲		139
25	3 630	140	每日限饲		25 周龄后酌情饲喂
26	3 720	90	每日限饲		
27	3 765	45	每日限饲		
28	3 810	45	每日限饲		
68	4 265	455	每日限饲		

2. 饮水 在种公鸡群中，垫料潮湿和结块是一个普遍的问题，这对公鸡的脚垫和腿部极其不利。限制公鸡饮水是防止垫料潮湿的有效办法，公鸡群可从 29 日龄开始限水。一般在禁食日，冬季每天给水两次，每次 1 小时，夏季每天给水两次，每次 2.5 小时；喂食时，吃光饲料后 3 小时断水，夏季可适当增加饮水次数。

（三）保持腿部健壮

公鸡的腿部健壮情况直接影响它的配种。由于公鸡生长过于迅速，腿部疾病容易发生，为保持公鸡的腿部健壮，在管理上一般须注意以下问题。

1. 不要把公鸡养在间隙木条的地面上。

2. 减少腿部损伤 当搬动生长期的公鸡时，须特别小心。因为捕捉及放入笼中的时候，可能扭伤它们的腿部。也切勿把公鸡放置笼中过久，因为过度拥挤及蹲伏太久，会严重扭伤腿部的肌肉及筋腱。

3. 加强胆小鸡的管理 在生长期中，要给胆小的公鸡设躲避的地方如栖架等，并在那里放置饲料和饮水。

4. 注意公鸡的选择。

5. 加强饲养 饲料中增加维生素和微量元素的用量。

（四）种公鸡的选择

1. 第一次选择 6周龄进行第一次选择，选留数量为每百只母鸡配15只公鸡。要选留体重符合标准、体型结构好、灵活机敏的公鸡。

2. 第二次选择 在18~22周龄时，按每百只母鸡配11~12只公鸡的比例进行选择。要选留眼睛敏锐有神、冠色鲜红、羽毛鲜艳有光、胸骨笔直、体型结构良好、脚部结构好而无病、脚趾直而有力的公鸡。选留鸡的体重应符合规定标准，剔除发育较差、体重过小的公鸡。对体重大但有脚病的公鸡坚决淘汰，在称重时注意腿部的健康和防止腿部的损伤。

公鸡与母鸡采取同样的限饲计划，以减少鸡群应激，如果使用饲料桶，在"无饲料日"时，可将谷粒放在更高的饲槽里，让公鸡跳起来方能采食。这样减少公鸡在"饲喂日"的啄羽和打斗。在公、母鸡分开饲养时，应根据公鸡生长发育的特点，采取适宜的饲养标准和限饲计划。

（五）种公鸡管理

1. 自然交配种公鸡管理要点

（1）如公鸡一贯与母鸡分群饲养，则需要先将公鸡群提前4～5天放在鸡舍内，使它们熟悉新的环境，然后再放入母鸡群；如公、母鸡一贯合群饲养，则某一区域的公、母鸡应于同日放入同一间种鸡舍中饲养。

（2）小心处理垫草，经常保持清洁、干燥，以减少公鸡的葡萄球菌感染和胸部囊肿等疾患。

（3）做白痢及副伤寒凝集反应时，应戴上脚圈。

2. 人工授精种公鸡管理要点

（1）专用笼　以特制的公鸡笼，单笼饲养。

（2）光照　公鸡的光照时间每天恒定 16 小时，光照强度为3 瓦/米^2。

（3）温湿度　舍内适宜温度为 15～20℃，高于 30℃ 或低于10℃时对精液品种有不良影响。舍内适宜湿度为 55%～60%。

（4）卫生　注意通风换气，保持舍内空气新鲜；每 3～4 天清粪一次；及时清理舍内的污物和垃圾。

（5）喂料和饮水　要求少给勤添，每天饲喂 4 次，每隔3.5～4 小时喂一次。要求饮水清洁卫生。

（6）观察鸡群　主要观察公鸡的采食量、粪便、鸡冠的颜色及精神状态，若发现异常应及时采取措施。

二、肉用种母鸡的日程管理

肉种鸡饲养过程一般分为三个时期，即育雏期（0～4周龄）、育成期（5～23周龄）、产蛋期（繁殖期），肉用种母鸡的产蛋期一般为40～43周。饲养肉用种鸡的目的是为了获得受精率高、孵化率高的种蛋，生产可能多的健壮、优质和肉用性能好的肉用仔鸡。肉用种鸡具有采食量大、生长速度快、体重大、容易育肥、产蛋量低的特点，必须结合肉用种鸡的特点，科学饲养、加强管理，提高肉用种鸡的种用价值。

（一）育雏期饲养管理

1. 做好准备工作

（1）鸡舍准备　现代养鸡业面临的最大威胁仍然是疾病。鸡群周转必须实行"全进全出"制，以实现防病和净化的要求。当上一批育雏结束转群后，应对鸡舍和设备进行彻底的检修、清洗和消毒。消毒工作结束后铺上垫料，重新装好设备，进鸡前锁好鸡舍（或场区），空闲隔离至少3周，待用。饲养面积根据饲养方式和饲养数量确定。

（2）设备用具准备　根据生产计划、饲养管理方式及雏鸡适宜的饲养密度，准备足够的饲喂和饮水设备。为每500只1日龄雏鸡准备一台电热育雏伞。准备好接雏工具，如计数器、记录本、剪刀、电子秤、记号笔。准备好免疫工具、消毒用具、断喙用具等。

（3）其他准备　饲养人员在育雏前1周上岗，最好能选用有经验和责任心强的人员，必要时进行岗前培训；育雏前1天准备好饲料和药品（消毒药物、生物制品、抗菌药物和营养剂等）。

（4）升温　提前开动加温设备进行升温，育雏前2～3天使温度达到育雏温度要求，稳定后进雏。

2. 接雏　引进种鸡时要求雏鸡来自相同日龄种鸡群，并要求种鸡群健康，不携带垂直传播的支原体病、白痢、副伤寒、伤寒、白血病等疾病。引进的雏鸡群要有较高而均匀的母源抗体。出雏后尽快入舍，入舍愈晚对鸡产生的不良影响愈大。最理想的是出雏后6～12小时内将雏鸡放于鸡舍育雏伞下。冷应激对雏鸡以后的生长发育影响较大，冬季接雏时尽量缩短低温环境下的搬运时间。将雏鸡小心从运雏车上卸下并及时运进育雏舍，检点鸡数，随机抽两盒鸡称重，掌握1日龄平均体重。从出壳到育雏舍运输时间过长，雏鸡会脱水或受到较大的应激，尽量缩短运输时间。公雏出壳后在孵化厅还要进行剪冠、断趾处理，受到的应激较大。因此，运到鸡场后要细心护理。

3. 育雏的适宜环境条件

（1）育雏温度　由于生理原因，刚出壳的雏鸡体温调节能力很不健全，必须人工提供适宜的环境温度以利其生长。开始育雏时保温伞边缘离地面5厘米处（鸡背高度）的温度以32～35℃为宜。育雏温度每周降低2～3℃，直至保持在20～22℃为止。

为防止雏鸡远离食槽和饮水器，可使用围栏。围栏应有30厘米高，与保温伞外缘的距离为60～150厘米。每天向外逐渐扩展围栏，当鸡群达到7～10日龄时可移走围栏。

过冷的环境会引起雏鸡腹泻及导致卵黄吸收不良；过热的环境会使雏鸡脱水。育雏温度应保持相对平稳，并随雏龄增长适时降温，这一点非常重要。细心观察雏鸡的行为表现（图2-1、图

2-2），可判断保温伞或鸡舍温度是否适宜。雏鸡应均匀地分布于适温区域。如果鸡扎堆或拥挤，说明育雏温度不适合或者有贼风存在。育雏人员每天必须认真检查和记录育雏温度，根据季节和雏鸡表现灵活调整育雏条件和温度。

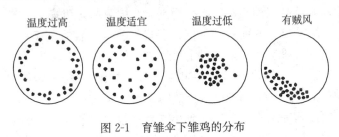

图 2-1　育雏伞下雏鸡的分布

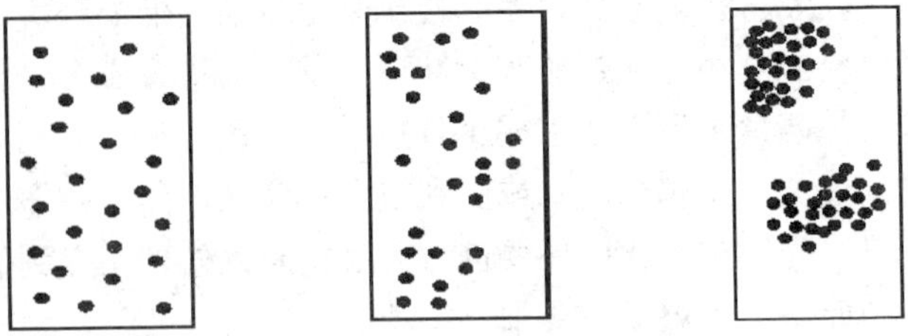

图 2-2　整舍育雏（暖房式育雏）雏鸡的行为表现

（2）湿度　为尽量减少从孵化器转到鸡舍给雏鸡带来的应激，最理想的条件下，前 7 天雏鸡所感受的相对湿度应达到 70%左右，如第一周内相对湿度低于 50%，雏鸡就会开始脱水，其生理发育将受到负面影响。可以在舍内火炉上放置水壶、在舍内喷热水等等方法提高湿度；8～20 天，相对湿度降到 65%左右；20 日龄以后，由于雏鸡采食量、饮水量、排泄量增加，育雏舍易潮湿，所以要加强通风，更换潮湿的垫料和清理粪便，以保证舍内相对湿度在 50%～60%为宜。

（3）通风　通风换气不仅提供鸡生长所需的氧气，调节鸡舍内温、湿度，更重要的是排除舍内的有害气体、羽毛屑、微生物、灰尘，改善舍内环境。育雏期通风不足造成较差的空气质量会破坏雏鸡的肺表层细胞，使雏鸡较易感染呼吸道疾病。

鸡舍内的二氧化碳浓度不应超过 0.5%，氨气浓度不应高于 20 克/米^3，否则鸡的抗病力降低，性成熟延迟。通风换气量除了考虑雏鸡的日龄、体重外，还应随季节、温度的变化而调整。育雏前期鸡的个体较小，鸡舍内灰尘和有害气体相对较少，所以通风显得不是十分重要，随着鸡只生长逐渐加大通风量。

（4）饲养密度　雏鸡入舍时，饲养密度大约为每平方米 20 只，以后饲养面积应逐渐扩大，28 日龄（4 周龄）到 140 日龄，每平方米的饲养密度，母鸡 6～7 只，公鸡 3～4 只。同时保证充足的采食和饮水空间，见表 2-2、表 2-3。

表 2-2　肉种鸡的采食位置

日龄	种母鸡			种公鸡		
	雏鸡喂料盘/（只/个）	槽式饲喂器/（厘米/只）	盘式饲喂器/（厘米/只）	雏鸡喂料盘/（只/个）	槽式饲喂器/（厘米/只）	盘式饲喂器/（厘米/只）
0～10	80～100	5	5	80～100	5	5
10～49		5	5		5	5
49～70		10	10		10	10
>70		15	10			
70～140		15	10			
>140					18	18

表 2-3　饮水位置

	育雏育成期	产蛋期
自动循环和槽式饮水器/（厘米/只）	1.5	2.5
乳头饮水器/（只/个）	8～12	6～10
杯式饮水器/（只/个）	20～30	15～20

（5）光照　在育雏前 24～48 小时，应根据雏鸡行为和状况为其提供连续照明。此后，光照时间和光照强度应加以控制。育雏初期，舍内唯一且必要的光照来源应为每 1 000 只雏鸡提供直径范围为 4～5 米的灯光照明。该灯光强度要明亮，至少达到 80～100 勒克斯。鸡舍其他区域的光线可以较暗或昏暗。鸡舍给予光照的范围应根据鸡群扩栏的面积而相应改变。

4. 育雏期饲喂管理　雏鸡入舍饮水后即可开食，尽快让雏鸡学会采食。每天应为雏鸡提供尽可能多的饲料，雏鸡料应放在雏鸡料盘内或撒在垫纸上。为确保雏鸡能够达到目标体重，前 3 周应为雏鸡提供破碎颗粒育雏料，颗粒大小适宜、均匀、适口性好。料盘里的饲料不宜过多，原则上少添勤添，并及时清除剩余废料。母鸡前两周自由采食，采食量越多越好，这样保证能达到体重标准。难以达到体重标准的鸡群较易发生均匀度的问题。这样的鸡群未来也很难达到体重标准而且均匀度趋于更差。使鸡群达到体重标准不仅需要良好的饲养管理，而且需要高质量的饲料，每日的采食量都应记录在案，从而确保自由采食向限制饲喂平稳过渡。第三周开始限量饲喂，要求第四周末体重达 420～450 克（公鸡前四周自由采食，采食量越多越好，让骨骼充分发育。对种公鸡来说前四周的饲养相当关键，其好坏直接关系到公鸡成熟后的体形和繁殖性能）。

鉴于实际生产经验，育雏期要监测雏鸡采食行为。雏鸡嗉囊充满度是雏鸡采食行为最好的指征。入舍后 24 小时 80％以上雏鸡的嗉囊应充满饲料，入舍后 48 小时 95％以上雏鸡的嗉囊应充满饲料。良好的嗉囊充满度可以保持鸡群的体重均匀度并达到或超过 7 日龄的体重标准。如果达不到上述嗉囊充满度的水平，说明某些因素妨碍了雏鸡采食，应采取必要的措施。

如事实证明雏鸡难以达到体重标准，该日龄阶段的光照时间应有所延长。达不到体重标准的鸡群每周应称重两次，观察鸡群生长的效果。为保证雏鸡分布均匀，要确保光照强度均匀一致。

在公、母分开的情况下把整栋鸡舍分成若干个小圈，每圈饲养 500～1 000 只。此模式的优点是能够控制好育雏期体重和生长发育均匀度，便于管理和提高成活率。

5. 育雏期饮水管理 雏鸡入舍前，要检查并确保整个饮水系统工作正常，并进行卫生检查确保饮水干净。育雏期鸡舍温度较高，并且饮水中添加葡萄糖、多维等营养物质，这些条件正适宜细菌、病毒的生长繁殖，所以饮水系统的消毒和饮水的及时更换直接关系到雏鸡的健康。一般要求育雏前三天每 4 小时清洗一次饮水器和更换饮水，以后每天擦洗两次。水箱每周清洗一次。每月要监测一次饮水卫生。使用乳头饮水器可提高饮水卫生水平，切断疾病传播，降低鸡舍垫草湿度，降低劳动强度。

雏鸡到育雏会后先饮水 2～3 小时，然后再喂料。为缓解路途疲劳和减弱应激，可以在饮水中加葡萄糖和一些多维、电解质以及预防量的抗生素。

6. 育雏期垫料管理 肉种鸡地面育雏要注意垫草管理。要选择吸水性能好、稀释粪便性能好、松软的垫料。如麦秸、稻壳、木刨花，其中软木刨花为优质垫料。麦秸、稻壳 1∶3 比例垫料效果也不错。垫料可根据当地资源灵活选用。育雏期因为鸡舍温度较高，所以垫料比较干燥，可以适当喷水提高鸡舍湿度，有利于预防呼吸道疾病。

7. 断喙 对种公鸡和种母鸡实施断喙的目的是为减少饲料浪费和啄伤的发生，全世界种鸡不实施断喙的趋势正在上升，许多未断喙的鸡群生产性能表现甚好，尤其是遮黑条件下或半遮黑条件下育雏育成的鸡群。

红外线断喙技术的出现使鸡只喙尖部在喙部组织不受任何剪切的条件下得到处理。由于没有任何外伤，没有细菌感染的突破口并可大大减少对雏鸡的应激。

如不采用红外线断喙方法，则必须由训练有素的工作人员，使用正确的设备（专用断喙器）实施断喙。建议断喙在种鸡 6～

7 日龄时进行，因为这个时间断喙可以做得最为精确。理想的断喙就是要一步到位将鸡只上下喙部一次烧灼，尽可能去除较少量的喙部，减轻雏鸡当时以及未来的应激。断喙时有必要实施垂直断喙（图 2-3），避免后期喙部生长不协调或产生畸形。

A   B

图 2-3　断　喙

A. 正确断喙　B. 不正确断喙

断喙的正确操作方法是拇指置于雏鸡头部后方，食指置于喉部下方，把持雏鸡头部使之稍稍向后倾斜，再将其喙部插入断喙孔内，然后轻压喉部使舌头后缩，切下喙部后应保持伤口在刀片上烧灼 2 秒钟以利止血。值得注意的是烧灼时间如过长将给鸡带来较强的应激，而烧灼时间过短则其喙部有再生的可能。为保证切喙彻底，必须经常地更换刀片，同时操作时必须保持高度注意力。切记断喙操作准确比快速更重要。如操作正确将去除上喙的一半（即从喙尖至鼻孔前缘距离的 1/2），剩余的喙部长约为 2 毫米（从鼻孔前缘计）。断喙后数天内要在喂料器中多撒些饲料以减少应激。断喙前后于饮水中添加复合维生素和维生素 K 可起到减少应激和防止出血的功效。

8. 日常管理

（1）注意观察雏鸡　观察环境温度、湿度、通风、光照等条件是否适宜；观察鸡群的精神状态、采食饮水情况、粪便和行为表现，掌握鸡群的健康状况和有否异常。

（2）严格执行饲养管理程序　严格按照饲养管理程序进行饲喂、饮水和其他管理。

（3）搞好卫生管理　每天清理清扫鸡舍，保持鸡舍清洁卫生；按照消毒程序严格消毒。

（4）做好生产记录。

（二）育成期的饲养管理

1. 育成用的生理特点　育成期一般指 4～22 周龄。此阶段是一个重要的发育阶饲，养的好坏直接影响种鸡的性成熟后的体质、产蛋状况和种用价值，育成期有其生理特点：

（1）生长迅速　骨骼和肌肉的生长速度较快，对钙的沉积能力提高，脂肪沉积量逐渐增加，容易出现体重过大和过肥现象，该阶段对肉种鸡影响最大的是营养水平。

（2）性器官发育快　育成的中后期，机体各器官发育基本健全，生殖系统开始迅速发育，饲养不善，光照管理不当很容易引起性器官发育过快，早熟，从而影响肉用种鸡以后的产蛋量和种蛋质量。所以要加强饲养管理，使鸡群适时开产。

2. 饲喂和饮水　安装饲喂器时要考虑种鸡的采食位置，确保所有鸡只能够同时采食，这样可以使提供的饲料分布均匀，防止饲喂器周围过于拥挤。要求饲喂系统能尽快将饲料传送到整个鸡舍（可用高速料线和辅助料斗），这样所有鸡可以同时得到等量的饲料，从而保证鸡群生长均匀。炎热季节时，应将开始喂料的时间改为每日清晨最凉爽的时间进行。

为了提高育成鸡的胃肠消化机能及饲料利用率，育成期内有必要添喂砂砾，砂砾的规格以直径 2～3 毫米为宜。添喂砂砾的方法：可将沙砾拌入饲料饲喂，也可以单独放入沙槽内饲喂。沙砾要求清洁卫生，最好用清水冲洗干净，再用 0.1% 的高锰酸钾水溶液消毒后使用。

对限制饲喂的鸡群要保证有足够的饮水面积，同时须适当控制供水时间以防垫料潮湿。在喂料日，喂料前和整个采食过程中，保证充足饮水，而后每隔 2～3 小时供水 20～30 分钟。在停料日，每 2～3 小时供水 20～30 分钟。限制饮水须谨慎进行。在高温炎热天气或鸡群处于应激情况下不可限水。限饲日供水时间不宜过长，防止垫料潮湿。天气炎热可适当延长供水时间。种鸡饮水量见表 2-4。

表 2-4　种鸡的参考饮水量 [毫升/（只·天）]

周龄	1	2	3	4	5	6	7	8	9	10	11
饮水量	19	38	57	83	114	121	132	151	159	170	178

周龄	12	13	14	15	16	17	18	19	20	21 周至产蛋结束
饮水量	185	201	212	223	231	242	250	257	265	272

3. 限制饲养　为了控制体重，有意识地控制喂料量，并限制日粮中的能量和蛋白质水平，这种方法叫限制饲养。限制饲养有限时、限量和限质等多种方法。

限制饲养不仅能控制肉种鸡在最适宜的周龄有一个最适宜的体重而开产，而且可以使鸡体内腹部脂肪减少 20%～30%，节约饲料 10%～15%。

（1）**限制饲养的方法**　肉鸡的限饲方法有每日限饲、隔日限饲、"五·二"限饲、"六·一"限饲等。种鸡最理想的饲喂方法是每日饲喂。但肉用型种鸡必须对其饲料量进行适宜的限制，不能任其自由采食。因此，有时每日的料量太少，难以由整个饲喂系统供应。但饲料必须均匀分配，尽可能减少鸡只彼此之间的竞争，维持体重和鸡群均匀度，结果只有选择合理的限饲程序，累积足够的饲料在'饲喂日'为种鸡提供均匀的料量。

喂料量的控制应根据鸡群体重逐周调整，也可事先制订本场不同批次鸡体重模式图，按照图表及时调整每周限饲方案和限饲计划，顺季前紧后松，1～6 周接近下限，7～13 周超过下限，14～19 周接近上限，20～25 周 80% 鸡超过上限；逆季前松后紧，1～6 周超过上限，7～13 周接近下限，14～19 周超过下限，

20～25周超过上限。

限制由3周龄开始，喂料量由每周实际抽测的体重与表中标准体重相比较而确定。若鸡群超重不多，可暂时保持喂料量不变，使鸡群逐渐接近标准体重，相反鸡群稍轻，也不要过多增加喂料量，只要稍稍增多点，即可使鸡群逐渐达到标准体重。

喂料时要有充足的料（槽）位和快速的喂料设施，使鸡群尽快吃到饲料以保持良好的均匀度。喂料口的饲料量要全部一次性投给，不得分开，保持饲料均匀分布，防止强夺弱食。喂料器的高度要随鸡背高度及时调节，避免浪费饲料。母鸡体重和限饲程序见表2-5。

表2-5　母鸡体重和限饲程序（0～24周龄）

周龄	停喂日体重/克		每周增重/克		饲料		建议料量/克/(天·只)
	封闭鸡舍	常规鸡舍	封闭鸡舍	常规鸡舍	类型	计划	
1					雏鸡饲料（蛋白质18%～19%）	不限饲	
2	182～272	182～318	91			不限饲	
3	273～363	295～431	91	113	生长饲料（蛋白质15%～16%）	隔日限饲	40
4	364～464	431～567	91	136		5-2计划	44
5	455～545	567～703	91	136	—	或其他限饲	48
6	546～636	658～794	91	91	—		52
7	637～727	749～885	91	91	—		56
8	728～818	840～976	91	91	—		59

周龄	停喂日体重/克		每周增重/克		饲料		建议料量/克/(天·只)
	封闭鸡舍	常规鸡舍	封闭鸡舍	常规鸡舍	类型	计划	
9	819~909	931~1 067	91	91	—	—	62
10	910~1 000	1 022~1 158	91	91	—	—	65
11	1 001~1 091	1 113~1 240	91	91	—	—	68
12	1 092~1 182	1 204~1 340	91	91	—	—	71
13	1 183~1 273	1 295~1 431	91	91	—	—	74
14	1 274~1 364	1 408~1 544	91	91	—	—	77
15	1 365~1 455	1 521~1 657	91	113	—	—	81
16	1 456~1 546	1 634~1 770	91	113	—	—	85
17	1 547~1 637	1 748~1 884	91	114	—	—	90
18	1 638~1 728	1 862~1 998	91	114	—	5-2 计划（周2、3 不喂）	95
19	1 774~1 864	1 976~2 112	136	114	产蛋前期料(蛋白质15.5%~16.5%,钙2%)		100
20	1 910~2 000	2 135~2 271	136	159		—	105
21	2 046~2 136	2 294~2 430	136	159		—	110
22	2 182~2 272	2 408~2 544	136	114	—		115~126

日程管理篇

周龄	停喂日体重/克		每周增重/克		饲料		建议料量/克/(天·只)
	封闭鸡舍	常规鸡舍	封闭鸡舍	常规鸡舍	类型	计划	
23	2 316～2 408	2 522～2 658	136	114	—	—	120～131
24	2 477～2 567	2 636～2 772	136	114	—	—	125～136

注：5-2 计划指 5-2 限食，指将 1 周的饲料量分成 5 份，每天 1 份，连续饲喂 5 天，然后停食 2 天。

（2）体重和均匀度的控制　采用限制饲喂方法让鸡群每周稳定而平衡生长，在实践中要注意以下几点。

①称重与体重控制　肉种鸡育成期每周的喂料量是参考品系标准体重和实际体重的差异来决定的，所以掌握鸡群每周的实际体重显得非常重要。

在育成期每周称重一次，最好每周同天、同时、空腹称重；在使用"隔日限饲"方式时，应在"禁食日"称重。

称重时，把围起来的鸡全部称完，不能称一部分放一部分。如果分圈饲养，则应每圈单独称重。根据鸡群规模，抽取 3%～5% 的鸡称重。鸡群规模较小时，须增大抽样比例，抽样数最小为 50 只。称重要逐只称重，计算出平均体重。用计算出的平均体重比较，误差最大允许范围为 ±5%，超过这个范围说明体重不符合标准要求，就应适当减少或增加饲料喂。另外，称重抓鸡切忌过分粗暴，准确的抓鸡方法是先从鸡的后部抓住一只腿的腹部，然后将两腿并拢。总之，一定要做到轻抓轻放。

②体重均匀度　体重均匀度是以平均体重 ±15% 范围内的鸡占全群鸡的比例表示的，是衡量鸡群限饲的效果，预测开产整齐性、蛋重均匀程度和产蛋量的指标。均匀度差时，则强壮的鸡抢食弱小鸡的日粮，结果强壮的鸡变得过肥，而弱小的鸡变得瘦弱，两者都不能发挥它们应有的产蛋性能。如果育成期鸡群体重

日程管理篇

均匀度差，则种鸡产蛋期产蛋率低，鸡的总蛋数少，种蛋大小不齐，雏鸡均匀度差。1～8周龄鸡群体重均匀度要求80％，最低75％。9～15周龄鸡群体重均匀度要求在80％～85％。16～24周龄鸡群体重均匀度求85％以上。

肉用种鸡体重均匀度较难控制，管理上稍有差错，就会造成鸡之间采食量不均匀，导致鸡群重均匀度差。因此，在管理上要保证足够的采食和饮水位置，饲养密度要合适。另外，饲料要混均匀（中小鸡场自己配料时特别注意），注意预防疾病，尽量减少应激因素。

（3）限制饲养时应注意的问题

①限饲前应实行断喙，以防相互啄伤。

②要设置足够的饲槽。限饲时饲槽要充足，要摆布合理，保证每只鸡都有一定的采食位置，防止采食不均，发育不整齐。

③为了鸡群都能吃到饲料，一般每天一次投料，保证采食位置。

④对每群中的弱小鸡，可挑出特殊饲喂，不能留种的作商品鸡饲养后上市。

⑤限饲应与控制光照相配合，这样效果更好。

4. 垫料管理　良好的垫料是获得高成活率和高质量肉用新母鸡不可缺少的条件。要选择吸水性能好，柔软有弹性的优质垫料，还要保持垫料干燥，及时更换潮湿和污浊的垫料；垫料的厚度十分重要。

5. 光照控制　光照是影响鸡体生长发育和生殖系统发育的最重要因素，12周龄以后的光照时数对育成鸡性成熟的影响比较明显。10周龄以前可保持较长光照时数，使鸡体采食较多饲料，获得充足的营养更好生长。12周龄以后光照长度要恒定或渐减。

（1）密闭舍　密闭舍不受外界光照影响，育成期光照时数一般恒定为8～10小时。光照方案见表2-6。

表 2-6　密闭舍光照参考方案

周龄	光照时数/小时	光照强度/勒克斯	周龄	光照时数/小时	光照强度/勒克斯
1～2 天	23	20～30	21	11	35～40
3～7 天	20	20～30	22	12	35～40
2	16	10～15	23	13	35～40
3	12	15～20	24	15	35～40
4～20	8	10～15	25～68	16	45～60

（2）开放舍或有窗舍　开放舍或有窗舍由于受外界自然光照影响，需要根据外界自然光照变化制订光照方案。其具体方法见表 2-7。

表 2-7　育成期和产蛋期采用开放式鸡舍的光照程序

	顺季出雏时间/月						逆季出雏时间/月					
北半球	9	10	11	12	1	2	3	4	5	6	7	8
南半球	3	4	5	6	7	8	9	10	11	12	1	2
日龄	育雏育成期的光照时数											
1～2	辅助自然光照补充到 23 小时						辅助自然光照补充到 23 小时					
3	辅助自然光照补充到 19 小时						辅助自然光照补充到 19 小时					
4～9	逐渐减少到自然光照						逐渐减少到自然光照					
10～147	自然光照长度						自然光照			自然光照至 83 日龄，83 日龄后恒定		
148～154	增加 2～3 小时						自然光照					
155～161	增加 1 小时						增加 1 小时					
162～168	增加 1 小时						增加 1 小时					
169～476	保持 16～17 小时（光照强度 45～60 勒克斯）						保持 16～17 小时（光照强度 45～60 勒克斯）					

6. 通风管理　育成阶段，鸡群密度大，采食量和排泄量也大，必须加强通风，减少舍内有害气体和水蒸气。最好安装机械

通风系统，在炎热的夏季可以安装湿帘降低进入舍内的空气温度。

7. 卫生管理　加强隔离、卫生和消毒工作，保持鸡舍和环境清洁；做好沙门氏菌和支原体的净化工作，维持鸡群洁净。

8. 做好记录　在育雏和育成阶段都要做好记录，这也是鸡群管理的必要组成部分。认真全面记录，然后对记录进行分析，有利于管理者随时了解鸡群现状和成本核算，并为将要采取的决策提供依据，记录的主要内容如下：雏鸡的品系、来源和进雏数量，每周、每日的饲料消耗情况，每周鸡群增重情况，每日或阶段鸡群死亡数和死亡率，每日、每周鸡群淘汰数。每日各时的温、湿度变化情况，疫苗接种、包括接种日期、疫苗制造厂家和批号、疫苗种类、接种方法、接种鸡日龄及接种人员姓名等，每日、每周用药统计，包括使用的药物、投药日期、鸡龄、投药方法、疾病诊断及治疗反应等，日常物品的消耗及废物处理方法等。

9. 减少体重问题的措施　如果鸡群平均体重与标准体重相差 90 克以上，应重新抽样称重。如情况属实，应注意纠正（适用于种公鸡和种母鸡）。

（1）15 周龄前体重低于标准　15 周龄前体重不足将会导致体重均匀度差，鸡只体型小，16～22 周龄饲料效率降低。纠正这一问题：

①延长育雏料的饲喂时间。

②立即开始原计划的增加料量，提前增加料直至体重逐渐恢复到体重标准为止。种鸡体重每低 50 克，在恢复到正常加料水平之前，每只鸡每天需要额外补充 0.065 兆焦的能量，才能在一周内恢复到标重。

（2）15 周龄前体重超过标准　15 周龄前鸡群体重超过标准将会导致均匀度差，鸡只体型大，产蛋期饲料效率降低。纠正这一问题措施：

①不可降低日前饲喂料量的水平。

②减少下一步所要增加的料量，或推延下一步增加料量的时间。

（三）产蛋期的饲养管理

1. 饲养方式

（1）地面平养　有更换垫料和厚垫料平养两种，多是全舍饲。这种饲养方式投资少，房屋简单，受精率高。但较易感染疾病，劳动强度大。

（2）网面—地面结合饲养　以舍内面积 1/3 左右为地面，2/3 左右为栅栏（或平网）。这种方法适合肉种鸡特点，受精率较高，劳动强度小。近年来采用这种饲养方式较为普遍。

（3）笼养　肉用种鸡笼养，多采用二层阶梯式笼，这样有利于人工授精。笼养种鸡的受精率、饲料利用率高，效果较好。

2. 环境条件　环境条件见表2-8。

表 2-8　肉种鸡产蛋期环境条件

温度/℃	湿度/%	光照强度/（瓦/米²）	氨气/（毫升/米³）	硫化氢/（毫升/米³）	二氧化碳/%	饲养密度/（只/米²）	
						地面平养	地面—网面平养
10~25	60~65	2~3	20	10	0.15	3.6	4.8

3. 开产前的饲养管理　从育成阶段进入产蛋阶段，机体处于生理的转折阶段，饲养管理好坏影响以后产蛋。

（1）鸡舍和设备的准备　按照饲养方式和要求准备好鸡舍，并准备好足够的食槽、水槽、产蛋箱等。对产蛋鸡舍和设备要进行严格的消毒。

（2）种母鸡的选择　在 18~19 周龄对种母鸡要进行严格的

选择，淘汰不合格的母鸡。可经过称重，将母鸡体重在规定标准上15％范围内予以选留，淘汰过肥的或发育不良、体重过轻、脸色苍白、羽毛松散的弱鸡；淘汰有病态表现的鸡；按规定进行鸡白痢、支原体病等检疫，淘汰呈阳性反应的公、母鸡。

（3）转群　如果育成和产蛋在一个鸡舍内，撤去隔栏，让鸡群在整个鸡舍内活动、休息、采食和生产，并配备产蛋用的饲喂、饮水设备；如果育成和产蛋在不同鸡舍内，应在18～19周龄转入产蛋鸡舍。转在转群前3天，在饮水或饲料中加入0.04％土霉素（四环素、金霉素均可），适当增加多种维生素的给量，以提高抗病力，减少应激影响。搬迁鸡群最好在晚上进行。在炎热夏季，选择晚间凉爽、无雨时进行；在冬季应选择无雪天。搬运的鸡笼里的鸡不能太挤，以免造成损失。搬运的笼、工具及车辆，事前应做好清洁消毒工作。

（4）驱虫免疫　产蛋前应做好驱虫工作，并按时接种鸡新城疫Ⅰ系、传染性法氏囊病、减蛋综合征等疫苗。切不可在产蛋期进行驱虫和接种疫苗。

（5）产蛋箱设置　产蛋箱的规格大约为30厘米宽，35厘米深，25厘米高，要注意种母鸡和产蛋窝的比例，每个产蛋窝最多容纳5.5只母鸡。产蛋箱不能放置在太高、太亮、太暗、太冷的地方。

（6）开产前的饲养　在22周龄前，育成鸡转群移入产蛋舍，23周龄更换成种鸡料。种鸡料一般含粗蛋白质16％，代谢能11.51兆焦/千克。为了满足母鸡的产蛋需要，饲料中含钙量应达3％，磷、钙比例为1：6，并适当增添多种维生素与微量元素。饲喂方式由每日或隔日1次改为每日饲喂两次。

开产前后阶段饲养得当，则母鸡开产适时且整齐，如果23周龄见第一个蛋，25周龄可达5％，26～27周龄达20％，29周龄达50％，31～32周龄可出现产蛋高峰，产蛋期可持续较久。

4. 产蛋期饲养管理

（1）产蛋期的饲养　肉用种鸡在产蛋期也必须限量饲喂，如果在整个产蛋期采用自由采食,则造成母鸡增重过快,体内脂肪大量积聚,不但增加了饲养成本,还会影响产蛋率、成活率和种蛋的利用率。产蛋期也需要每周称重,并进行详细记录以完善饲喂程序。

表 2-9　母鸡体重和限饲程序(25~66 周龄)

周龄	日产蛋率/%	停喂日体重/克		每周增重/克		饲料		建议喂料量/〔克/(天·只)〕
		封闭鸡舍	常规鸡舍	封闭鸡舍	常规鸡舍	类型	计划	
25	5	2 558~2 748	2 727~2 863	181	91	产蛋前期料	5-2计划	130~140
26	25	2 839~2 929	2 818~2 954	181	91	种鸡饲料(蛋白质15.5%~16.5%,钙3%)	每日限饲	141~160
27	48	3 020~3 110	2 909~3 045	181	91		—	161~180
28	70	3 088~3 178	3 000~3 136	68	91	—	—	—
29	82	3 115~3 205	3 091~3 227	27	91	—	—	—
30	86	3 142~3 232	3 182~3 318	27	91	—	—	—
31	85	3 169~3 259	3 250~3 386	27	68	—	—	—
32	85	3 196~3 286	3 277~3 413	27	27	—	—	—
33	84	3 214~3 304	3 304~3 440	18	27	—	—	—
34	83	3 232~3 322	3 331~3 467	18	27	—	—	—
35	82	3 250~3 340	3 358~3 494	18	27	—	—	—
37	81	3 268~3 358	3 376~3 512	18	18	—	—	—
39	80	3 286~3 376	3 394~3 530	18	18	—	—	—

日程管理篇

周龄	日产蛋率/%	停喂日体重/克		每周增重/克		饲料		建议喂料量/〔克/(天·只)〕
		封闭鸡舍	常规鸡舍	封闭鸡舍	常规鸡舍	类型	计划	
41	78	3 304～3 394	3 412～3 548	18	18	—	—	—
43	76	3 322～3 412	3 430～3 566	18	18	—	—	151～170
45	74	3 340～3 430	3 448～3 584	18	16	—	—	—
47	73	3 358～3 448	3 466～3 602	18	16	—	—	—
49	71	3 376～3 466	3 484～3 620	18	16	—	—	—
51	69	3 394～3 484	3 502～3 538	18	16	—	—	—
53	67	3 412～3 502	3 520～3 656	18	18	—	—	—
55	65	3 430～3 520	3 538～3 674	18	18	—	—	—
57	64	3 448～3 538	3 556～3 592	18	18	—	—	141～160
59	62	3 460～3 556	3 574～3 710	18	18	—	—	—
61	60	3 484～3 574	3 592～3 728	18	18	—	—	—
63	59	3 502～3 592	3 610～3 746	16	18	—	—	—
65	57	3 538～3 628	3 628～3 764	16	18	—	—	136～150
66	55	3 547～3 637	3 632～3 768	9	4	—	—	—

日程管理篇

①饲喂程序　母鸡体重和限饲程序见表2-9。

②影响投料的因素　鸡群开产后，要考虑以下几个因素来决定饲料的投放。

产蛋率：种母鸡开产后喂料量的增长应先于产蛋率的增长，这是因为鸡需要足够的营养来满足生殖系统快速生长、发育的需要，且卵黄物质的积累也需要大量的营养。鸡群的均匀度水平直接决定鸡群到达产蛋高峰的快慢。如果鸡群产蛋率上升快（每天上升3%～4%），产蛋率到30%时应给予高峰料。对于开产后产蛋率上升较慢（每天1%～2.5%）的鸡群，高峰料最好在产蛋率达35%～40%时再投给。

采食时间：这是鸡群进入产蛋期后决定喂料量所必须考虑的另外一个因素。采食时间的长短直接反映喂料量是否过多或不足。每天应记录来食时间，一般种鸡应在2～4小时之内吃完其每天的饲料配额。采食时间快，说明需要饲喂更多的饲料，反之说明喂料量过多。当然，要注意气温、隔鸡栅尺寸和饲料本身等均影响采食时间的长短。

舍温：这是影响采食量的主要因素之一。舍温应保持在对21～25℃。一般来说舍温低于20℃时，每低于1℃，每只鸡每天就需增加0.021兆焦能量。夏季天热时一定要早晨凉爽时喂料。

体重大小：鸡每天摄取的大部分营养主要用于维持需要。因此，体重越大的鸡需要的饲料量也就越多。如果鸡群超过其标准体重，那么在产蛋期就应增加其喂料量，在实际生产中鸡群每超过标准体重100克，每天每只鸡需增加0.033兆焦能量。

③增料和减料　产蛋高峰前，种鸡体重和产蛋量都增加，需要较多的营养，如果营养不足，会影响产蛋；产蛋高峰后，种鸡增重速度下降，同时产蛋量也减少，供给的营养应减少，否则母鸡过肥从而导致产蛋量、种蛋受精率和孵化率下降。准确调节喂

料量，可采用探索性增料技术和减料技术。

探索性增料技术：如鸡群产蛋率达80％以上，观察鸡群有饥饿感，则可增加饲料量，产蛋率已有3～5天停止上升，试增加5克饲料量；如5天内产蛋率仍不见上升，重新减去增加的5克饲料量；若增加了产蛋率，则保持增加后的饲料量。

探索性减料技术：产蛋高峰后（38～40周龄）减料。例如，鸡群喂料量为170克/（只·天），减料后第一周喂料量应为168～169克/（只·天），第二周则为167～168克/（只·天）。任何时间进行减料后3～4天内必须认真关注鸡群产蛋率，如产蛋率下降幅度正常（一般每周1％左右），则第二周可以再一次减料。如果产蛋下降幅度大于正常值，同时又无其他方面的影响（气候、缺水等）时，则须恢复原来的料量，并且一周内不要再尝试减料。

（2）产蛋期的管理

①种蛋管理

减少破蛋和脏蛋：引导鸡到产蛋箱产蛋，在母鸡开产前1～2周，在产蛋箱内放入软木刨花或稻壳等优质垫料，使用麦秸和稻草时截成0.5厘米长为宜。垫料清洁卫生，勤补充，并每月更换一次。并制作假蛋放入蛋箱内，让鸡熟悉产蛋环境，有产蛋现象的鸡可抱入产蛋箱内。假蛋的制作方法是将孵化后的死精蛋用注射器刺个洞，把空气注进蛋内，迫出内容物，再抽干净，将完整蛋壳浸泡在消毒液中，消毒干燥后装入沙子，用胶布将洞口封好。到大部分鸡已开产后，把假蛋拣出；勤拣蛋，鸡开产后，要每天不少于5次，夏天不少于6次。对产在地面的蛋要及时拣起，不让其他鸡效仿而也产地面蛋；采集和搬运种蛋动作要轻，减少人为破损。

种蛋的消毒：种鸡场设立种蛋消毒室或种鸡舍设立种蛋消毒柜，收集后立即熏蒸消毒：每立方米空间14毫升福尔马林，7克高锰酸钾熏蒸15分钟。

②日常管理　建立日常管理制度，认真执行各项生产技术，是保证鸡群高产、稳产的关键。

一是按照饲养管理程序搞好光照、饲喂、饮水、清粪、卫生等工作。

二是注意观察鸡群状态，及时发现异常。

三是保持垫料干燥、疏松、无污染。垫料影响舍内环境、种鸡群健康和生产性能发挥。管理上要求通风良好，饮水器必须安置适当（自动饮水器底部宜高于鸡背2～3厘米，饮水器内水位以鸡能喝到为宜），要经常除鸡粪，并及时清除潮湿或结块的垫草，并维持适宜的垫料厚度（最低限度为7.5厘米）。

四是做好生产记录。要做好连续的生产记录，并对记录进行分析，以便能及时发现问题。记录内容：每天记录鸡群变化，包括鸡群死亡数、淘汰数、出售数和实际存栏数；每天记录实际喂料数量，每周一小结，每月一大结，每批鸡一总结，核算生产成本；按规定定期抽样5％个体称重，以了解鸡群体态状况，以便于调整饲喂程序；做好鸡群产蛋记录，如产蛋日龄、产蛋数量以及产蛋质量等；记录环境条件及变化情况；记录鸡群发病日龄、数量及诊断、用药、康复情况；记录生产支出与收入，搞好盈亏核算。

③减少应激　实行操作程序化。饲养员实行定时饲喂、清粪、拣蛋、光照、给水等日常管理工作。饲养员操作要轻缓，保持颜色稳定，避免灯泡晃动，以防鸡群的骚动或惊群；分群、预防接种疫苗等，应可能在夜间进行，动作要轻，以防损伤鸡只。场内外严禁各种噪声及各种车辆的进出，防止各种应激因素。

④做好季节管理　主要做好夏季的防暑降温和冬季的防寒保暖工作，避免温度过高和过低。

（四）肉种鸡的人工授精

肉种鸡人工授精可以减少种公鸡饲养量（自然交配时，公、母比例为 1：10～15；人工授精时，公、母比例为 1：30～40），极大降低了种蛋成本。公、母鸡分笼饲养，为育种工作提供方便，也为单独给公鸡补充营养提供了条件，有利于提高种鸡精液品质。公鸡单笼饲养，还可减少鸡间的啄斗，降低死淘率；但在人工授精时，由于反复多次对公、母鸡的生殖器官外力挤压和输精器具的使用，难免对公、母鸡的生殖器官，特别母鸡的生殖器官造成损伤。因而在同一群体的种鸡，采用人工授精时，生产后期常会发生生殖器官的炎症等疾病，影响种蛋的数量和质量。人工授精时，采精、输精过程中动作轻柔，所用器具严格消毒，可以减少这种不良影响。

1. 准备

（1）器具的准备　常用的鸡人工授精器具包括：保温杯、小试管、胶塞、采精杯、刻度试管、水温计、试管架、玻璃吸管、注射器、药棉、纱布、毛巾、胶用手套、生理盐水等，有条件的还可以购置一台显微镜，用来检查精液质量。

（2）种公鸡采精训练　一般在正式采精前一周应对公鸡肛门周围的体毛进行修剪和适应性按摩。

2. 采精

多采用按摩法采精，具体操作因场地设备而异。生产实际中多采用双人立式背腹部按摩采精法，现以笼养种鸡的采精输精为例简述其具体操作。

①保定　一人从种公鸡笼中用一只手抓住公鸡的双脚，另一只手轻压在公鸡的颈背部。

②固定采精杯　采精者用右手食指与中指或无名指夹住采精杯，采精杯口朝向手背。

③按摩　夹持好采精杯后，采精者用其左手从公鸡的背鞍部向尾羽方向抚摩数次，刺激公鸡尾羽翘起。与此同时，持采精杯的右手大拇指和其余四指分开从公鸡的腹部向肛门方向紧贴鸡体作同步按摩。当公鸡尾部向上翘起，肛门也向外翻时，左手迅速

转向尾下方，用拇指和食指跨捏在耻骨间肛门两侧挤压，此时右手也同步向公鸡腹部柔软部位快捷地按压，使公鸡的肛门更明显地向外翻出。

④采精　当公鸡的肛门明显外翻，并有射精动作和乳白色精液排出时，右手离开鸡体，将夹持的采精杯口朝上贴住向外翻的肛门，接收外流的精液。公鸡排精时，左手一定要捏紧肛门两则，不得放松，否则精液排出不完全，影响采精量。

人工采精应注意在手法上一定要力度适中，按摩频度由慢到快，要给公鸡带来近乎自然的快感；在采精时间上要相对固定，以给公鸡建立良好的条件反射；采精的次数因鸡龄不同而异，一般青年公鸡开始采精的第 1 个月，可隔日采精一次，随鸡龄增大，也可一周内连续采精 5 天，休息 2 天。

3. 精液品质评定　评定项目和标准见表2-10。

表2-10　精液品质评定项目和标准

项目	标准
精液颜色	正常的精液为乳白色浓稠如牛奶。不正常的颜色不一致，或呈透明，或混有血、粪尿等
射精量	平均射精量为 0.3～0.45 毫升，变动范围 0.05～1.00 毫升
精液浓度	一次射精的平均浓度为 30.4 亿/毫升，其计算方法是用血球计数板一个视野中的精子数量推算
精子活力	精子活力对蛋的受精率大小影响很大，精子的活力也是在显微镜下观察，用精液中直线摆动前进的精子的百分比来衡量
精液 pH	正常的精液 pH 通常为中性到弱碱性（6.2～7.4）。采精过程中，异物落入其中是精液 pH 变化的主要原因。精液 pH 的变化影响精子的活力

4. 输精

（1）输精时间　从理论上讲，一次输精后母鸡能在 12～16 天内产受精蛋，但生产实际中为保证种蛋的高受精率，一般每间隔 5 天输精 1 次，肉鸡因排卵间隔时间较蛋鸡长，和生殖器官周围组织脂肪较多而肥厚，输精的间隔时间应短一些，一般3天为周期。每次输精应在大部分鸡产完蛋后进行，一般在下午3~4点以后。为平衡使用人力，一个鸡群常采用分期分批输精，即按一定的周期每天给一部分母鸡输精。

（2）输精量　输精量多少主要取决于精液中精子的浓度和活力，一般要求输入8 000万至1亿个精子，约相当于0.025毫升精液中的精子数量。

（3）输精部位与深度　在生产实际中多采用母鸡阴道子宫部的浅部输精，翻开母鸡肛门看到阴道口与排粪口时为度，然后将输精管插入阴道口1.5~2厘米就可输精了。

（4）输精的具体操作及注意事项　生产实际中常采用两人配合。一人左手从笼中抓着母鸡双腿，拖至笼门口，右手拇指与其余手指跨在泄殖腔柔软部分上，用巧力压向腹部，同时握两腿的左手，一面向后微拉，一面用手指和食指在胸骨处向上稍加压力，泄殖腔立即翻出阴道口，将吸有精液的输精管插入，随即用握着输精管手的拇指与食指轻压输精管上的胶塞，将精液压入。注意母鸡的阴道口在泄殖腔左上方。目前绝大多数的生产场都采用新鲜采集不经稀释的精液输精。具体操作时宜将多只公鸡的精液混合后并在不超过半小时时间内使用。以提高种蛋的受精率。人工采精输精的器具，应严格消毒，防治疾病的交叉感染。

三、肉仔鸡的日程管理

（一）肉用仔鸡的基础管理

1. 饲养方式　肉仔鸡的饲养方式主要有平面饲养、立体笼养和放牧饲养三种。不同的饲养有不同的特点，鸡场根据实际情况选择。

（1）平面饲养　平面饲养又分为更换垫料饲养、厚垫料饲养和网上饲养。

①更换垫料饲养　一般把鸡养在铺有垫料的地面上，垫料厚3～5厘米，经常更换。育雏前期可在垫料上铺上黄纸，有利于饲喂和雏鸡活动。换上料槽后可去掉黄纸，根据垫料的潮湿程度更换或部分更换，垫料可重复利用。如果发生传染病后，垫料要进行焚烧处理。更换垫料饲养的优点是简单易行，设备条件要求低，鸡在垫料上活动舒适，但缺点也较突出，鸡经常与粪便接触，容易感染疾病，饲养密度小，占地面积大，管理不够方便，劳动强度大。

②厚垫料平养　厚垫料饲养指先在地面上铺上5～8厘米厚的垫料，肉鸡生活在垫料上，以后经常用新鲜的垫料覆盖于原有潮湿污浊的垫料上，当垫料厚度达到15～20厘米不再添加垫料，肉鸡上市后一次清理垫料和废弃物。

厚垫料饲养的优点：一是适用范围广。厚垫料法适用于各类鸡的生长期，多用于雏鸡的育雏和肉用仔鸡的饲养。由于厚垫料本身能产生热量，鸡腹部受热良好，生活环境舒适，可以提高生长发育水平。饲养肉用仔鸡，可以减少胸囊肿和腿病的发生。二是经济实惠。不需运动场或草地，所用的垫料来源广泛，价格便宜，比笼养、网上平养等方法投资少得多。三是劳动强度小。不需经常清除垫料和粪便，每天只需添加少量垫料，在较长时间后才清理一次，因此大大减少了清粪次数，也就减少了劳动量。四是提供某些维生素营养。厚垫料中微生物的活动可产生维生素B_{12}，这有利于增进鸡的食欲，促进新陈代谢，提高蛋白质的利用效率。五是不易发生传染病。有资料指出，厚垫料法能降低病原体的密度，这是因为，虽然垫料和粪便是一个适宜病原体增殖和活动的环境，但这种活动所产生的热量和氨气均对病原体有抑制作用，因而反过来控制了病原体本身，成为一种自然的控制方法。在良好的管理条件下，厚垫料中病原体分布稀少，其上的鸡只不易产生某些具有临诊症状水平的传染病，并且能在鸡体内产生自然免疫性。

厚垫料饲养的缺点：一是易暴发球虫病和恶癖。因为湿度较高的垫料和粪便有利于球虫卵囊的存活，在管理不善的情况下就较易暴发球虫病，尤其是南方地区高温多湿，更易发生该种疾病。此外，由于饲养密度较高，鸡只互相接触的机会多，易发生冲突和产生恶癖。一遇生人、噪声或老鼠骚扰时，便骚动不定，易发生应激。二是管理不便。不易观察鸡群，不易挑选鸡只。三是机械化程度低。目前世界上最广泛采用的厚垫草上平养商品肉鸡每平方米养 20～25 只，单位面积年产量为 412 千克/米^2。虽然这是一个很大的进展，但设备和饲养方式同传统平养方式非常相似。从目前情况来看，不改变这一饲养方式，大幅度地提高生产效率已是极其困难的了。

垫料的要求：可作为垫料的原料有多种，对垫料的基本要求是质地良好、干燥清洁、吸湿性好、无毒无刺激、粗糙疏松，易干燥，柔软有弹性，廉价，适于作肥料；凡发霉、腐烂、冰冻、潮湿的垫料都不能用。

常用垫料：常用垫料有松木刨花、木屑、玉米芯、秸秆、谷壳、花生壳、甘蔗渣、干树叶、干杂草、稿秆碎段、碎玉米芯或粉粒等，这些原料可以单独使用，也可以按一定比例混合使用。有资料指出，木屑不宜作为垫料用，因为当鸡只啄食垫料时，木屑容易阻塞鸡的鼻孔或刺激鼻道和咽喉，当搅动木屑时，除会危害呼吸道外，还会刺激眼睛，引起呼吸道或眼睛不适。但在实际应用上，由于木屑吸湿性好，有利于保证育雏室的清洁干燥，防止鸡球虫病的蔓延，尤其是在高温多雨季节更为合适，因此在生产上还是用得比较广。

③网上平养　网上平养就是将鸡养在离地面80～100厘米高的网上。网面的构成材料种类较多，有钢制的（钢板网、钢编网）、木制的和竹制的，现在常用的是竹制的，将多个竹片串起来，制成竹片间距为1.2～1.5厘米竹排，将多个竹排组合形成网面，再在上面铺上塑料网，可以避免别断鸡的脚趾，鸡感到舒适。也可选用2厘米的圆竹平排钉在木条上，竹竿间距2厘米制成竹竿网，再用支架架起离地50～60厘米左右。

网上平养的优点：一是卫生。网上平养的粪便直接落入网下，鸡不与粪便接触，减少了病原感染的机会，尤其是减少了球虫病暴发的危险。二是饲养密度高。网上平养可以提高了饲养密度，减少25％～30％的鸡舍建筑面积，可减少投资。三是便于管理。网上平养便于饲养管理和观察鸡群。

网上平养的缺点：对日粮营养要求高。网上平养由于鸡群不与地面、垫料接触，要求配制的日粮营养必须全面、平衡，否则容易发生营养缺乏症。

（2）立体饲养　立体饲养也是笼育，就是把鸡养在多层笼内。蛋鸡饲养普遍采用笼养工艺，从20世纪50年代末到60年代中期，许多国家把蛋鸡笼试用于肉鸡生产，但都以失败告终。因为肉鸡休息时不同于蛋鸡的蹲伏姿势，以胸部直接躺在地面。由于生长速度快，体重比较大，皮肤、肌肉和骨骼组织较为柔嫩，很容易发生胸部囊肿和腿病，而且饲养期越长，体重越大，发生率就越高，直接影响肉鸡的商品率。随着科技发展，得以从育种、笼具和饲料等多方面采取了一系列改革，使肉鸡笼养越来越普遍。

立体饲养优点：一是饲养密度大　可以大幅度提高单位建筑面积的饲养密度。饲养密度达 25 只/米^2 的情况下，鸡舍平面密度可达 120 只/米^2，在一个 12 米×100 米的传统规格肉鸡舍里，厚垫草平养每栋养 20 000～25 000 只，笼养每批饲养量可达 70 000～100 000只，年产量可从厚垫草平养的 246 吨活重提高到 1 571吨，即在同样建筑面积内产量提高 5 倍以上。二是饲料消耗少。由于鸡限制在笼内，活动量、采食量、竞食者均较少，所以个体比较均匀。由于笼饲限制了肉鸡的活动，降低了能量消耗，相应降低了饲料消耗。达到同样体重的肉鸡生长周期缩短 12%，饲料消耗降低 13%，降低总成本 3%～7%。三是提高劳动效率。笼养可以大量采用机械代替人力，从入舍、日常饲养管理和转群上市等都可以机械操作，极大减少劳动量，从而使劳动生产率大幅度上升。机械化程度较高的肉鸡场一个人可以管理几万只，甚至几十万只。四是有利于采用新技术。可以采用群体免疫、免疫监测、正压过滤空气通风等新技术来预防疾病。五是不需使用垫料。大多数地区垫料费用高，有些地方短缺。舍内粉尘较少。

立体饲养缺点：胸部囊肿、猝死症等发病率提高。

2. 环境管理　只有根据肉鸡生长发育特点，为其提供适宜的环境，才能获得良好的生长速度和饲养效果。环境主要是指空气环境，其构成因素主要有温度、湿度、光照、通风、密度和卫生。

（1）温度　鸡对温度的适应性因年龄、类型和品种而有差异，温度若超过一定的允许范围或者发生剧烈变化，都会影响鸡的正常代谢和生产性能，甚至危害健康。刚出壳的雏鸡体温比成年鸡体温低2～3℃，4日龄才开始慢慢地上升，到10日龄才能达到成年鸡体温，到21日龄，体温调节机能逐渐趋于完善。雏鸡体温调节机能差，防寒能力低，对外界环境温度不适应，需要人工给予适宜的环境温度。

①不同日龄肉仔鸡的适宜温度　见表2-11。

表2-11　适宜温度表/℃

项目	入舍前后2小时	1日龄	2～3日龄	4～5日龄	6～7日龄	8～10日龄	11～14日龄	3周龄	4周龄以后
温度范围	27～29	31～33	30～32	29～31	28～30	27～29	26～28	25～27	23～25
设定温度	28	32	31	30	29	28	27	25	23
晚上温度	29	32	32	31	30	29	28	26	24

温度适宜时，鸡群表现为：鸡舍内鸡分布得非常均匀，羽毛光亮、非常活泼、对外界的刺激（光、声音、人的走动、喂食等）非常敏感，人走动时会跟着脚跟跑；觅食和饮水都很自然，很少或不存在扎堆的现象。这样可以提高7日龄成活率、健雏率，增大7日龄平均体重，减少因环境因素而诱发胚胎病的发生率。

冷应激时，鸡挤向热源处，扎堆；舍内有的地方有鸡，有的地方为空地；特别在有贼风的情况下，表现得更加突出。鸡扎堆时，有的鸡爬上别的鸡背上，挤在角落里，柱子周围，严重的可能造成窒息、踩踏死亡；小鸡会找一些能隔热的地方，有较多垫料的地方、纸箱上、有灯泡的地方；若饮水的温度与室温相差比较大时，大部分鸡会挤进水中。从外观上看因羽毛被水淋湿鸡好像变小了，这样因蒸发散热增加，鸡扎堆更多，挤在饮水器内的鸡出不来，而外面的鸡又往里面挤，结果是扎堆更多。因羽毛被淋湿，鸡很可能因冷而发抖。

热应激时，鸡远离热源，挤向有贼风处，在有贼风的地方扎堆；若饮水的温度与室温相差比较大时，大部分鸡会挤进水中，从外观上看因羽毛被水淋湿鸡好像瘦了一圈，鸡扎堆很多，饮水器周围因小鸡来回饮水淋湿了一大片，呈圆圈状。若因水量不足，饮水器过高（下面垫砖），水位过浅等原因而造成饮水困难，鸡表现为张口呼吸、叽叽乱叫、喙发绀；爪干瘪、发暗；羽毛发暗，无光泽；严重的出现大面积死亡；有的鸡趴在地上头向前伸，翅膀放松悬垂于身体两侧，肚皮贴着地面，张口快速呼吸。可以非常清楚地看到小鸡脖子到胸脯之间因呼吸加深加快而表现出比较明显的起伏。若地面土质较松软，小鸡会用爪刨出一个小窝蹲在里面。若温度持续上升，变得虚弱并由于呼吸、循环、电解平衡失调而死亡；温度较高的地方，若不是空间太小或鸡太多，是没有鸡的；饮水量非常明显地增高，小鸡因饮水增加而腹泻。

②肉仔鸡舍温度控制　舍内温度控制措施如下。

一是高度重视温度。温度不仅影响雏鸡的体温调节、消化吸收、采食饮水，而且也影响雏鸡的抵抗力。只要能够保持适宜的温度，肉鸡饲养就容易进行。只有重视温度，才能采取措施来保证适宜的温度。

二是提高育雏舍的保温隔热性能。加强肉鸡舍的保温隔热性能设计和精心施工。肉鸡舍的保温隔热性能不仅影响温度的维持和稳定，而且影响燃料成本费用的高低。生产中，有的肉鸡舍过于简陋，如屋顶一层石棉瓦或屋顶很薄，大量的热量逸出舍外，温度很难达到和保持。屋顶和墙壁要达到一定的厚度，要选择隔热材料，结构要合理，屋顶最好设置天棚。天棚可以选用塑料布、彩条布等隔热性能好、廉价、方便的材料。

三是供温设施要稳定可靠。根据本场情况选择适宜的供温设备。大、中型鸡场一般选用热气、热水和热风炉供温，小型鸡场和专业户多选用火炉供温。无论选用什么样的供温设备，安装好后一定要试温，通过试温，观察能不能达到温度要求，达到需要多长时间，温度稳定不稳定，受外界气候影响大小等。供温设备应能满足一年四季需要，特别是冬季的供温需要。如果不能达到要求的温度，一定采取措施加以解决，雏鸡入舍后温度上不去再采取措施一方面也不可能很快奏效，另一方面会影响一系列工作安排，如开食、饮水、消毒、疾病预防等，必然带来一定损失。观察开启供温设备后多长时间温度可以升到育雏温度，这样，可以在雏鸡入舍前适宜的时间开始供温，使温度提前上升到育雏温度，然后稳定 1～2 天再雏鸡入舍。

四是正确测定温度。温度的测定用普通温度计即可，但育雏前对温度计校正，做上记号；温度计的位置直接影响到温度的准确性，温度计位置过高测得的温度比要求的温度低而影响饲养效果的情况生产中常有出现。使用保姆伞育雏，温度计挂在距伞边缘 15 厘米，高度与鸡背相平（大约距地面 5 厘米）处。暖房式加温，温度计挂在距地面、网面或笼底面 5 厘米高处。肉鸡育雏期不仅要保证适宜的育雏温度，还要保证适宜的舍内温度。

五是增强育雏人员责任心。肉鸡饲养是一项专业性较强的工作，所以要对饲养人员进行培训或学习一些有关的肉鸡育雏知识，提高技术技能。同时要实行一定的生产责任制，奖勤罚懒，提高工作积极性，增强责任心。

六是防止温度过高。夏季饲养肉鸡，由于外界温度高，如果肉鸡舍隔热性能不良，舍内饲养密度过高，会出现温度过高的情况。可以通过加强通风，喷水蒸发降温等方式降低舍内温度。

③有关低温育雏的问题　低温育雏能降低能源消耗及育雏成本，但现在多是在试验。低温育雏也不是违背雏鸡生长发育特点

随意降低育雏温度，也要受到多种条件影响的，如需要封闭性能良好的鸡舍、适宜的舍内温度、适宜的育雏初始温度和合适的降温程序等，所以生产中不能盲目进行。育雏温度是否适宜，受到多种因素影响，如品种种类、育雏季节、育雏方式、雏鸡体质及应激情况等。雏鸡对温度是比较敏感的，雏鸡的行为（采食、饮水、睡眠及活动情况）是判断育雏温度是否适宜的标准。只要雏鸡精神活泼，采食饮水正常，育雏区内均匀分布，休息时很安静，这时的育雏温度就是最适宜的，生产中就应该保持这样的温度。如果温度低的情况下，雏鸡拥挤叠堆，向热源靠近。行动迟缓，缩颈弓背，羽毛蓬松，不愿采食和饮水，发出尖而短的叫声。休息时不是头颈伸直，睡姿很安详，而是站立、雏体萎缩，眼睛半开半闭，休息不安静，应该提高育雏温度。

（2）湿度　湿度是指空气中含水量的多少，相对湿度是指空气实际含水量与饱含含水量的比值。用百分比来表示。

①适宜的湿度　饲养肉用仔鸡，最适宜的湿度为：0～7日龄70％～75％；8～21日龄60％～70％，以后降至50％～60％。测量湿度一般用干湿温度计即可，根据干球温度与湿球温度之差，查相对湿度表得出。

湿度过高或过低对肉仔鸡的生长发育都有不良影响。在高温高湿时，肉用仔鸡羽毛的散热量减少，鸡体散热主要通过加快呼吸来排除，但这时呼出的热量扩散很慢，并且呼出的气体也不易被外界潮湿的空气所吸收，因而这时鸡不爱采食，影响生长。低温高湿时，鸡体本身产生的热量大部分被环境潮气吸收，舍内温度下降速度快，因而肉用仔鸡维持本身生理需要的能量增多，耗料增加，饲料转化率低。另外，湿度过高还会诱发肉用仔鸡的多种疾病，如球虫病、脚病等；湿度过低时，肉用仔鸡羽毛蓬乱，空气中尘埃量增加，患呼吸道系统疾病增多，影响增重。

②舍内湿度的控制　由于饲养季节不同，鸡龄不同，舍内湿度差异较大。为满足肉用仔鸡的生理需要，时常要对会内湿度进

行调节。

　　舍内湿度低时：在舍内地面散水或用喷雾器在地面和墙壁上喷水，水的蒸发可以提高舍内湿度。如是育雏前期的鸡舍或舍内温度过低时可以喷洒热水；提高舍内湿度，还可以在加温的火炉上放置水壶或水锅，使水蒸发提高舍内湿度，可以避免喷洒凉水引起的舍内温度降低或雏鸡受凉感冒。

　　舍内湿度高时：提高舍内温度，增加通风量；加强平养的垫料管理，保持垫料干燥；冬季房舍保温性能要好，房顶加厚，如在房顶加盖层稻草等；加强饮水器的管理，减少饮水器内的水外溢；适当限制饮水。

　　（3）通风换气　加强鸡舍通风，适当排除舍内污浊气体，换进外界的新鲜空气，并借此调节舍内的温度和湿度。

　　肉鸡生长发育快，对空气要求条件高，如果空气污浊，危害更加严重，所以舍内空气新鲜和适当流通是养好肉用仔鸡的重要条件，洁净新鲜的空气可使肉用仔鸡维持正常的新陈代谢，保持健康，发挥出最佳生产性能。如通风换气不足，舍内有害气体含量多，易导致肉用仔鸡生长发育受阻，严重影响肉鸡健康和成活率。当舍内氨气含量超过 20 毫升/米³ 时，对肉用仔鸡的健康有很大影响，氨气会直接刺激肉用仔鸡的呼吸系统。刺激黏膜和角膜，使肉用仔鸡咳嗽、流泪；当氨气含量长时间在 50 毫升/米³以上时，会使肉用仔鸡双目失明，头部抽动，表现出极不舒服的姿势。如果氧气不足，容易引起肉鸡的腹水症和猝死症。

　　①肉用仔鸡舍内有害气体的允许浓度　肉鸡舍内二氧化碳1 500毫升/米³，氨气 20 毫升/米³，硫化氢 26 毫升/米³，当超过此允许浓度时，就应进行通风换气，如果没有测量仪器，则以人在鸡舍内不感到刺眼流泪、不呛鼻、没有过分的酸臭味、空气不浑浊为宜。

　　②夏季通风　对于开放式鸡舍：一是降低鸡群密度；二是增加风扇数、合理放置风扇、调整风扇角度，加快鸡只周围空气的

流动速度；三是在空气湿度不高的季节，如果温度很高，可以用喷雾器向鸡群喷水。

对于密闭式鸡舍：一是湿帘纵向通风系统设计合理，保持鸡舍内2米/秒的风速。如果进风口小、风机大，会使鸡舍内负压增大、风速快，易造成进风口处鸡只感觉太冷，易诱发腹水综合征；如果进风口太大、风机太小，鸡舍内风速太低，则会造成鸡舍两端的温差太大。二是密封鸡舍缝隙、漏洞和不必要的进风口，提高湿帘的利用率。三是在高温高湿季节应关掉湿帘，只通过加大通风量来降温。因为空气中的湿度已经很高，使用湿帘降温不理想，反而会使鸡舍内的湿度更高，给鸡一种蒸桑拿的感觉，更易造成死亡淘汰率上升。

③冬季通风　一是冬季通风要给鸡群生长发育提供充足的氧气，排除多余的热量、湿气、灰尘、氨气等，同时要尽可能地保持鸡舍温度，节省能源；二是注意检查鸡舍的各个部分，保持鸡舍密封；三是根据鸡舍规格、饲养量和雏鸡的体重，按$0.016\sim0.027$米^3/（千克·分）设计鸡舍的风机、进风口，确定适合鸡舍环境的循环时间和风扇数量（保持风扇循环时间尽量短些，避免舍内温度发生太大变化，可设定5分钟或不超过5分钟为一个循环。如果设定为10分钟，2分钟开8分钟关的效果和5分钟循环中1分钟开4分钟关的通风量是相同的。短时间的循环对舍内温度影响不会太大，并且也可以节省燃料。同时这种方法也提高了舍内空气质量，保证了鸡群的良好性能。鸡群是在地面上活动的，所以舍内的温度要以适合鸡群生长为准，也即是要以地面温度为准）；四是为达到理想效果，鸡舍内的静态压力应为$106.7\sim333.3$帕。假如静压达不到，空气就会低速进入并下降吹到鸡群，使鸡群受冷。

④通风换气应注意的问题　一是保持鸡舍内适宜的温度，不至于发生剧烈的温度变化；二是保持鸡舍内气流稳定，使整个鸡舍内均匀，无死角，不会形成贼风；三是进行通风换气时，要避

免贼风，可根据不同的地理位置，不同的鸡舍结构、不同的季节、不同的鸡龄、不同体重，选不同的空气流速。

消除鸡舍内氨气的方法：一是及时消毒鸡舍中的粪便和垫料。二是在做好舍内保温，同时要重视排污排湿，定期打开风扇和加大换气孔，以使人感到无闷气、无刺鼻、刺眼为好。三是在鸡舍内撒磷肥（过磷酸钙），它可与氨气结合生成磷酸铵盐。方法为每周撒一次，每 10 米^2 撒磷肥 0.5 千克。四是喷雾过氧乙酸，这是由醋酸和双氧水合成的强氧化剂，可与氨气生成醋酸铵，能杀灭多种细菌和病毒，但对鸡、肉、蛋无害。方法为将市售 20％过氧乙酸溶液稀释成 0.3％，每立方米空间喷雾 30 毫升，每周 1～2 次。在鸡群发病期间，可早晚各喷雾一次。

（4）光照　光照是鸡舍内小气候的因素之一，影响肉仔鸡的采食和生长。合理的光照有利于肉用仔鸡增重和均匀整齐，便于饲养管理人员的工作，并能降低生产成本。

①光照时间　1～2 日龄 24 小时光照；3～7 日龄 22～23 小时光照；8～42 日龄开放式鸡舍，20 小时以下的光照时间，4 小时以上的黑暗；全遮黑式鸡舍则开始关灯 12 小时，43 日龄后 22 小时光照，2 小时黑暗。

②光照强度　1～7 日龄应达到 3.8 勒克斯，8～35 日龄为 3.2 勒克斯，42 日龄以后为 1.6 勒克斯。

③光照注意事项　一是要保持舍内光照均匀。采光窗要均匀布置；安装人工光源时，光源数量适当增加，功率降低，并布置均匀，有利于舍内光线均匀。二是光源要安装碟形灯罩。三是经常检查更换灯泡。经常用干抹布把灯泡或灯管擦干净，以保持清洁，提高照明效率。

（5）饲养密度　饲养密度是指每平方米面积容纳的鸡数。饲养密度直接影响肉鸡的生长发育。

影响肉用仔鸡饲养密度的因素主要有品种、周龄与体重、饲养方式、房舍结构及地理位置等。一般来说，房舍的结构合理，通风良好，饲养密度可适当大些，笼养密度大于网上平养，而网上平养又大于地面厚垫料平养。体重大的饲养密度小，体重小，饲养密度可大些。

如果饲养密度过大，舍内的氨气、二氧化碳、硫化氢等有害气体增加，相对湿度增大，厚垫料平养的垫料易潮湿，肉用仔鸡的活动受到限制，生长发育受阻，鸡群生长不齐，残次品增多，增重受到影响，易发生胸囊肿、足垫炎、瘫痪等疾病，发病率和死亡率偏高。若饲养密度过小，虽然肉用仔鸡的增重效果较好，但房舍利用率降低，饲养成本增加。肉用仔鸡适宜的饲养密度见表 2-12。

表 2-12　不同饲养方式的饲养密度

	地面平养/（只/米²）	网上平养/（只/米²）	立体笼养/（只/米²）
12 小时前	70～80	70～80	70～80
1～4 天	35～40	35～40	35～40
5～12	20～25	20～25	20～25
13～20	17～20	17～20	17～20
21 天以后	10～12	11～13	13～15

注：冬季饲养取最大值，夏季饲养取最小值。

（6）垫料的管理　垫料平养时，垫料的管理直接影响饲养效果，必须注意垫料管理。垫料的厚度要合适，对于肉用仔鸡，前期垫料要求 6～8 厘米（1 000 千克稻壳垫 5～6 厘米厚，可垫 230 米²，一般 18 袋/间），如果此时垫料过厚，雏鸡就易垫料覆盖起来而发生意外，同时也妨碍雏鸡的活动。

垫料践踏后，厚度降低，垫料潮湿污浊，要注意及时添加，最后使垫料的厚度达到 20～25 厘米，过薄的垫料效果不好，因为这时垫料与粪便的比例不适当，垫料少粪便多，垫料层扁实、潮湿，氨气增多，影响鸡的生活和生长，潮湿而浅薄的垫料还易使小鸡或肉用仔鸡产生脚肿。新加垫料应铺在原有垫料上面，铺盖垫料时要均衡平坦，避免高低不平的现象。

最好每天都用耙子翻松垫料，如不能做到，则至少应每3天翻动一次，以保证粪便与垫料充分混合及垫料层的疏松。底层的垫料已成粉状，可不必翻动。

厚垫料层在一定时间后便要进行更换，一般可结合鸡的出栏来进行。对于肉用仔鸡，可以从出壳饲养至出栏（6～7周），这样可减去中间一次清理工作。但切不可用同一层垫料供两批雏鸡育雏或两批生长期仔鸡的饲养，否则某些疾病有可能通过垫料传递下来。可由垫料传递的疾病有鸡球虫病、鸡白痢、鸡伤寒、传染性支气管炎、鸡新城疫、马立克氏病和传染性喉气管炎等。

在垫料管理上，注意垫料潮湿问题。垫料潮湿原因很多，主要是管理方面的原因，如水龙头漏水、饮水器阀门失调、水槽装水过满、地下水上渗、垫料长久不换不加等。饲养方面原因如饲料食盐过多、鸡只摄食到高水平的亚硫酸盐等。要防止垫料过湿，首先要保证场址选在高燥通风的地方，凡多雨或地势低洼的地方都不宜使用，地面要用水泥铺盖，舍外及舍内水沟排水良好，饮水器要放在无垫料区的水泥地上或铁丝网平台上，溢水直接由水沟排到舍外，水龙头、饮水器要尽量做到不漏水；其次是要经常添加新垫料，定期清除旧垫料。日粮中含盐量应控制在0.3%以下等。

三周后表现特别重要，因为经过两周饲养，垫料慢慢出现潮湿的情况，所以在这个阶段以后要勤翻动垫料，确保垫料疏松、湿度适宜。过干易起尘，过湿就会产生氨气。

肉鸡饲养者通常重视雏鸡、饲料和水的质量，对垫料的质量却很少给予足够的重视。生产实践证明，垫料具有许多重要的作用，垫料状况的好坏将直接影响肉鸡生产性能的发挥，从而影响肉鸡饲养者的效益。

（7）环境卫生　雏鸡体小质弱，对环境的适应力和抗病力都很差，容易发病，特别是传染病。所以要加强入舍前的消毒，加强环境和出入人员、用具设备消毒，经常带鸡消毒，并封闭育雏，做好隔离。

①清粪 必须定期清除鸡舍内的粪便（厚垫料平养除外）。笼养和网上平养每周清粪3～4次，清理不及时，舍内会产生大量的有害气体如氨气、硫化氢等，同时会使舍内滋生蚊蝇，从而影响肉仔鸡的增重，甚至诱发一些疾病。

②卫生 每天要清理清扫鸡舍、操作间、值班室和鸡舍周围的环境，保持环境清洁卫生；垃圾和污染物及时放到指定地点；饲养管理人员搞好个人卫生。

③消毒 日常用具定期消毒、定期带鸡消毒（带鸡消毒是指给鸡舍消毒时，连同鸡只同时消毒的过程）。鸡舍前应设消毒池，并定期更换消毒药液，出入人员脚踏消毒液进行消毒。消毒剂应选择两种或两种以上交替使用，不定期更换最新类消毒药，防止因长期使用一种消毒药而使细菌产生耐药性。

3. 喂料管理（重点在1周内） 肉鸡的饲养，喂料的管理事关重大，栏内喂料一定要认准料位，栏内加料方法不能随意改变，加料一定要准确、均匀，定期化验各期饲料品质，杜绝抛撒饲料。

（1）喂料方法 每日准确无误地统计料量，每天都要有一定的控料时间，控料时间不低于1小时（以吃净料桶内颗粒饲料后计时）。8日龄开始控料，喂料办法应是：每天的加料量分3次进行，第一次加前一天料量的2/3，放到控料后的第一次加料，一般应是下午6点进行，第2天早上加1/3的料量，上午进行匀料，能再加入料量就是当天增加的料量，这样持续下去每天都能准确统计料量，以利于及时发现鸡群的不正常情况。若出现采食量减少要及时找清原因进行处理，否则会后患无穷。

（2）引起采食减少的原因

①疾病的发生 所有疾病发生时都先要影响到食欲，然后才

会影响死亡淘汰率。

②大的应激因素出现也会影响到采食量 大的应激有室内温度过高引起的热应激、室内温度过低引起的冷应激、异常举动和响动引起的惊吓等。

③水供应不足 水线断水现象发现太晚，水线偏高或偏低。

④喂料管理方面 加料办法改变，一次加料太多或者是统计料量不准都会影响到喂料的管理。查清料量减少的原因才能避免更大问题的出现，所以鸡的采食时间和吃料量是最关键的记录数据，这是每个肉鸡场管理人员都要关心的问题。

（3）喂料的管理 最初 10 小时可以将饲料撒在干净的报纸、料袋、塑料布或饲养盘上让鸡采食。为节省饲料，减少浪费，1～4 日龄使用开食盘喂料，料可以采取湿拌料饲喂。从 4～5 日龄起，逐渐加入 2 千克小料桶，7～8 日龄后全部改用料线喂料。除 2～3 周需要控制饲喂料量外，其他时间自由采食，即吃多少喂多少。

2～3 周实行限饲，只是为了给鸡群一个净料桶的时间，增加鸡群的运动量，而不是为了让其少采食饲料。每天要控制 2 小时不喂料，可减少肉鸡猝死症的发生。饲喂次数应不少于 3 次，一般第一周每天喂 6～12 次，第二周每天喂 4 次，以后直到出栏每天喂 3 次。一般每 20～30 只鸡需要一个料桶。料桶放置好后，其边缘应与肉鸡的背部等高，每次加料不宜过多，可减少饲料的浪费、以免饲料在鸡舍造成污染，失去新鲜度。

目前肉鸡的饲料配方一般分三段制：0～3 周龄使用前期料，前期料分为两种，即颗粒破碎料和颗粒料两种，这有利于前十几天的采食和后几天提高采食速度。4～5 周龄用中期料，6 周龄至出栏用后期料。应当注意，各阶段之间在转换饲料时应逐渐过渡，有 3～5 天的适应期，若突然换料易使肉鸡出现较大的应激反应，引起鸡群发病。肉鸡每只饲喂量标准见表 2-13。

表 2-13　肉鸡每只饲喂量标准

日龄	耗料/克	日龄	耗料/克	日龄	耗料/克	日龄	耗料/克
1	13	15	76	29	162	43	194
2	18	16	85	30	166	44	196
3	22	17	94	31	170	45	198
4	26	18	104	32	172	46	200
5	32	19	115	33	174	47	202
6	34	20	121	34	176	48	204
7	38	21	126	35	178	49	206
8	42	22	132	36	180	50	208
9	46	23	138	37	182	51	210
10	50	24	142	378	184	52	212
11	54	25	146	39	186	53	214
12	58	26	150	40	188	54	216
13	66	27	154	41	190		
14	70	28	158	42	192		

在肉鸡饲养管理过程中，提高鸡群的食欲是管理的关键，因此应以 1 天为单位，每天都有一个增料速度。随着鸡只的成长，其自身活动需要的营养是一定的，也就是说每只鸡在 1 天内得有一定量的饲料去维持自身活动需要，只有多于这些需要的料量才会增加体重。

4. 饮水管理　常言道"水是生命之源"，水对肉鸡的健康和生产都至关重要。

（1）水线消毒办法　每天为鸡只提供洁净饮水是确保鸡群健康和实现最佳经济效益的必要条件。由于输送饮水的管线不透明，我们看不到里面的情况，因此在空舍期内清洗和消毒鸡舍时，我们很容易忽略这一重要环节。每批鸡淘汰后，应认真清洗消毒饮水系统。

①分析水质　分析结垢矿物质含量（钙、镁和锰）。如果水中含有 90 毫克/升以上的钙、镁，或者含有 0.05 毫克/升以上的锰、0.3 毫克/升以上的钙和 0.5 毫克/升以上的镁，那么就必须将除垢剂或某种酸化剂纳入清洗消毒程序，这些物质将溶解水线及其配件中的矿物质沉积物。

②选择清洗消毒剂　选择一种能有效地溶解水线中的生物膜或黏液的清洗消毒剂。具有这种功用的最佳产品就是浓缩双氧水溶液。在使用高浓度清洗消毒剂之前，要确保排气管工作正常，以便能释放管线中积聚的气体。此外，咨询设备供应商以避免不必要的损失。

③配制清洗消毒溶液　为了取得最佳效果，请使用清洗消毒剂标签上建议的上限浓度。大多数加药器只能将原药液稀释至 0.8％～1.6％。如果必须使用更高的浓度，那么就在一个大水箱内配制清洗消毒溶液，然后不经过加药器，直接灌注水线。例如，要配制 3％的溶液，则须在 97 份的水中加入 3 份的原药液。清洗消毒溶液可用 35％的双氧水溶液配制而成。

④清洗消毒水线　灌注长 30 米、直径 20 毫米的水线，需要 30～38 升的清洗消毒溶液。如果 150 米长的鸡舍，有两条水线，那么最少要配制 380 升的消毒液。水线末端应设有排水口，以便在完全清洗后开启排水口、彻底排出清洗消毒溶液。清洗消毒水线的步骤：

第一步：打开水线，彻底排出管线中的水。

第二步：用清洁消毒溶液灌入水线。

第三步：观察从排水口流出的溶液是否具有消毒溶液的特征，如带有泡沫。

第四步：一旦水线充满清洗消毒溶液，请关闭阀门。根据药品制造商的建议，将消毒液保留在管线内 24 小时以上。

第五步：保留一段时间后，冲洗水线。冲洗用水应含有消毒药，浓度与鸡只日常饮水中的浓度相同。鸡场没有标准的饮水消毒程序，可以在 1 升水中加入 30 克 5％的漂白粉，制成浓缩消毒液，然后再以每升水加入 7.5 克浓缩液的比例稀释，即可制成含氯 3～5 毫克/升的冲洗水。

第六步：水线经清洗消毒和冲洗后，流入的水源必须是新鲜的，并且必须是经过加氯处理的（离水源最远处的浓度为 3～5 毫克/升）。如果使用氧化还原电位计检查，读数至少应为 650。

第七步：在空舍期间，从水井到鸡舍的管线也应进行彻底的清洗消毒。最好不要用舍外管线中的水冲洗舍内的管线。应把水管连接到加药器的插管上，反冲舍外的管线。

⑤去除水垢 水线被清洗消毒后，可用除垢剂或酸化剂去除其中的水垢。柠檬酸是一种具有除垢作用的产品。使用除垢剂时，应遵循制造商的建议。

第一步：将 110 克柠檬酸加入 1 升水中制成浓缩溶液，按照每升水 7.5 克的比例稀释浓缩液，用稀释液灌注水线，并将稀释液在水线中保留 24 小时。重要的是，要达到最佳除垢效果，pH 必须低于 5。

第二步：排空水线。配制每升含有 60～90 克 5％漂白粉的浓缩液，然后以 7.5 克浓缩液：1 升水的比例稀释成消毒溶液。用消毒溶液灌注水线并保留 4 小时。这种浓度的氯将杀灭残留细菌，并进一步去除残留的生物膜。

第三步：用洁净水冲刷水线（应在水中添加常规饮水消毒浓度的消毒剂，每升浓缩液中含有 30 克 5％漂白粉，然后再以 7.5 克浓缩液：1 升水的比例进行稀释），直至水线中的氯浓度降到 5 毫克/升以下。

⑥保持水线清洁。水线经清洗消毒后，保持水线洁净至关重要。应为鸡只制订一个良好的日常消毒规程。理想的水线消毒规程应包含消毒剂和酸化剂。注意，这种程序须两个加药器，因为在配制浓缩液时，酸和漂白粉不能混合在一起。

如果只有一个加药器，那么应在饮水中加入每升含有 40

克5%漂白粉的浓缩液,稀释比例为7.5克浓缩液:1升水。目标就是使鸡舍最远端的饮水中保持3～5毫克/升的稳定氯浓度。

臭氧是一种对细菌、病毒非常有效的消毒剂和化学氧化剂。它与铁、锰元素起反应,使二者更容易被过滤清除。它的功效不受pH影响,与氯气同时使用时,能使氯气失活。同时臭氧是一种接触消毒剂,挥发很快,水线中不会有残留物。

二氧化氯正逐渐被用作家禽饮水消毒剂,因为新的生产方法已经解决了它的应用问题。作为一种杀菌剂,二氧化氯和氯气一样有效;作为病毒杀灭剂,它比氯气效率更高;在去除铁、锰方面,它比氯气更出色,且它不受pH的影响。

(2)注意事项

①不要把酸化剂用作水处理的唯一方法,因为单独使用酸化剂可以造成细菌和真菌在水线中生长增殖。

②越来越多的人把双氧水用作饮水消毒剂,但pH和碳酸盐的碱性会影响双氧水的效率。它可以被储存在使用现场,但过期后很容易失效。它是一种强氧化剂,但不会有任何残留。

双氧水刺激性强,操作时须格外小心。使用前,必须在设备组件上做一个试验。为了防止对人员和设备造成损伤,必须严格遵循操作和使用剂量的说明。经硝酸银稳定处理的50%双氧水,被证明是一种非常有效的消毒剂和水线清洁剂,而且它不会损伤水线。

③当我们给鸡只使用其他药物或疫苗时,应停止在饮水中加含氯消毒剂或其他消毒剂,因为氯能使疫苗失活,能降低一些药物的效力。但在投药或免疫结束后,应在饮水中继续使用氯或其他消毒剂。

④水线卫生要符合地方法规的要求,请咨询地方权威部门。务必始终遵守设备和药品的使用原则。

⑤防止水线堵塞。水线堵塞的原因多数是由于不完全溶解的药品与水中的沉积物形成了生物膜。生物膜的危害：微生物附着在管壁而形成生物膜，为更多有害的细菌和病毒提供保护场所，从而避开消毒剂的攻击，如沙门氏菌在水线的生物膜里可生存数周；有害细菌还可以利用生物膜作为食物来源，降低水的适口性；堵塞供水系统，造成水线末端流速缓慢，更适宜微生物生长；生物膜有机物中和消毒剂，降低消毒效力，影响药物、维生素和疫苗的使用效果。

酸性水质净化剂的作用：净化水质，杀菌；降低饮水 pH，酸化肠道；清洗饮水系统，除垢，除生物膜；同时也起到酸化剂的作用；促进消化功能，提高采食量。

⑥改善生产性能，清洁饮水系统。空舍期间，用高压水冲洗管道（双方向），用酸性水质净化剂 2％水溶液浸泡 24 小时后，用清水高压冲洗；用 0.2％酸性水质净化剂水溶液于饮水系统，保留至新鸡群进入（如果临近接雏）。

生产期间，傍晚关灯前用高压水冲洗管道（双方向），然后用 1％～2％酸性水质净化剂水溶液浸泡管道系统至次日天亮前（开始饮水前），再用高压水冲洗管道。之后逐个检查饮水器，看是否有堵塞现象，若有及时排除。最后用 0.1％～0.2％酸性水质净化剂溶液正常饮水。

（3）饮水的管理　应在雏鸡入舍前一天将贮水设备内加好水，使雏鸡入舍后可饮到与室温相同的饮水，也可将水烧开凉至室温，这样操作是为了避免雏鸡直接饮用凉水导致胃肠功能紊乱而下痢。雏期间应保证饮水充足，饮水器的高度要随着鸡群的生长发育及时调整，使用普拉松饮水器应保持其底部与鸡背水平；使用乳头饮水器，在最初两天，乳头饮水器应置于鸡眼部高度，第 3 天开始提升饮水器，使鸡以 45°角饮水，两周后继续提升饮水器，使鸡只仰头饮水。鸡日龄与水线高度的关系见表 2-14。

表2-14　肉鸡日龄与水线高度的关系

日龄	水线高度/厘米
1	10
2	12.5
7	17.5
14	22.5
21	27.5
28	32.5
35	36
42	40
49	43.7

　　第一次给肉用雏鸡饮水通常称为开水。开水最好用温开水，水中可加入3%～5%的葡萄糖或红糖、一定浓度的多维电解质和抗生素，有利于雏鸡恢复体力，增强抵抗力，预防雏鸡白痢的发生。这样的饮水一般须连续3～4天。从第4天开始，可用微生态制剂饮水来清洗胃肠和促使胎粪排出。

　　肉鸡的饮水一定要充足，其饮水量的多少与采食量和舍温有关。通常饮水量是采食量的2～3倍，舍温越高，饮水量越多，夏季高温季节饮水量可达到采食量的3.5倍，而冬季寒冷季节饮水量仅是采食量的1.5～2倍。刚到的雏鸡，100只鸡大概能饮水10千克。

　　饮水器应充足，每只鸡至少占有2.5厘米^{2}的水位。饮水器应均匀分布在育雏舍内并靠近光源四周。饮水器应每天清洗2～3次，每周可用3 000倍液的百毒杀消毒2次；饮水器的高度要适宜，使鸡站立时可以喝到水，同时避免饮水器洒漏弄湿垫料。

　　5. 观察鸡群　观察观察鸡群的时间是早晨、晚上和喂饲的时候，这时鸡群健康与病态均表现明显。观察时，主要从鸡的精神状态、饮水、食欲、行为表现、粪便形态等方面进行观察，特别是在育雏第一周这种观察更为重要。如鸡舍温度是否适宜，食欲如何，有无行为特别的鸡。发现呆立、耷拉翅膀、闭目昏睡或呼吸有异常的鸡，要隔离观察查找原因，对症治疗。

要注意观察鸡冠大小、形状、色泽，若鸡冠呈紫色表明机体缺氧，多数是患急性传染病，如新城疫等；若鸡冠苍白、萎缩，提示鸡只患慢性传染病且病程较长，如贫血、球虫、伤寒等。同时还要观察喙、腿、趾和翅膀等部位，看其是否正常。

要经常检查粪便形态是否正常，有无腹泻、绿便或便中带血等异常现象。正常的粪便应该是软硬适中的堆状或条状物，上面覆有少量的白色尿酸盐沉淀物。一般来说，稀便大多是饮水过量所致，常见于炎热季节；下痢是由细菌、霉菌感染或肠炎所致；血便多见于球虫病；绿色稀便多见于急性传染病，如鸡霍乱、鸡新城疫等。

要在夜间仔细听鸡的呼吸音，健康鸡呼吸平稳无杂音，若鸡只有啰音、咳嗽、呼哈、打喷嚏等症状，提示鸡只已患病，应及早诊治。

6. 加强对弱小鸡的管理　由于多种原因，肉鸡群中会出现一些弱小鸡，加强对弱小鸡的管理，可以提高成活率和肉鸡的均匀度。在饲养管理过程中，要及时挑出弱小鸡，隔离饲养，给以较高的温度和营养，必要时在饲料或饮水中使用一些添加剂，如抗生素、酶制剂、酸制剂或营养剂等，以促进健康和生长。注意淘汰没有饲养价值的过小鸡和残疾鸡。

7. 鸡群周转　肉鸡生长快，在育雏舍饲养2～3周后，就需要转移到面积较大的育肥舍内饲养，这样育雏舍经过消毒后，可以再引进下一批雏鸡。当育肥舍肉鸡出栏时，再将育雏舍的肉鸡转入育肥舍。这种循环生产过程叫鸡群周转。鸡群周转时会对鸡产生应激，所以肉鸡饲养应尽可能减少周转的次数。

目前，许多肉鸡场采用全进全出制，即在一栋鸡舍内育雏育肥后出栏，然后再进下一批。整个饲养期内不进行周转，育雏期将肉鸡固定在一个较小的范围内，给以适宜的育雏温度，随着肉鸡的生长逐步扩大饲养范围，根据饲养季节可以在2～3周龄占满整个鸡舍内。这样能最大限度地减少肉鸡饲养过程中的应激，有利于肉鸡的生长发育。这种饲养模式所用的面积较大，但因为实现全进全出，在管理上也比较方便。

如果是育雏育肥分舍饲养，应注意周转问题。鸡群周转不同于肉鸡出栏，因为肉鸡还要转圈继续饲养，所以尽量减少对鸡群的影响。周转时不可将鸡逐只抓到另一鸡舍内，最好用木箱或专用周转笼转群。将鸡轻轻驱赶到箱内，关上笼门后，由两人抬到另一鸡舍后，再将鸡赶到笼外。

鸡群周转时应在夜间进行，只开一个功率较小的白炽灯，使鸡舍光线暗些，可避免肉鸡因奔跑、扎堆造成伤亡。为减弱应激，转群前应在舍内的料槽和饮水器中放上饲料和水，使鸡入舍后可以采食饮水，并在水或饲料中加入抗应激剂。

8. 病死鸡处理 在饲养管理和巡视鸡群过程中，发现病死鸡要及时检出来，对病鸡进行隔离饲养和淘汰，对死鸡进行焚烧或深埋，不能把死鸡放在舍内、饲料间和鸡舍周围。处理死鸡后，工作人员要用消毒液洗手。

9. 减少应激 肉仔鸡胆小易惊，对环境变化非常敏感，容易发生应激反应而影响生长和健康。保持稳定安静的环境至关重要。

（1）**工作程序稳定** 饲养管理过程中的一些工作（如光照、喂饲、饮水等）程序一旦确定，要严格执行，不能有太大的随意性，以保持程序稳定；饲养人员也要固定，每次进入鸡舍工作都要穿上统一的工作服；饲养人员在鸡舍操作，动作要轻，脚步要稳，尽量减少出入鸡舍的次数，开窗关门要轻，尽量减少对鸡只的应激。

（2）**避免噪声** 避免在肉鸡舍周围鸣笛、按喇叭、放鞭炮等，避免在舍内大声喧哗；选择各种设备时，在同等功率和价格的前提下，尽量选用噪声小的。

（3）环境适宜　定时检查温度、湿度、空气、垫料等情况，保持适宜的环境条件。

（4）使用维生素　在天气变化、免疫前后、转群、断水等应激因素出现时，可在饲料中补加多种维生素或速补-14 等，从而最大限度地减少应激。平时每周可在饮水添加维生素 C（5 克/100 千克水）饮水 2～3 天。

10. 做好记录　为了提高管理水平，生产成绩以及不断稳定地发展生产，把饲养情况详细记录下来是非常重要的。长期认真地做好记录，就可以根据肉仔鸡生长情况的变化来采取适当的有效措施，最后无论成功与失败，都可以从中分析原因，总结出经验与教训。

为了充分发挥记录数据的作用，要尽可能多地把原始数字都记录下来，数据要精确，其分析才能建立在科学的基础上，作出正确的判断，得出结论后提出处理方案。各种日常管理的记录表格，必须按要求来设计和填写。

11. 季节管理　我国肉鸡舍多是开放舍，受外界季节变化影响大，特别是在炎热和寒冷的极端气候条件下，管理不善会严重影响肉鸡的生长，所以搞好夏季和冬季管理尤为重要。

（1）夏季管理　夏季炎热，我国大部分地区夏季的炎热期持续 3～4 个月，给鸡群造成强烈的热应激。鸡羽毛稠密，无汗腺，体内热量散发困难，因而高温环境影响肉用仔鸡的生长。一般 6～9 月份的中午气温达 30℃左右，育肥舍温度多达 28℃以上，使鸡群感到温度不适，表现热喘息，饮欲增强，而食欲下降，常导致生长减慢，死亡率高等。另外，夏季鸡大肠杆菌病、球虫病的发病率也会增高。因此，消除夏季高温对肉用仔鸡的不良影响，需要从鸡舍隔热、饲料饲养和管理等多方面采取措施。

①做好鸡舍的隔热防热　肉鸡舍的隔热性能对舍内温度的控制起着关键作用。隔热性能良好的鸡舍舍内高温出现时间晚，温

度较低，也容易控制。

鸡舍的方位应坐北朝南，屋顶隔热性能良好，鸡舍前无其他高大建筑物。

搞好环境绿化。鸡舍周围的地面尽量种植草坪或较矮的植物，不让地面裸露，四周植树，如大叶杨、梧桐树等。

将房顶和南侧墙涂白。这是一种降低舍内温度的有效方法，对气候炎热地区屋顶隔热差的鸡舍为宜，可降低舍温 3～6℃。但在夏季气温不太高或高温持续较短的地区，一般不宜采用这种方法，因为这种方法会降低寒冷季节鸡舍内温度。

在房顶洒水。此种方法实用有效，可降低舍温 4～6℃。其做法是：在房顶上安装旋转的喷头，有足够的水压使水喷到房顶表面。最好在房顶上铺一层稻草，使房顶长时间处于潮湿状态，房顶上的水从房檐流下，同时开动风机效果更佳。

②加强鸡舍通风　加大通风换气量，舍内安装风机进行机械通风，以增加通风换气量，提高气流速度。肉鸡舍可以封闭的采用纵向负压通风，不能封闭的可以采用正压通风，向舍内送风，这样鸡体感到舒适。加强夜间通风，尽可能地降低一天中的最低温度。在肉鸡能够耐受的最高温度下，一天中平均温度越低，炎热对肉鸡的影响就越小。所以在白天通风降温效果不理想的情况下，应尽可能降低一天中的最低温度。不少养殖户为了节省电力，傍晚通风鸡舍温度下降，鸡不再有热喘息时，就停止通风。其实，应继续在凉爽时间加强通风，使鸡舍的最低温度尽可能降低，这样才有利于肉鸡的采食。如果进气孔外气温比鸡舍温度高，通风则是有害的。

降低进入舍内空气的温度。在进风口处设置水帘。采用负压纵向通风，外界热空气经过水帘时水蒸发，从而使空气温度降低。外界湿度越低时，蒸发就越多，降温就越明显。采用此法可降温 10℃左右。或在过气孔安装喷雾装置。当风扇开启后，打开喷雾装置，可通过水分的蒸发降低鸡舍温度。

③改善饲养方法　在育肥期，如果温度超过27℃肉用仔鸡的采食量明显下降，饲养方面可采取如下措施。

提高日粮蛋白质含量1%～2%，多种维生素的使用量加倍；日粮现用现配，保证新鲜，禁喂霉变、酸败饲料。饲喂颗粒料，提高肉用仔鸡的适口性，增加采食量。

在饲料中添加2%～4%的脂肪。在饲料中添加油脂也有利于提高肉鸡在热应激环境下的生长速度。因为油脂可提高饲料的能量浓度，可使肉鸡有限的采食量下获得较多的能量，同时肉鸡采食含较多油脂的饲料产生的体增热较含油脂少的饲料的体增热要低，有利于减轻热应激。

在一天气温最高的一段时间内禁食（将料桶升高），能提高肉鸡的抗热应激能力。采食会产生体增热，对肉鸡的耐热性不利。实践证明，30日龄以后或更早些时候开始，每天在气温最高时间11点至下午3点，禁食4个小时，但持续供应清洁的饮水，比连续饲喂肉鸡的抗热应激能力和生长速度要高。

白天温度高，鸡采食量少，可以在夜间凉爽的时候加强饲喂，喂湿拌料效果更好，但每次喂料后不能剩料，否则容易酸败。

持续供清洁凉爽的饮水。如果有条件，用自流饮水，持续供应深井水。也可在高温时间内，在饮水器中加入新抽出来的深井水，每半个小时更换一次。

④使用抗热应激药物　在饲粮中添加杆菌肽粉，每千克日粮中添加0.1～0.3克，连续使用。

在饲料（或饮水）中补充维生素C。热应激时，机体对维生素C的需要量增加，维生素C有降低体温的作用。当舍温高于27℃，可在饲料中添加维生素C150～300毫克/千克或在饮水中加100毫克/升，白天饮用。

在饲粮（或饮水）中加入小苏打。高温季节，可在饲粮中加入0.4%～0.6%的小苏打，也可在饮水中加入0.2%～0.4%的小苏打，于白天饮用。注意使用小苏打时减少饲粮中食盐（氯化钠）的含量。在饲粮中补加 0.5％的氯化铵有助于调节鸡体内酸碱平衡。

在日粮（或饮水）中补加氯化钾。热应激时易出现低血钾，因而在饲粮中可补加 0.2％～0.3％的氯化钾，也可在饮水中补加氯化钾 0.1％～0.2％。补加氯化钾有利于降低肉用仔鸡的体温，促进生长。在热应激环境下，还在饲料中添加 0.5％的生石膏。

⑤细致管理

进行空气冷却：通常用旋转盘把水滴甩出成雾状使空气冷却，一般结合载体消毒进行，每 2～3 小时一次，可降低舍温3～6℃，适用于网上平养。让鸡休息，减少鸡体代谢产生的体增热，降低热应激，提高成活率。另外，炎热季节必须提供充足的凉水，供鸡饮用。

鸡体上喷水降温：夏季遇到高温热浪袭击，常导致肉鸡大批中暑死亡。采用在鸡体上喷水降温的方法可以减少急性热应激死亡。用喷雾器将深井水或加冰水喷到鸡体上。注意动作应轻缓，避免因惊群造成更大的伤亡。

适宜饲养密度：夏季饲养密度不宜太大，地面平养到肉鸡出栏时（体重 2.5 千克），每平方米不超过 10 只，最好为 8 只。网上平养每平方米不超过 13 只，最好为 10 只。

搞好卫生：在炎热季节，搞好环境卫生工作非常重要。要及时杀灭蚊蝇和老鼠，减少疫病传播媒介。水槽要天天刷洗，加强对整料的管理，定期消毒，确保鸡群健康。

（2）冬季管理 冬季的气候特点是寒冷，为了保持舍内温度，需要封闭鸡舍，但封闭严密，容易导致舍内环境恶化，空气质量差，诱发多种疾病，如大肠杆菌病、呼吸道病、腹水症等。因此，冬季的管理就是要处理好保温和通风矛盾，主要做好防寒保温、合理通风，促进肉鸡生长。

①减少鸡舍的热量散发 对房顶隔热差的要加盖一层稻草，窗户要用塑料膜封严，调节好通风换气口。

②供给适宜的温度　主要靠暖气、保温伞、火炉等供温,舍内温度不能忽高忽低,要保持稳定。

③减少鸡体的热量散失　防止贼风吹袭鸡体。加强饮水的管理,防止鸡羽毛被水淋湿;最好改地面平养为网上平养,或对地面平养增加垫料厚度,保持整料干燥。

④调整日粮结构,提高口粮的能量水平　控制好饲料中的含盐量不高于0.3%,尽可能保持较好的通风,坚决不使用霉变饲料,在每吨饲料中添加400克的维生素 C 和50克50%的维生素 E 粉,降低鸡舍湿度,不使用痢特灵,均有助于预防和治疗肉鸡腹水症。

⑤采用厚垫料平养育雏时,注意把空间用塑料膜围护起来,以节省燃料。

⑥正确通风,降低舍内有害气体含量。冬季必须保持舍内温度适宜,同时要做好通风换气工作,只看到节约燃料,不注意通风换气,会严重影响肉用仔鸡的生长发育。通风时间应尽量安排在晴朗天气。一天气温最高时间,一般为每天的 11 点至下午 3 点。这样通风不易使温度下降太大,又有利于节约燃料。但任何时候,有刺鼻、刺眼气体或呼吸感到困难时就必须通风。通风时间可长些,但应避免通风量过大,导致鸡舍温度局部或整个鸡舍降温太快;应避免冷风直接吹向鸡体。必要时进入鸡舍的空气应先通过一个温暖的空间预温后,再通入鸡舍内。或者将加热的空气通过风管或长布袋通向鸡舍。

12. 出栏管理

(1) 出栏时间　出栏时间应根据肉用仔鸡的生长规律和市场价格确定。如根据肉用仔鸡的生长规律和市场情况,出栏时间一般为 42~49 日龄,有的饲养到 56 日龄出售。临近卖鸡的前一周,要掌握市场行情,抓住有利时机,集中一天将同一房舍内肉用仔鸡出售结束,切不可零卖。目前,国外的出栏时间提前,一般在 35 日龄,体重达 2.0 千克左右即可出售,可以降低疾病风险,因为 35 日龄后是疾病的高发期。

（2）出栏管理　防止出栏管理不善，如出售时不注意引起肉鸡的创伤、死亡等，降低了肉鸡的商品率和价值。

①做好准备　上市前8小时开始断料，将料桶中的剩料全部清除，同时清除舍内障碍物，平整道路，以备抓鸡；提前准备，用隔板将鸡隔成几个小群，把舍内灯光调暗，同时加强通风；组织好人员及笼具。检修笼具，笼具不能有尖锐棱角，笼口要平整。

②正确操作　抓鸡时，应用双手抱鸡，轻拿轻放，严禁踢鸡、扔鸡。装笼时应避免将鸡只仰卧、挤压，以防压死或者损伤鸡。在运输前，一定要检修好车辆，要办理好检疫证、运输证等证件。一旦装好车，应以最快的速度抵达屠宰场，因为运输途中鸡只在无水无食状态下，体重损失较大，在炎热季节，如果运输车受阻，将会威胁到肉鸡的生命安全，造成很大的损失。在车辆到达屠宰场后，如果因特殊情况未能及时屠宰，一定要尽快将鸡笼卸下，放到通风好有阴凉的地方，有条件的可用风机向鸡笼吹风，并尽快联系确定屠宰时间。

③成本核算　每批鸡出售后必须进行核算。每次核算要尽可能精确，才能找出饲养中的问题，得出经验，提高今后养鸡效益，立于不败之地。

饲料报酬：总耗料（千克）÷肉鸡净增重（千克）

每千克禽肉成本＝生产总成本÷肉鸡净增重（千克）

＝（基本禽群的饲养费用－副产品价值）÷禽肉总重量

（二）肉鸡的日程管理

肉用仔鸡的饲养周期一般为6～7周，根据生长规律和营养需要，将其分为育雏期（0～3周龄）和育肥期（4周龄至出栏）。

肉用仔鸡饲养的目标是出栏体重大、成活率高、均匀整齐和饲料报酬好。需要提供适宜的环境和饲料条件，加强隔离、卫生和消毒工作，并进行科学的饲养管理。

1. 进鸡前的日程安排

进鸡前 第15天	⏱ *时间记录*	____年____月____日
	☀ *天气记录*	室外温度_____℃ 湿　　度_____％ 室内温度_____℃ 湿　　度_____％

日操作安排	5：30	喷洒消毒剂：全进全出的鸡场将肉鸡全部出售后对鸡场整个环境喷洒消毒剂，可使用3％～5％的火碱溶液、5％的福尔马林溶液等
	7：30	吃早饭
	8：00	清理鸡场：清理鸡舍四周的污物，清除杂草，清理排水沟，做到排水通畅 清扫鸡场：将场内道路、生产区、隔离区以及管理区清扫洁净，不留污物
	12：30	吃午饭
	14：30	清理附属建筑：清理消毒室、车辆消毒池等
	19：30	吃晚饭

| 作业内容 | ● 肉鸡场内不留 1 只鸡，全部出售后对鸡场进行全面清洁消毒 |

◆ 全进全出饲养制度

全进全出指的是同一鸡场同一时间只饲养同一日龄的雏鸡，鸡的日龄相同，出栏日期一致。这是目前肉仔鸡生产中普遍采用的行之有效的饲养制度。全进全出饲养制度与连续生产制度饲养效果比较见下表。

组别	相对生长率/%	料比	死亡率/%	
			1周内	其他期间
连续生产	100	2.6	2	16
全进全出	115	2.27	1	2

备注

⏱ 时间记录	____年____月____日
☀ 天气记录	室外温度_____℃ 湿　　度_____% 室内温度_____℃ 湿　　度_____%

日操作安排	5：30	清理鸡舍：将能搬出舍外的器具都搬出舍外准备清洁消毒
	7：30	吃早饭
	8：00	清除鸡舍：彻底清除鸡舍内残余的饲料、粪便、垫料、羽毛、灰尘等
	12：30	吃午饭
	14：30	清扫鸡舍和设备：将鸡舍的屋顶（顶棚）、墙壁、门窗、地面等清扫干净。将通风、照明、供暖等系统上的污物清扫干净 鸡场灭鼠：准备好鼠药，配好饵食，天黑后全场布放，进行彻底的灭鼠
	19：30	吃晚饭

作业内容	● 清理清扫鸡舍时为防止尘埃飞扬，可以先喷洒 3％的火碱或福尔马林溶液 ● 清理的废弃物运到远离鸡舍的地方处理
知识窗	◆ **灭鼠** ● 老鼠危害：鼠不仅可以传播疫病，而且可以污染和消耗大量的饲料，危害极大，必须注意灭鼠，每饲养 1～2 批肉鸡进行一次彻底灭鼠。 ● 灭鼠方法：常用药物（敌鼠钠盐、氯敌鼠、杀鼠灵等）灭鼠。如取 90％氯敌鼠原药粉 3 克，溶于 1 千克热食油中，冷却至常温，洒于 50 千克饵料中拌匀即可布放。布放的位置要合适，布放量要充足。
备注	

⏱ 时间记录	_____年____月____日
☀ 天气记录	室外温度_____℃ 湿　　度_____% 室内温度_____℃ 湿　　度_____%

日操作安排	5：30	冲洗鸡舍：使用高压水枪冲洗屋顶（顶棚）、墙壁、窗户
	7：30	吃早饭
	8：00	冲洗鸡舍的地面：使用高压水枪冲洗1米以下的墙面和地面，应边冲边刷 洗刷设备用具：冲洗舍内能够冲洗的设备和设施
	12：30	吃午饭
	14：30	清洁设备用具：用抹布蘸水或消毒液擦拭舍内不能水洗的各系统，如照明系统、通风系统等
	19：30	吃晚饭

作业内容	● 冲洗工作应从上到下，从里到外全面彻底进行 ● 舍内任何物体表面都要冲洗到无脏物附着
知识窗	**◆ 使用化学药物消毒前需要彻底清洁** 　● 有机物能在菌体外形成一层保护膜，而使消毒剂无法直接作用于菌体。 　● 消毒剂可能与有机物形成不溶性化合物，而使消毒剂无法发挥其消毒作用。 　● 消毒剂可能与有机物进行化学反应，而其反应产物并不具杀菌作用。脂肪可能会将消毒剂去活化。 　● 有机悬浮液中的胶质颗粒状物可能吸附消毒剂粒子，而将大部分抗菌成分由消毒液中移除。 　● 有机物可能引起消毒剂 pH 的变动，而使消毒剂不活化或效力低下。
备注	

🕐 时间记录	＿＿年＿＿月＿＿日
☀ 天气记录	室外温度＿＿＿＿℃ 湿　　度＿＿＿＿% 室内温度＿＿＿＿℃ 湿　　度＿＿＿＿%

日操作安排	5：30	检修鸡舍，如屋顶（顶棚）、墙体等是否有缝隙和破损
	7：30	吃早饭
	8：00	检修饲养设备 检修环境控制设备
	12：30	吃午饭
	14：30	水线清洁和消毒 喂料系统清洁消毒
	19：30	吃晚饭

作业内容	●水线和料线由于处于封闭状态，特别要注意清洁消毒
知识窗	**◆ 鸡场的消毒方法** ●机械性清除（用清扫、铲刮、冲洗和适当通风等）。 ●物理消毒法（紫外线照射、高温等）。 ●生物消毒法（粪便的发酵）。 ●化学药物消毒（浸泡、喷洒、熏蒸）。
备注	

⏱ 时间记录	_____年____月___日
☀ 天气记录	室外温度_____℃ 湿　　度_____% 室内温度_____℃ 湿　　度_____%

日操作安排	5：30	鸡场清洁：清扫鸡场的道路和鸡舍周围环境
	7：30	吃早饭
	8：00	清洗消毒设备：清洗和消毒移出的设备和用具，并在阳光下曝晒
	12：30	吃午饭
	14：30	舍外环境消毒：道路、整个场区用3%的热火碱水消毒或直接撒新鲜的生石灰；地表过脏的地方在消毒后将其翻到地下
	19：30	吃晚饭

作业内容	● 消毒液要喷洒到场区的任何地方
知识窗	**◆ 化学药物消毒的机理** 　● 使病原体蛋白质变性、发生沉淀（如酚类、醇类、醛类等，无选择性地损害一切生活物质，属于原浆毒，可杀菌又可破坏宿主组织，此类药仅适用于环境消毒）。 　● 干扰病原体的重要酶系统，影响菌体代谢（如重金属盐类、氧化剂和卤素类消毒剂等，通过氧化还原反应损害细菌酶的活性基团，或因化学结构与代谢物相似，竞争或非竞争地同酶结合，抑制酶活性，引起菌体死亡）。 　● 增加菌体细胞膜的通透性（如双链季铵盐类消毒剂，降低病原体的表面张力，增加菌体胞浆膜的通透性，引起重要的酶和营养物质漏失，水渗入菌体，使菌体破裂或溶解）。
备注	

⏱ 时间记录	＿＿年＿＿月＿＿日
☀ 天气记录	室外温度＿＿＿＿℃ 湿　　度＿＿＿＿％ 室内温度＿＿＿＿℃ 湿　　度＿＿＿＿％

日操作安排	5：30	鸡舍喷洒消毒剂：鸡舍干燥后，用次氯酸钠或1210等消毒药喷雾消毒屋顶和墙体
	7：30	吃早饭
	8：00	鸡舍地面消毒：用3％的火碱喷洒地面消毒 鸡舍墙体消毒：用3％的火碱溶液喷洒墙体或使用3％火碱溶液加上10％的新鲜石灰乳涂刷墙体
	12：30	吃午饭
	14：30	附属房间消毒：用3％的火碱或5％的福尔马林喷洒饲料存放间、值班室消毒
	19：30	吃晚饭

作业内容

● 操作人员须经消毒，换好干净的衣服和鞋后再进入消毒好的环境，不能因为进出时的疏漏破坏消毒效果

知识窗

◆ **常用消毒剂**

种类	常用消毒剂
含氯消毒剂	漂白粉、氯胺-T、优氯净、二氧化氯
碘类消毒剂	碘酊、聚乙烯酮碘、碘伏
醛类消毒剂	福尔马林、多聚甲醛、戊二醛
氧化剂类	过氧乙酸、高锰酸钾
酚类消毒剂	石炭酸、来苏儿、农福、菌球杀、农富
表面活性剂	新洁尔灭、度米芬、百毒杀、洗必泰
醇类、碱类和酸类等	乙醇、氢氧化钠、草木灰、生石灰、醋酸、龙胆紫

备注

进鸡前	第**9**天	⏱ **时间记录**　　＿＿＿＿年＿＿＿月＿＿＿日
		☀ **天气记录**　　室外温度＿＿＿＿＿＿＿℃ 湿　　　度＿＿＿＿＿＿＿％ 室内温度＿＿＿＿＿＿＿℃ 湿　　　度＿＿＿＿＿＿＿％

日操作安排	5：30	安装供暖系统 试温：检验温度上升到育雏温度需要的时间
	7：30	吃早饭
	8：00	安装设备用具：将在舍外洗刷消毒干净的器具搬入鸡舍并安装良好
	12：30	吃午饭
	14：30	安装棚架、塑料网和护网 地面平养的鸡舍铺设垫料等
	19：30	吃晚饭

日程管理篇 温馨小贴士

作业内容	● 温度直接关系到育雏成败，首次安装供暖系统后要试温，可以确定温度能否达到要求和何时可以上升到需要的温度，做到心中有数
知识窗	◆ **肉鸡养殖巧用油** ● 油脂的种类包括动物油（如猪油、牛油、鱼油等）和植物油（如菜籽油、棉籽油、玉米油等）。一般来讲，肉鸡日粮中油脂的最佳用量前期为 0.5％，后期为 5％～6％，此添加量可保持肉鸡较快的生长速率和最佳的经济效益。 ● 采用人工添加时，要先加热将油脂融溶，再逐步用粉料扩大稀释，均匀拌和，最后与剩余日粮的其他部分混匀，切忌油脂直接与饲料添加剂混合。最好用喷雾器把油脂均匀喷洒到颗粒饲料表面上。也可把添加量的 30％油脂加入到颗粒饲料中，另 70％喷到颗粒料表面上，从而提高适口性。
备注	

进鸡前	第 **8** 天	⏱ 时间记录	＿＿＿年＿＿月＿＿日
		☀ 天气记录	室外温度＿＿＿＿℃ 湿　　度＿＿＿＿％ 室内温度＿＿＿＿℃ 湿　　度＿＿＿＿％

日操作安排	5：30	检查自动供水系统是否运作正常，水线前端、末端是否维持水平；水槽之拉升或放下是否正常；鸡水槽的数量是否足够
	7：30	吃早饭
	8：00	检查自动喂料设备是否运作正常，饲料称重器具是否正常，分料筒是否正常，饲槽之拉升或放下是否正常等
	12：30	吃午饭
	14：30	全面检查鸡舍
	19：30	吃晚饭

作业内容	● 保证设备能够正常运行
知识窗	◆ 公、母分群饲养（公、母鸡的生理特点不同，对环境、营养要求不同，分群饲养可以提高饲料利用率和增重率） ● 按性别调整日粮营养水平　在饲养前期，公雏口粮的蛋白质含量可提高到 24%～25%，母雏可降到 21%。 ● 按性别提供适宜的环境　公雏羽毛生长速度较慢，保温能力差，育雏温度宜高些。由于公鸡体重大，为防止胸部囊肿的发生，应提供比较松软的垫料，增加垫料厚度，加强垫料管理。 ● 按经济效益分期出栏　一般肉用仔鸡在 7 周龄以后，母鸡增重速度相对下降，饲料消耗急剧增加。这时如已达到上市体重即可提前出栏。公鸡 9 周龄以后生长速度才下降，饲料消耗增加，因而可养到 9 周龄时上市。
备注	

进鸡前	第 7 天	⏱ 时间记录	____年____月____日
		☀ 天气记录	室外温度_____℃ 湿　　度_____% 室内温度_____℃ 湿　　度_____%

日操作安排	5：30	鸡舍消毒：用百毒杀或消毒王等消毒液从上到下对整个鸡舍和器具进行喷洒
	7：30	吃早饭
	8：00	墙壁处理：用新鲜的生石灰涂刷一遍 地面消毒：地面用3％火碱消毒液消毒
	12：30	吃午饭
	14：30	关闭门窗或通风口，检查鸡舍有无漏气，然后进行熏蒸消毒
	19：30	吃晚饭

作业内容

● 熏蒸消毒要保持鸡舍完全封闭

知识窗

◆ **熏蒸消毒的注意事项**

● 关闭门窗和通风孔。为提高熏蒸消毒效果，尽可能地使舍温达到 24℃以上，相对湿度达到 75％以上。用药量按每立方米空间 42 毫升福尔马林、高锰酸钾 21 克计。舍内每隔 10 米放一个熏蒸盆，先放入高锰酸钾，然后从距舍门最远端开始依次倒入福尔马林，出门后立即把门封严。

备注

⏰ 时间记录	＿＿年＿＿月＿＿日
☼ 天气记录	室外温度＿＿＿＿℃ 湿　　度＿＿＿＿% 室内温度＿＿＿＿℃ 湿　　度＿＿＿＿%

日操作安排	5：30	鸡场管理区的消毒：对鸡场的管理区进行彻底全面的清洁和消毒
	7：30	吃早饭
	8：00	鸡场生产区的第二次消毒：鸡场道路、鸡舍周围、消毒室等地方进行消毒
	12：30	吃午饭
	14：30	饲养人员进行洗浴、更换衣服等
	19：30	吃晚饭

作业内容	● 肉鸡场的消毒要全面彻底，不留死角 ● 夏季还要喷洒杀虫剂		
知识窗	◆ **常用的杀虫剂**		
	名称	性状	使用方法
	高效氯氰菊酯（商品名：灭百可、安绿宝等）	工业品为黄色至棕色黏稠固体，60℃时为黏稠液体，是一种拟除虫菊酯类杀虫剂，生物活性较高，是氯氰菊酯的高效异构体，具有触杀和胃毒作用	圈舍墙壁喷洒5%高效氯氰菊酯，每平方米用药0.2～0.4克，稀释30～100倍，在门、窗、墙壁等害虫出没、停留之处喷洒，可防治苍蝇、蟑螂、蚊子等卫生害虫。每间隔3～4周喷洒1次
	环丙氨嗪	白色结晶性粉末，无臭；难溶于水，可溶于有机溶剂，遇光稳定；为昆虫生长调节剂，可抑制双翅目幼虫的蜕皮，特别是幼虫第1期蜕皮，使蝇蛆繁殖受阻，而致死亡。主要用于控制动物厩舍内蝇蛆的繁殖生长，杀灭粪池内蝇蛆，以保证环境卫生	环丙氨嗪可溶性粉，每20米³以20克溶于15升水中，浇洒于蝇蛆繁殖处；环丙氨嗪预混剂混饲，每吨饲料5克（按有效成分计）连用4～6周
	马拉硫磷	棕色、油状液体，强烈臭味；杀虫作用强而快，具有胃毒、触毒作用，也可作熏杀，杀虫范围广。对人、畜毒害小，适于畜禽舍内使用。是世界卫生组织推荐的室内滞留喷洒杀虫剂；可杀灭蚊（幼）、蝇、蚤、蟑螂、螨	0.2%～0.5%乳油，每平方米500毫升喷洒，可有效杀灭蝇蛆，每周喷洒1～2次；3%粉剂喷撒灭螨、蚰等
备注			

⏱ 时间记录	____年____月____日
☀ 天气记录	室外温度_____℃ 湿　度_____% 室内温度_____℃ 湿　度_____%

日操作安排	5：30	管理区的清洁消毒
	7：30	吃早饭
	8：00	打开窗户进行通风换气，驱除舍内甲醛气体
	12：30	吃午饭
	14：30	安排检查进雏前的一切工作
	19：30	吃晚饭

日程管理篇 温馨小贴士 第**5**天

作业内容	● 人员经过严格消毒后方能进入生产区和肉鸡舍
知识窗	**◆ 人员消毒方法** 　　● 规模化肉鸡场有专门的淋浴消毒室，进入人员需要淋浴和消毒。小型肉鸡场或养殖户没有淋浴消毒室的最好进行紫外线照射（15分钟左右），手、脚用消毒液消毒。换上生产区的工作衣，穿上工作鞋后方可进入生产区；进入肉鸡舍前要脚踏鸡舍门前的消毒池。工作开始前要用0.1‰的新洁尔灭等消毒剂洗手。
备注	

进鸡前	第4天	⏱ 时间记录	＿＿＿年＿＿月＿＿日
		☀ 天气记录	室外温度＿＿＿＿℃ 湿　　度＿＿＿＿% 室内温度＿＿＿＿℃ 湿　　度＿＿＿＿%

日操作安排	5：30	用消毒过的塑料布（2层塑料布）隔出鸡舍1/4作为育雏前期雏鸡活动区域
	7：30	吃早饭
	8：00	密闭鸡舍：封闭鸡舍的窗户、通风口为保持舍内温度做准备
	12：30	吃午饭
	14：30	检查鸡舍布置情况，确定各种设备用具完好无缺
	19：30	吃晚饭

作业内容	<ul><li>检查供温系统，保证供温系统正常</li><li>封闭鸡舍保温</li></ul>
知识窗	◆ **育雏前期将肉鸡固定在较小的范围内的原因** ● 育雏前半天，高密度有利于雏鸡尽快学会采食饮水。 ● 范围小，开食盘、饮水器密度高，有利于采食饮水。 ● 范围小，有利于加温和温度维持，减少燃料投入。 ● 育雏前期，密度稍大一些对雏鸡无不良影响。
备注	

进鸡前	第 **3** 天	⏰ 时间记录	_____年____月____日
		☀ 天气记录	室外温度_____℃ 湿　　度_____% 室内温度_____℃ 湿　　度_____%

日操作安排	5：30	管理区和生产区全面喷洒消毒液进行消毒
	7：30	吃早饭
	8：00	冬春季节可以根据试温情况开始预热升温
	12：30	吃午饭
	14：30	检查加温设备状态，如有无漏气、倒烟检查温度上升情况
	19：30	吃晚饭

日程管理篇　温馨小贴士

作业内容

● 晚上有值班人员，保证供热系统正常运行

知识窗

◆ 肉鸡的绝对增重规律（单位：克）

周龄	1	2	3	4	5	6	7	8	9
公	110	260	310	400	420	470	510	500	480
母	110	230	290	330	370	390	400	380	350
平均	110	245	300	360	395	430	455	440	415

备注

		⏰ 时间记录	____年____月____日
进鸡前	第**2**天	☀ 天气记录	室外温度_____℃ 湿　　度_____% 室内温度_____℃ 湿　　度_____%

日操作安排	5：30	检查温度湿度（夏、秋季节开始加热升温） 检查加温设备状态（如有无漏气、倒烟）
	7：30	吃早饭
	8：00	准备各种记录表格、用具和用品 准备好饲料、疫苗、药物 准备好糖（白糖或红糖或葡萄糖）、速溶多维或维生素C等营养剂
	12：30	吃午饭
	14：30	检查温度湿度
	19：30	吃晚饭

作业内容	● 鸡舍熏蒸消毒后，人员进入必须严格消毒 ● 检查温度上升情况

知识窗	◆ **肉鸡的相对增重规律（单位:%）**

周龄	1	2	3	4	5	6	7	8	9
增重	275	163	76	53	37	29	19	19	15

备注	

进鸡前	第**1**天	⏱ **时间记录**	＿＿＿年＿＿＿月＿＿＿日
		☀ **天气记录**	室外温度＿＿＿＿℃ 湿　　度＿＿＿＿% 室内温度＿＿＿＿℃ 湿　　度＿＿＿＿%

日操作安排	5：30	检查温度、湿度 检查供温系统 检查照明系统
	7：30	吃早饭
	8：00	鸡舍消毒：使用百毒杀或强力消毒王等消毒液喷洒舍内 鸡场环境消毒：使用3‰火碱溶液喷洒育雏区和场内道路
	12：30	吃午饭
	14：30	检查温度（育雏温度33℃），湿度（65%～70%） 准备开水
	19：30	吃晚饭

作业内容	● 测定育雏温度时，温度计的感应部分应该与雏鸡背相平（距网面或地面 5 厘米），不能过高。
知识窗	◆ **温度计构造和正确使用** ● 玻璃液体温度计由温度感应部（容纳温度计液体的薄壁玻璃球泡）和温度指示部（一根与球泡相接的密封的玻璃细管，玻璃细管上标以刻度）组成。 ● 育雏前应校正温度计，校正方法：将体温计和要校对的温度计放入 35℃ 的温水内 1～2 分钟，观察温度计和体温计的误差。如比体温计低 1℃，说明温度计测定的温度比实际温度低 1℃，可以在白色胶布上写上＋1℃，贴在温度计上，在以后读取温度后加上 1℃，就是实际温度。反之，可以写上－1℃，在以后读取温度后减去 1℃，就是实际温度。
备注	

2. 进鸡后的日程安排

进鸡后	第 **1** 天	⏰ *时间记录*	_____年_____月_____日
		☀ *天气记录*	室外温度_____℃ 湿　　度_____％ 室内温度_____℃ 湿　　度_____％

	时间	内容
日操作安排	2：00	检查记录温度（31～33℃）、湿度（60％～65％）
	4：00	检查记录温度、湿度；0.015％～0.02％优氯净肉鸡舍喷雾消毒；3％～4％火碱溶液鸡舍周围环境喷洒消毒
	5：30	网面上放置饲料盘（每100～150只鸡1个）或铺设粗糙的厚黄纸；饮水器加水放入舍内（每100只1个）
	6：00	检查记录温度（31～33℃）和湿度（60％～65％） 备好饲料：肉用雏鸡开食料（破碎颗粒料或粉状料），饲喂前要用30％的温开水拌匀（手握成团，松手即散）
	7：30	吃早饭
	8：00	雏鸡入舍：分群计数，做好记录、称重 饮水：营养水（温开水中添加5％葡萄糖和0.01％维生素C或速溶多维，缓解应激）
	9：00	观察雏鸡饮水情况，进行诱导饮水或强迫饮水
	10：00	开食（第一次饲喂）：饲料均匀撒在开食盘或黄纸上，每只鸡0.5克，诱导采食 检查记录温度（31～32℃）湿度（70％）
	12：00	喂料：在0.5克的基础上根据鸡的采食情况逐渐增加料量（每次的饲喂量要控制鸡在30分钟内采完）饮水（或补水）：取出无水的饮水器清洁消毒后加上水放入
	12：30	吃午饭
	14：00	喂料：根据鸡的采食情况逐渐增加料量（每次的饲喂量要控制鸡在30分钟内采食完） 补水：取出无水的饮水器清洁消毒后加营养水放入 检查记录温度和舍内卫生
	16：00	喂料；补营养水；观察雏鸡状态；环境消毒
	18：00	喂料；补营养水
	19：30	吃晚饭
	20：00	喂料；补营养水；检查记录温度，填写饲养记录
	22：00	喂料；补营养水；检查记录温度、湿度
	24：00	喂料；补营养水

作业内容	● 定时检查供温系统，保证温度均匀和适宜，观察雏鸡表现确定温度是否适宜 ● 前半天，高密度（70～80 只/米²）确保鸡入舍 10 小时饱食率 95％以上；每隔半小时左右驱赶雏鸡运动一次 ● 1～4 天，光源瓦数为 60 瓦 ● 注意随时挑出饮水不足和没有采食的鸡只
知识窗	◆ **诱导饮水和采食** ● 诱导饮水　每 100 只鸡抓 5 只，将喙浸入水中几次，仔鸡知道水源后会饮水，其他雏鸡也会学着饮水。对个别不饮水的雏鸡可以用滴管滴服。 ● 诱导采食　即用食指轻敲纸面或食盘，发出小鸡啄食的声响，诱导雏鸡跟着手指啄食，有一部分小鸡啄食，很快会使全群采食；将不会采食的雏鸡挑出来单独饲喂，也可根据其模仿习性，将会采食的雏鸡放到不会采的雏鸡群中，不会采食的雏鸡便很快学会采食。
备注	

⏰ 时间记录	_____年____月____日
☀ 天气记录	室外温度_____℃ 湿　　度_____% 室内温度_____℃ 湿　　度_____%

日操作安排	时间	内容
	2：00	喂料；补营养水 检查记录温度（31～32℃）湿度（70%）
	4：00	喂料；补营养水；观察雏鸡
	5：30	检查记录温度（31～32℃）湿度（70%）
	6：00	喂料、补营养水
	7：30	吃早饭
	8：00	喂料、补营养水
	9：00	检查记录温度（31～32℃）湿度（70%） 统计1日龄采食量（应为13克/只左右）
	10：00	喂料、补营养水 舍内卫生管理（清理垃圾、清扫鸡舍和工作间）
	12：00	喂料、补营养水
	12：30	吃午饭
	14：00	喂料、补营养水 检查记录温度（31℃左右）湿度（70%）
	16：00	喂料；补营养水 观察雏鸡状态（挑出病弱鸡隔离饲养） 环境消毒
	18：00	喂料、补营养水
	19：30	吃晚饭
	20：00	喂料、补营养水 检查记录温度，填写饲养记录
	22：00	观察雏鸡表现
	23：00	喂料、补水
	24：00	检查记录温度

日程管理篇　温馨·小·贴·士　第**2**天　进鸡后

作业内容	● 保证雏鸡都学会采食和饮水 ● 1～3 天饮水中需要加入恩诺沙星、环丙沙星或其他抗生素，预防白痢和大肠杆菌病 ● 每次喂料后要驱赶雏鸡活动一次
知识窗	◆ **挑选淘汰** 　● 1～2 日龄注意挑出没有吃到饲料或饮到水的雏鸡隔离单独管理 　● 及时淘汰脐带有隆起的黑蒂、血丝，甚至有臭味和残疾鸡只
备注	

进鸡后 第3天	🕐 **时间记录** ｜ ____年____月____日
	☀ **天气记录** ｜ 室外温度_____℃ 湿　　度_____% 室内温度_____℃ 湿　　度_____%

日 操 作 安 排	2：00	喂料；补营养水 检查记录温度（31℃左右）湿度（70%）
	4：00	喂料；补营养水
	5：30	检查记录温度湿度
	6：00	喂料；补营养水
	7：30	吃早饭
	8：00	喂料；补营养水
	9：00	检查记录温度（31℃）湿度（70%） 统计2日龄采食量（为18克/只左右）
	10：00	喂料、补营养水 舍内卫生管理
	12：00	喂料、补营养水
	12：30	吃午饭
	14：00	喂料、补营养水 检查记录温度
	16：00	喂料；补营养水 观察雏鸡状态 带鸡消毒：使用温水稀释消毒液。选择高效、低毒、无刺激性的 消毒药物
	18：00	喂料、补营养水
	19：30	吃晚饭
	20：00	喂料、补营养水 检查记录温度，填写饲养记录
	22：00	观察雏鸡表现
	23：00	喂料、补营养水
	24：00	关灯

作业内容	● 在网上或地面增加小料筒，引导雏鸡采食料筒里的料；放低水线（水线的乳头高度与雏鸡站立时眼高度相平），调教雏鸡使用自动饮水器饮水
知识窗	◆ **弱小鸡的管理措施** 　● 由于多种原因，肉鸡群中会出现一些弱小鸡，加强对弱小鸡的管理，可以提高成活率和肉鸡的均匀度。 　● 及时挑出弱小鸡，隔离饲养，给以较高的温度和营养。 　● 饲料或饮水中使用一些添加剂，如抗生素、酶制剂、酸制剂或营养剂等。
备注	

进鸡后	第4天	⏱ 时间记录	＿＿＿年＿＿月＿＿日

☀ 天气记录	室外温度＿＿＿＿＿＿℃ 湿　　度＿＿＿＿＿＿％ 室内温度＿＿＿＿＿＿℃ 湿　　度＿＿＿＿＿＿％

日操作安排	2：00	喂料、补营养水； 检查记录温度（31℃左右）湿度（65％左右）
	4：00	喂料、补营养水
	5：30	观察雏鸡状态 检查记录温度湿度
	6：00	喂料、补营养水和引导雏鸡到水线饮水
	7：30	吃早饭
	8：00	喂料、补营养水和引导雏鸡水线饮水
	9：00	检查记录温度湿度 统计3日龄采食量（应该为22克/只左右）
	10：00	喂料；补营养水和引导雏鸡水线饮水 舍内卫生管理
	12：00	喂料；补营养水和引导雏鸡水线饮水
	12：30	吃午饭
	14：00	喂料 检查记录温度（30℃左右）湿度（55％～60％）
	16：00	喂料；环境消毒
	18：00	喂料
	19：30	吃晚饭
	20：00	喂料；检查记录温度湿度，填写饲养记录
	22：00	观察雏鸡表现
	23：00	喂料；检查记录温度（31℃左右）湿度（65％左右）
	24：00	关灯

作业内容	● 撤走开食盘，完全用料筒喂鸡（30 只鸡一个料桶底盘） ● 撤走饮水器，自动饮水器饮水 ● 5～14 天光源瓦数为 40 瓦
知识窗	◆ **肉鸡群的扩栏** ● 夏、秋季饲养，4 日龄将栏扩大到舍内 1/2 面积处，冬、春季，6 日龄扩栏。高密度育雏的鸡舍扩栏一定要注意下列问题：首先对将要扩栏的区域进行清洗消毒处理，消毒对象有水线和乳头饮水器，要先清洗再消毒处理，在网上平养的要对网进行清洗消毒，用毛巾蘸消毒剂清洗一遍即可。其次扩栏用具也要消毒 1 次。提前升温到舍内适宜温度，要在鸡群扩栏前两小时进行。扩栏是较大的应激工作，要在水中加入电解质多维以缓解鸡群的应激反应。 ● 扩栏顺序：绑好新扩栏的保温措施—扩栏区域消毒—提高舍内温度，达到标准温度—移动料位与水位到适合区域—引鸡过来绑好隔栏。
备注	

⏱ 时间记录	＿＿＿年＿＿月＿＿日
☀ 天气记录	室外温度＿＿＿＿＿℃ 湿　度＿＿＿＿＿％ 室内温度＿＿＿＿＿℃ 湿　度＿＿＿＿＿％

日操作安排	2：00	喂料； 检查记录温度（30℃左右）湿度（55%～60%）
	4：00	喂料
	5：30	观察雏鸡表现 检查记录温度、湿度
	6：00	喂料
	7：30	吃早饭
	8：00	喂料
	9：00	检查记录温度湿度 统计4日龄采食量（应为25.6克/只左右）
	10：00	喂料；舍内卫生管理
	12：00	喂料
	12：30	吃午饭
	14：00	喂料 检查记录温度（30℃左右）湿度（65%左右）
	16：00	喂料；带鸡消毒
	18：00	喂料
	19：30	吃晚饭
	20：00	喂料 检查记录温度湿度，填写饲养记录
	22：00	观察雏鸡表现
	23：00	喂料 检查记录温度
	24：00	关灯

作业内容	● 适量通风。每 1～2 小时打开门窗 30 秒至 1 分钟，待舍内完全换成新鲜空气后关上门窗 ● 通风时严禁贼风和穿堂风
知识窗	◆ **雏鸡寒冷症** ● 由于雏鸡在前七天供暖不足而引起的寒冷综合征，这种症状会降低前七天的生长速度，引起均匀度低下，饲料消耗增加，第 7～14 日龄淘汰增加并延续到最后，所以育雏期第一周最重要的是保证 100% 的雏鸡从育雏器得到足够的热量。拉丁美洲半开放鸡舍的试验，配置自动窗帘和有温控的育雏器能降低死淘度 40%，其大致因素在于大大减少了一年中寒冷季节的腹水发生率，每天 24 小时保证合适的温度会大幅降低活重成本。
备注	

○ 时间记录	_____年____月____日
※ 天气记录	室外温度_____℃ 湿　　度_____% 室内温度_____℃ 湿　　度_____%

日操作安排	2：00	开灯；喂料
	4：00	检查记录温度（30℃左右）湿度（65%）
	5：30	喂料
	6：00	检查记录温度湿度
	7：30	吃早饭
	8：00	检查温度湿度
	9：00	喂料 统计5日龄采食量（应为29.6克/只左右）
	10：00	检查记录温度湿度 整理鸡舍杂物
	12：00	喂料
	12：30	吃午饭
	14：00	检查记录温度（30℃左右）湿度（60%左右）
	15：00	喂料 观察雏鸡状态 环境消毒
	18：00	喂料
	19：30	吃晚饭
	21：00	喂料 检查记录温度湿度，填写饲养记录
	22：00	观察雏鸡表现
	23：00	喂料；检查记录温度
	24：00	关灯

作业内容	● 每小时轰赶鸡活动1次，促进其采食
知识窗	◆ 肉鸡1～10日龄沙门氏菌病和大肠杆菌病的控制 　● 从正规条件好的孵化场进雏。 　● 改善育雏条件，采用暖风炉供暖，保持适宜温度和空气洁净。 　● 药物预防。 　● 饮水中添加葡萄糖、电解多维等提高雏鸡抗病力。
备注	

○ 时间记录	____年____月____日
※ 天气记录	室外温度_____℃ 湿　度_____% 室内温度_____℃ 湿　度_____%

日操作安排	2：00	开灯；喂料
	4：00	检查记录温度（30℃）湿度（60%）
	5：30	喂料
	6：00	检查记录温度湿度 观察雏鸡状态
	7：30	吃早饭
	8：00	冲洗水线、清洗滤芯
	9：00	喂料 统计6日龄采食量（应该为34.7克/只左右）
	10：00	检查记录温度湿度（29℃）湿度（55%） 整理鸡舍杂物
	12：00	喂料
	12：30	吃午饭
	14：00	检查记录温度（29℃左右）湿度（55%）
	15：00	喂料 观察雏鸡状态 带鸡消毒
	18：00	喂料
	19：30	吃晚饭
	21：00	喂料 检查记录温度湿度，填写饲养记录
	22：00	观察雏鸡表现
	23：00	喂料；检查记录温度
	24：00	关灯

作业内容	● 晚22点称重，了解体重情况（一周末的体重很关键，它代表着鸡群的健康情况，也决定了消化系统好坏） ● 保证足够的料位与水位
知识窗	◆ **体重检测** ● 称重的方法。随机抽取3％～5％（每小群不少于50只）的鸡只，使用误差不大于25克的称量工具逐只称重，并做好记录，计算平均体重和均匀度。 ● 平均体重＝所称鸡总重量÷所称鸡的只数 ● 均匀度＝（所称鸡的平均体重±10％范围内的鸡数）÷所称鸡的只数×100％
备注	

⏰ 时间记录	____年____月____日
☀ 天气记录	室外温度_____℃ 湿　　度_____％ 室内温度_____℃ 湿　　度_____％

日操作安排

2：00	喂料
4：00	检查温度（29℃左右）湿度（60％～65％）
5：30	喂料
6：00	刮粪
7：30	吃早饭
8：00	冲洗水线、清洗滤芯
9：00	喂料 统计7日龄采食量（应为38.00克/只左右）
10：00	检查记录温度湿度 整理鸡舍杂物
12：00	喂料
12：30	吃午饭
14：00	检查记录温度（30℃左右）湿度（60％左右）
15：00	喂料观察雏鸡状态 环境消毒
18：00	喂料
19：30	吃晚饭
21：00	喂料 检查记录温度湿度，填写饲养记录
22：00	观察雏鸡表现
23：00	喂料；检查记录温度
24：00	关灯

作业内容

● 上午进行新城疫和传支二联苗饮水免疫。免疫前断水 4 小时

知识窗

◆ 饮水免疫时稀释用水的多少根据饮水量确定

● 一般为全天饮水量的 25％～30％ 即可。每 100 只每日大约饮水量如下表（单位为升）。

温度/℃	周龄							
	1	2	3	4	5	6	7	8
21	3	6	9	13	17	22	25	29
32	3	9	20	27	36	42	46	47

备注

进鸡后 第**9**天	⏱ 时间记录	____年____月____日
	☀ 天气记录	室外温度_____℃ 湿　　度_____% 室内温度_____℃ 湿　　度_____%

日 操 作 安 排	2：00	喂料
	4：00	检查记录温度（30℃）湿度（60%左右）
	5：30	喂料
	6：00	刮粪
	7：30	吃早饭
	8：00	冲洗水线、清洗滤芯
	9：00	喂料 统计8日龄采食量（应为42.00克/只左右）
	10：00	检查记录温度湿度 整理鸡舍杂物
	12：00	喂料
	12：30	吃午饭
	14：00	检查记录温度（29℃左右）湿度（60%左右）
	15：00	喂料 观察雏鸡状态 环境消毒
	18：00	喂料
	19：30	吃晚饭
	21：00	喂料 检查记录温度湿度，填写饲养记录
	22：00	观察雏鸡表现
	23：00	喂料；检查记录温度
	24：00	关灯

作业内容	● 9～12 日龄，使用泰乐菌素或红霉素等广谱抗生素预防呼吸道病 ● 使用黄芪多糖提高自身免疫力
知识窗	◆ **有害气体对呼吸道的危害** 有害气体 氨　　　　　　　硫化氢 黏膜充血，喉头水肿，支气管发炎，严重引起肺水肿、肺出血　　　眼结膜炎、鼻炎、气管炎、咽喉灼伤 黏膜损伤、纤毛逆向功能失常、局部抗体生成减少，病原易侵入并在呼吸道滋生繁殖 呼吸道病和其他疾病
备注	

| 进鸡后 | 第 **10** 天 | ⏱ 时间记录 | ____年____月____日 |
| | | ☀ 天气记录 | 室外温度_____℃
湿　　度_____%
室内温度_____℃
湿　　度_____% |

日 操 作 安 排	2：00	喂料
	4：00	检查记录温度（29℃）湿度（60％左右）
	5：30	喂料
	6：00	刮粪
	7：30	吃早饭
	8：00	冲洗水线、清洗滤芯
	9：00	喂料 统计 9 日龄采食量（应该为 46.00 克/只左右）
	10：00	检查记录温度湿度 整理鸡舍杂物
	12：00	喂料
	12：30	吃午饭
	14：00	检查记录温度（28℃左右）湿度（60％左右）
	15：00	喂料；观察雏鸡状态 带鸡消毒
	18：00	喂料
	19：30	吃晚饭
	21：00	喂料 检查记录温度湿度，填写饲养记录
	22：00	观察雏鸡表现
	23：00	喂料；检查记录温度
	24：00	关灯

作业内容

- 在维持适宜温度基础上注意通风换气
- 可以进行饮水消毒

知识窗

◆ 肉鸡舍的检查

- 检查鸡群整体状况及有无死鸡。
- 检查水洗、料线有无异常。常见水线异常及征兆：①吊杯发干（水线无水）应及时找出原因解决问题；②水柱无水，说明水线无水，应及时解决。料线常见问题是撒料。

◆ 肉鸡舍的整理

- 将饲料袋整理规矩叠放在一起，够一百的一百个一捆，捆放整齐。
- 将过道鸡粪清理入粪道。

备注

第 **11** 天

◷ 时间记录	_____年_____月_____日
☀ 天气记录	室外温度_____℃ 湿　　度_____% 室内温度_____℃ 湿　　度_____%

日操作安排	2：00	喂料
	4：00	检查记录温度（28℃）湿度
	5：30	喂料
	6：00	刮粪
	7：30	吃早饭
	8：00	冲洗水线、清洗滤芯
	9：00	喂料 统计10日龄采食量（应该为50.00克/只左右）
	10：00	检查记录温度湿度 整理鸡舍杂物
	12：00	喂料
	12：30	吃午饭
	14：00	检查记录温度（28℃左右）湿度（50%左右）
	15：00	喂料 观察雏鸡状态；带鸡消毒或环境消毒
	18：00	喂料
	19：30	吃晚饭
	21：00	喂料 检查记录温度湿度，填写饲养记录
	22：00	观察雏鸡表现
	23：00	喂料；检查记录温度
	24：00	关灯

作业内容	● 调整料线边缘与鸡背等高，以后随时调整。以后每 3 天调整一次，撤出料筒 ● 如果使用料筒，应逐渐换成大号料筒 ● 接种禽流感疫苗
知识窗	◆ **全自动料线调试步骤** ● 将移动控制器移动至有鸡的位置，并安装牢固。 ● 清理料斗中的杂物及霉料，打开料线空转，将料线里的残料转出来。 ● 用手触及移动控制器控制开关，检测移动控制器是否有效。 ● 将料线料底消毒，安装料底。 ● 将料线降低至雏鸡能够得到的位置，调整料桶边缘与鸡背等高。降低料线时操作者要慢慢降低料线，助手不停晃动料线将料线下的雏鸡赶离料线下方，以防止压到鸡造成损伤。 ● 使用自动料线加料。
备注	

⏰ **时间记录**	____年____月____日
☀ **天气记录**	室外温度_____℃ 湿　　度_____% 室内温度_____℃ 湿　　度_____%

日操作安排	2：00	喂料
	4：00	检查记录温度（28℃）湿度（50%左右）
	5：30	喂料
	6：00	刮粪
	7：30	吃早饭
	8：00	冲洗水线、清洗滤芯
	9：00	喂料 统计11日龄采食量（应该为58.00克/只左右）
	10：00	检查记录温度湿度 整理鸡舍杂物
	12：00	喂料
	12：30	吃午饭
	14：00	检查记录温度（28℃左右）湿度（50%左右）
	15：00	喂料；观察雏鸡状态 带鸡消毒或环境消毒
	18：00	喂料
	19：30	吃晚饭
	21：00	喂料 检查记录温度湿度，填写饲养记录
	22：00	观察雏鸡表现
	23：00	喂料；检查记录温度
	24：00	关灯

作业内容	● 细致观察有无呼吸道症状、神经症状，不正常的粪便和啄羽、啄肛等现象 ● 饲料与饮水充足，采食稳定
知识窗	◆ **料线使用的注意事项** ● 加料前检查鸡群采食状况，检查有无料底脱落，大部分采食干净时开始加料。每天应保证一次料被采食干净。 ● 加料开始时先打开电源总开关，再分别打开1号和2号料线。加料完毕关闭各条料线控制开关，最后关闭总开关。夏季风机工作时只关闭各料线开关不关总开关。注意将各个料线开关置于自动位置。 ● 根据以往加料情况加料，一般情况下每次加料的量不会有很大差距，最多不会相差一袋，若是相差一袋应注意是否有料线撒料或移动控制器失控。 ● 每次加料应根据以往加料的量加料，料斗里尽量少存料，一是可以准确估计鸡群的采食状况，二是可以延长设备使用寿命。 ● 每次加料应观察鸡群采食状态，采食积极性较强说明鸡群生长状况较好，整体精神状态较好。
备注	

进鸡后 第 **13** 天	⏰ *时间记录*	＿＿＿年＿＿月＿＿日
	☀ *天气记录*	室外温度＿＿＿＿＿℃ 湿　　度＿＿＿＿＿％ 室内温度＿＿＿＿＿℃ 湿　　度＿＿＿＿＿％

日操作安排	2：00	喂料
	4：00	检查记录温度（28℃）湿度（50％左右）
	5：30	喂料
	6：00	刮粪
	7：30	吃早饭
	8：00	冲洗水线、清洗滤芯
	9：00	喂料 统计12日龄采食量（应为64克/只左右）
	10：00	检查记录温度湿度 整理鸡舍杂物
	12：00	喂料
	12：30	吃午饭
	14：00	检查记录温度（27℃左右）湿度（50％左右）
	15：00	喂料；观察雏鸡状态 带鸡消毒或环境消毒
	18：00	喂料
	19：30	吃晚饭
	21：00	喂料 检查记录温度湿度，填写饲养记录
	22：00	观察雏鸡表现
	23：00	喂料；检查记录温度
	24：00	关灯

作业内容	● 注意球虫病的防控（注意观察粪便变化，使用抗球虫药预防球虫病的发生） ● 停用药物和饮水消毒，准备进行法氏囊饮水免疫
知识窗	◆ **可使用的防治球虫病药物，出栏前七天停药** ● 二硝苯酰胺（球痢灵）。 ● 盐霉素。 ● 拉沙里霉素（球安）。 ● 马杜拉霉素（加福、球杀死）。饲料中马杜霉素不得高于5毫克/千克。 ● 三嗪酮（百球清）。2.5％口服液做1 000倍稀释，饮水1～2天效果较好。 ◆ **球虫药物预防程序** ● 因球虫的类型多，易产生抗药性，应间隔用药或轮换用药为宜。球虫病的预防用药程序是：雏鸡从13～15日龄开始，在饲料或饮水中加入预防用量的抗球虫药物，一直用到出栏前7～14天停止，选择3～5种药物交替使用，效果良好。
备注	

进鸡后 第**14**天

⏰ 时间记录	____年____月____日
☀ 天气记录	室外温度_____℃ 湿　　度_____% 室内温度_____℃ 湿　　度_____%

日操作安排

2：00	喂料
4：00	检查记录温度（27℃左右）湿度（50%左右）
5：30	喂料
6：00	刮粪
7：30	吃早饭
8：00	冲洗水线、清洗滤芯
9：00	喂料 统计13日龄采食量（应该为70克/只左右）
10：00	检查记录温度湿度 整理鸡舍杂物
12：00	喂料
12：30	吃午饭
14：00	检查记录温度（27℃左右）湿度（50%左右）
15：00	喂料；观察雏鸡状态 环境消毒
18：00	喂料
19：30	吃晚饭
21：00	喂料 检查记录温度湿度，填写饲养记录
22：00	观察雏鸡表现
23：00	喂料；检查记录温度
24：00	关灯

作业内容	● 晚 10 点称重，体重应达到 500 克 ● 加强通风换气
知识窗	◆ 出口到日本、欧盟的肉食鸡整个饲养期的禁用药物 　● 磺胺-6-甲氧嘧啶及其钠盐和磺胺二甲基异噁唑及其钠盐。 　● 四环素类（四环素、土霉素、金霉素）。 　● 甲砜霉素。 　● 庆大霉素。 　● 伊维菌素和阿维菌素。
备注	

⏱ 时间记录	____年____月____日
☀ 天气记录	室外温度_____℃ 湿　度_____% 室内温度_____℃ 湿　度_____%

日操作安排	2：00	喂料
	4：00	检查记录温度（27℃）湿度（50%）
	5：30	喂料
	6：00	刮粪
	7：30	吃早饭
	8：00	冲洗水线、清洗滤芯
	9：00	喂料 统计14日龄采食量（应该为76克/只左右）
	10：00	检查记录温度湿度 整理鸡舍杂物
	12：00	喂料
	12：30	吃午饭
	14：00	检查记录温度（26℃左右）湿度（50%左右）
	15：00	喂料；观察雏鸡状态 环境消毒
	18：00	喂料
	19：30	吃晚饭
	21：00	喂料 检查记录温度湿度，填写饲养记录
	22：00	观察雏鸡表现
	23：00	喂料；检查记录温度
	24：00	关灯

日程管理篇　温馨小贴士　第 **15** 天　进鸡后

作业内容	● 上午用中等毒力的法氏囊疫苗饮水或滴口进行疫苗免疫 ● 免疫前后 2 天坚决不能使用氯霉素、磺胺药、痢特灵、呋喃唑酮等药物。前后 5 小时不进行消毒
知识窗	◆ **禁用或选用药物** ● 饲养肉鸡禁止使用的药物：克球粉（二氯二甲吡啶）、球虫净（尼卡巴嗪），磺胺嘧啶（SD）、磺胺二甲氧嘧啶（SDM）、磺胺二甲基嘧啶（SM_2）、磺胺喹噁啉（SQ）、复方敌菌净（含 SQ），螺旋霉素、四环素、灭霍灵，氨丙啉、鸡宝 20（含氨丙啉）、支原净、喹乙醇（快育灵）、人工合成激素。 ● 出栏前 14 天禁用的药物：青霉素、卡那霉素、氯霉素、链霉素、庆大霉素、新霉素。 ● 出栏前 7～14 天，根据病情可继续选用的药物：土霉素、强力霉素、北里霉素、红霉素、恩诺沙星（普杀平、百病消）或环丙沙星、氧氟杀星、泰乐菌素、氟哌酸。 ● 出栏前 7 天，禁用一切药物。
备注	

肉鸡日程管理及应急技巧

⏱ 时间记录	＿＿＿年＿＿月＿＿日
☀ 天气记录	室外温度＿＿＿＿＿℃ 湿　　度＿＿＿＿＿％ 室内温度＿＿＿＿＿℃ 湿　　度＿＿＿＿＿％

<table>
<tr><td rowspan="19">日操作安排</td></tr>
<tr><td>2：00</td><td>喂料</td></tr>
<tr><td>4：00</td><td>检查记录温度（26℃）湿度（50％左右）</td></tr>
<tr><td>5：30</td><td>喂料</td></tr>
<tr><td>6：00</td><td>刮粪</td></tr>
<tr><td>7：30</td><td>吃早饭</td></tr>
<tr><td>8：00</td><td>冲洗水线、清洗滤芯</td></tr>
<tr><td>9：00</td><td>喂料
统计15日龄采食量（应该为82克/只左右）</td></tr>
<tr><td>10：00</td><td>检查记录温度湿度
整理鸡舍杂物</td></tr>
<tr><td>12：00</td><td>喂料</td></tr>
<tr><td>12：30</td><td>吃午饭</td></tr>
<tr><td>14：00</td><td>检查记录温度（26℃左右）湿度（50％左右）</td></tr>
<tr><td>15：00</td><td>喂料；观察雏鸡状态
环境消毒</td></tr>
<tr><td>18：00</td><td>喂料</td></tr>
<tr><td>19：30</td><td>吃晚饭</td></tr>
<tr><td>21：00</td><td>喂料
检查记录温度湿度，填写饲养记录</td></tr>
<tr><td>22：00</td><td>观察雏鸡表现</td></tr>
<tr><td>23：00</td><td>喂料；检查记录温度</td></tr>
<tr><td>24：00</td><td>关灯</td></tr>
</table>

作业内容	● 预防量用治疗肠道疾病药物 ● 15天以后光源瓦数为 20 瓦
知识窗	◆ **免疫抑制及原因** 　● 某些因素作用于机体，损害机体的免疫器官，造成免疫系统的破坏和功能低下，影响正常免疫应答和抗体产生，就是免疫抑制（影响体液免疫、细胞免疫和巨噬细胞的吞噬功能这三大免疫功能，从而造成免疫效果不良，甚至失效）。 　● 传染性因素　如马立克病病毒、传染性法氏囊炎病毒、禽白血病病毒、网状内皮组织增生症病毒、鸡传染性贫血因子病病毒等。 　● 营养因素　如日粮营养成分不全面，采食量过少或发生疾病，使营养物质的摄取量不足，特别是维生素、微量元素和氨基酸供给不足等。 　● 药物因素　如饲料中长期添加氨基苷类抗生素。 　● 有毒有害物质。如重金属元素、黄曲霉毒素。 　● 应激因素。
备注	

⏱ 时间记录	____年____月____日

☀ 天气记录	室外温度_____℃ 湿　　度_____% 室内温度_____℃ 湿　　度_____%

日操作安排	2：00	喂料
	4：00	检查记录温度（26℃）湿度（50%以下）
	5：30	喂料
	6：00	刮粪
	7：30	吃早饭
	8：00	冲洗水线、清洗滤芯
	9：00	喂料 统计16日龄采食量（应该为90克/只左右）
	10：00	检查记录温度湿度 整理鸡舍杂物
	12：00	喂料
	12：30	吃午饭
	14：00	检查记录温度（25℃左右）湿度（50%以下）
	15：00	喂料；观察雏鸡状态 带鸡消毒
	18：00	喂料
	19：30	吃晚饭
	21：00	喂料 检查记录温度湿度，填写饲养记录
	22：00	观察雏鸡表现
	23：00	喂料；检查记录温度
	24：00	关灯

作业内容

- 逐渐更换中鸡料
- 饮水中加入多维以防应激

知识窗

◆ 如何观察鸡群

● 采食情况 正常的鸡群采食积极，食欲旺盛。触摸嗉囊饱满。个别鸡不食或采食不积极应隔离观察。有较多的鸡不食或不积极，应该引起高度重视，及时找出原因。其原因一般有：①突然更换饲料，如两种饲料的品质或饲料原料差异很大，突然更换，鸡只没有适应引起不食或少食；②饲料的腐败变质，如酸败、霉变等；③环境条件不适宜，如育雏期温度过低或过高、温度不稳定，育成期温度过高等；④疾病，如鸡群发生较为严重的疾病。

● 精神状态 健康的鸡活泼好动，不健康的鸡会呆立一边或离群独卧，低头垂翅等。

● 呼吸系统情况 观察有无咳嗽、流鼻液、呼吸困难等症状，在晚上夜深人静时，蹲在鸡舍内静听雏鸡的呼吸音，正常应该是安静，听不到异常声音。如有异常声音，应引起高度重视，做进一步的检查。

● 粪便检查 粪便可以反应鸡群的健康状态，正常的粪便多为不干不湿黑色圆锥状，顶端有少量尿酸盐沉着，发生疾病时粪便会有不同的表现。如鸡白痢排出的是白色带泡状的稀薄粪便；球虫病排出的是带血或肉状粪便；法氏囊病排出的是稀薄的白色水样粪便等。粪便观察可以在早上开灯后，因为晚上鸡只卧在笼内或网上排粪，鸡群没有活动前粪便的状态容易观察。

备注

⏱ 时间记录	＿＿＿年＿＿＿月＿＿＿日
☀ 天气记录	室外温度＿＿＿＿＿℃ 湿　　度＿＿＿＿＿％ 室内温度＿＿＿＿＿℃ 湿　　度＿＿＿＿＿％

日操作安排	2：00	喂料
	4：00	检查记录温度（25℃）湿度（50％以下）
	5：30	喂料
	6：00	刮粪
	7：30	吃早饭
	8：00	冲洗水线、清洗滤芯
	9：00	喂料 统计 17 日龄采食量（应该为 100 克/只左右）
	10：00	检查记录温度湿度 整理鸡舍杂物
	12：00	喂料
	12：30	吃午饭
	14：00	检查记录温度（30℃左右）湿度（60％左右）
	15：00	喂料；观察雏鸡状态；环境消毒
	18：00	喂料
	19：30	吃晚饭
	21：00	喂料 检查记录温度湿度，填写饲养记录
	22：00	观察雏鸡表现
	23：00	喂料；检查记录温度
	24：00	关灯

日程管理篇 温馨小贴士

作业内容	● 逐渐更换中鸡料；饮水中加入多维以防应激 ● 加强通风换气
知识窗	◆ **肉鸡啄毛症的治疗方法** 　● 肉鸡啄毛症是常发生于大批量饲养的商品肉鸡，特别是生长速度快的肉鸡品种，如 AA，艾维茵，易发日龄为 6～25 日龄。引发原因主要有营养不平衡或微量元素缺乏、饲养密度过大、感染寄生虫、料桶和饮水器不够和长期使用胺磺类药物。 　● 消除病因，保持营养平衡、光照和密度适宜，注意驱虫和长期使用胺磺类药物。 　● 饮水中加入 0.2%～1% 食盐，每天饮 2 次。 　● 饲料中添加 3%～5% 的羽毛粉，饲喂 1 周。
备注	

⏱ **时间记录**	_____ 年 ___ 月 ___ 日
☀ **天气记录**	室外温度_____℃ 湿　　度_____% 室内温度_____℃ 湿　　度_____%

	2：00	喂料
日 操 作 安 排	4：00	检查记录温度（25℃）湿度（50%以下）
	5：30	喂料
	6：00	刮粪
	7：30	吃早饭
	8：00	冲洗水线、清洗滤芯
	9：00	喂料 统计18日龄采食量（应该为110克/只左右）
	10：00	检查记录温度湿度 整理鸡舍杂物
	12：00	喂料
	12：30	吃午饭
	14：00	检查记录温度（25℃左右）湿度（60%左右）
	15：00	喂料；观察雏鸡状态；环境消毒
	18：00	喂料
	19：30	吃晚饭
	21：00	喂料 检查记录温度湿度，填写饲养记录
	22：00	观察雏鸡表现
	23：00	喂料；检查记录温度
	24：00	关灯

作业内容

- 逐渐更换中鸡料
- 饮水中加入多维以防应激
- 注意通风和环境卫生

知识窗

◆ **肉鸡鸡群均匀度差的原因**

- 肉用雏鸡大小不一。
- 育雏温度不适宜或不均匀。
- 开食不当。
- 饲养密度过大；料槽、水槽不足或高度不适宜。
- 疾病。
- 营养不足或不平衡。

备注

⏲ 时间记录	____年____月____日
☀ 天气记录	室外温度_____℃ 湿　　度_____% 室内温度_____℃ 湿　　度_____%

日操作安排	2：00	喂料
	4：00	检查记录温度（25℃）湿度（55%以下）
	5：30	喂料
	6：00	刮粪
	7：30	吃早饭
	8：00	冲洗水线、清洗滤芯
	9：00	喂料 统计19日龄采食量（应该为120克/只左右）
	10：00	检查记录温度湿度 整理鸡舍杂物
	12：00	喂料
	12：30	吃午饭
	14：00	检查记录温度（25℃左右）湿度（50%以下）
	15：00	喂料；观察雏鸡状态；环境消毒
	18：00	喂料
	19：30	吃晚饭
	21：00	喂料 检查记录温度湿度，填写饲养记录
	22：00	观察雏鸡表现
	23：00	喂料；检查记录温度
	24：00	关灯

作业内容	● 逐渐更换中鸡料 ● 饮水中加入多维以防应激 ● 加强通风
知识窗	◆ **如何提高肉鸡鸡群均匀度** ● 保持适宜的温度和均匀的光线。 ● 饲养密度适宜和充足的料槽和水槽位置。 ● 开食良好。 ● 做好寄生虫病的预防工作。 ● 避免传染病发生。
备注	

⏰ 时间记录	_____年_____月_____日
☀ 天气记录	室外温度_____℃ 湿　　度_____% 室内温度_____℃ 湿　　度_____%

日操作安排	2：00	喂料
	4：00	检查记录温度（25℃）湿度（55%以下）
	5：30	喂料
	6：00	刮粪
	7：30	吃早饭
	8：00	冲洗水线、清洗滤芯
	9：00	喂料 统计20日龄采食量（应该为128克/只左右）
	10：00	检查记录温度湿度 整理鸡舍杂物
	12：00	喂料
	12：30	吃午饭
	14：00	检查记录温度（25℃左右）湿度（50%以下）
	15：00	喂料；观察肉鸡状态 带鸡消毒
	18：00	喂料
	19：30	吃晚饭
	21：00	喂料 检查记录温度湿度，填写饲养记录
	22：00	观察雏鸡表现
	23：00	喂料；检查记录温度
	24：00	关灯

作业内容	<ul><li>逐渐更换中鸡料</li><li>饮水中加入多维以防应激</li><li>对鸡称重，记录并分群</li></ul>
知识窗	◆ 减少育雏期死亡率措施 ● 温度稳定　适宜温度 31～33℃，每天降低 0.5～0.8℃。 ● 湿度不宜过低　第 1 周湿度为 70%，第 2 周为 60%。 ● 密度随日龄渐减　保证适宜的密度和充足的饲槽、水槽位置。 ● 适量通风　3 日龄后注意通风。 ● 光线充足均匀　第 1 周 20 勒克斯。 ● 尽早喝到营养水　及早饮水、水温适宜、饮水器充足等。 ● 喂料充足　及时开食、采食空间充足、少添勤添、逐渐更换饲喂器、注意检查饱食情况等。
备注	

⏰ 时间记录	＿＿＿年＿＿月＿＿日
☀ 天气记录	室外温度＿＿＿＿＿℃ 湿　　度＿＿＿＿＿% 室内温度＿＿＿＿＿℃ 湿　　度＿＿＿＿＿%

日操作安排	2：00	检查记录温度（24℃）湿度（50%以下）
	5：30	喂料
	6：00	刮粪
	7：30	吃早饭
	8：00	冲洗水线、清洗滤芯
	9：00	记录温度湿度 整理鸡舍杂物
	11：00	喂料
	12：00	统计 21 日龄采食量（应该为 134 克/只左右）
	12：30	吃午饭
	15：00	观察肉鸡表现 环境消毒
	17：00	喂料
	19：30	吃晚饭
	21：00	检查记录温度湿度
	22：00	检查鸡舍
	23：00	喂料
	24：00	关灯

作业内容	● 用新城疫疫苗和传染性支气管炎 H52 饮水免疫 ● 饮水中不能有任何消毒剂
知识窗	◆ **疫苗的科学使用** 　● 做免疫是否成功，取决于疫苗质量、免疫途径、免疫方法、鸡群状况、外界环境等因素。疫苗质量有好有坏，不要图便宜，免疫途径根据疫苗而定。新城疫 18 日龄前要气雾免疫或点眼、滴鼻，不能饮水，因其作用是让鼻黏膜、呼吸道上皮细胞产生局部保护力，阻挡野毒的感染；饮水免疫后疫苗大量进入消化道，进入血液，血液中有大量的母源抗体会将疫苗杀灭，免疫达不到预期的效果，发病概率极高。20日龄后因血中母源抗体降到最低，且做加强免疫，饮水是较为省事的做法，也不是最好的。传支苗不能饮水，最好滴鼻、气雾免疫，滴眼滴鼻要在疫苗配好后30 分钟内用完，并不断摇晃防止传支疫苗上浮。传染性法氏囊免疫可以滴口或饮水，但须尽量降低饲养密度，均匀饮到疫苗水。
备注	

① 时间记录	____年____月____日
☀ 天气记录	室外温度_____℃ 湿　　度_____% 室内温度_____℃ 湿　　度_____%

<table>
<tr><td rowspan="20">日操作安排</td><td>2：00</td><td>检查记录温度（24℃）湿度（50%以下）</td></tr>
<tr><td>5：30</td><td>喂料</td></tr>
<tr><td>6：00</td><td>刮粪</td></tr>
<tr><td>7：30</td><td>吃早饭</td></tr>
<tr><td>8：00</td><td>冲洗水线、清洗滤芯</td></tr>
<tr><td>9：00</td><td>记录温度湿度
检查和整理鸡舍</td></tr>
<tr><td>11：00</td><td>喂料</td></tr>
<tr><td>12：00</td><td>统计22日龄采食量（应该为140克/只左右）</td></tr>
<tr><td>12：30</td><td>吃午饭</td></tr>
<tr><td>15：00</td><td>观察肉鸡表现
环境消毒</td></tr>
<tr><td>17：00</td><td>喂料</td></tr>
<tr><td>19：30</td><td>吃晚饭</td></tr>
<tr><td>21：00</td><td>检查记录温度湿度</td></tr>
<tr><td>22：00</td><td>检查鸡舍</td></tr>
<tr><td>23：00</td><td>喂料</td></tr>
<tr><td>24：00</td><td>关灯</td></tr>
</table>

作业内容	● 注意非典型新城疫的发生 ● 注意疫苗反应
知识窗	◆ **疫苗不良反应表现及预防** 　● 鸡群精神沉郁　保持环境安静，在饮水中加入一些维生素，很快就会恢复正常。 　● 呼吸道反应　注意舍内环境稳定，保持舍内环境卫生，特别是空气新鲜。 　● 头颈部不同程度扭曲　注射位置正确。颈背部皮下注射的位置应是鸡颈部中上段的背部皮下，用手捏起颈部皮肤，针头由鸡头部向鸡背部方向刺入鸡皮下即可注入疫苗，针头与颈部平行。 　● 腿部肿胀、跛行　腿部外侧（内侧血管丰富）注射，注射剂量适宜，稀释液和注射用具不污染，最好每300～500只鸡换一个洁净的注射针头。 　● 细菌感染和病毒感染　保持孵化场和鸡舍环境清洁卫生，选用毒株和毒力适合的疫苗，防止免疫接种用具污染等。
备注	

⏱ 时间记录	___年___月___日
☀ 天气记录	室外温度_____℃ 湿　　度_____％ 室内温度_____℃ 湿　　度_____％

日操作安排	2：00	检查记录温度（24℃）湿度（50％以下）
	5：30	喂料
	6：00	刮粪
	7：30	吃早饭
	8：00	冲洗水线、清洗滤芯
	9：00	记录温度湿度 整理鸡舍杂物
	11：00	喂料
	12：00	统计23日龄采食量（应该为146克/只左右）
	12：30	吃午饭
	15：00	观察肉鸡表现 带鸡消毒
	17：00	喂料
	19：30	吃晚饭
	21：00	检查记录温度湿度
	22：00	检查鸡舍
	23：00	喂料
	24：00	关灯

作业内容	● 从此以后应以通风为主，保持舍内空气新鲜。控制氨气浓度 ● 适当驱赶肉鸡运动，增加采食
知识窗	◆ **肉鸡中期（20～40日龄）管理关键点** ● 改善鸡舍条件，保持适宜的密度，加大通风量（以保证温度为前提），控制湿度，保持垫料干燥，经常对环境和鸡群消毒。 ● 免疫、分群时，应事先喂一些抗应激、增强免疫力的药物，并尽量安排在夜间进行，以减少应激。 ● 预防球虫病，应选择几种作用不同的药物交替使用。 ● 防治大肠杆菌病，要选择敏感度高的药物，剂量要准，疗程要足。 ● 控制好法氏囊病。有法氏囊病发生，应及时用药物治疗，早期可肌内注射高免卵黄抗体。
备注	

进鸡后 第**25**天	⏱ **时间记录**	____年___月___日
	☀ **天气记录**	室外温度_____℃ 湿　　度_____% 室内温度_____℃ 湿　　度_____%

日操作安排	2：00	检查记录温度（24℃）湿度（50%以下）
	5：30	喂料
	6：00	刮粪
	7：30	吃早饭
	8：00	冲洗水线、清洗滤芯
	9：00	记录温度湿度 整理鸡舍杂物
	11：00	喂料
	12：00	统计 24 日龄采食量（应该为 150 克/只左右）
	12：30	吃午饭
	15：00	观察肉鸡表现 环境消毒
	17：00	喂料
	19：30	吃晚饭
	21：00	检查记录温度湿度
	22：00	检查鸡舍
	23：00	喂料
	24：00	关灯

日程管理篇　温馨小贴士　第**25**天

作业内容	● 加强通风换气和环境管理
	● 每天巡栏 2～3 次，减少胸部疾病发生
	● 使用中草药制剂预防肠道病的发生

知识窗	**◆ 育肥期温度为何控制在 25℃ 以下** 　● 接雏前 2 小时到接雏后 2 小时温度控制在 27～29℃；1～3 日龄，30～33℃；4～7 日龄，28～30℃；一周内按每天下降 0.4℃ 进行控制，等舍内温度降到 24℃ 左右为准（25℃ 以下的温度有利于控制舍内有害细菌的繁殖，因为 25℃ 以下的舍温大多数病原微生物处于休眠期，活力差。所以在湿度适宜情况下，温度低于 25℃ 时有利于控制疾病的发生），以后不再降低温度。肉鸡饲养管理中温度控制至关重要，舍内温度高低直接影响到肉鸡采食量的大小，同时也影响到鸡只增重。高温会使肉鸡采食量下降，同样也能造成员工易疲劳的情况。

备注	

进鸡后	第**26**天	⏱ **时间记录**	＿＿年＿＿月＿＿日
		☀ **天气记录**	室外温度＿＿＿＿℃ 湿　　度＿＿＿＿％ 室内温度＿＿＿＿℃ 湿　　度＿＿＿＿％

日操作安排	2：00	检查记录温度（24℃）湿度（50％以下）
	5：30	喂料
	6：00	刮粪
	7：30	吃早饭
	8：00	冲洗水线、清洗滤芯
	9：00	检查记录温度湿度 检查整理鸡舍
	11：00	喂料
	12：00	统计 25 日龄采食量（应该为 154 克/只左右）
	12：30	吃午饭
	15：00	观察肉鸡表现 带鸡消毒
	17：00	喂料
	19：30	吃晚饭
	21：00	检查记录温度湿度
	22：00	检查鸡舍
	23：00	喂料
	24：00	关灯

作业内容

- 加强通风换气和环境管理
- 使用中草药制剂预防肠道病的发生

知识窗

◆ 肉鸡抗病力差的原因

● 肉鸡的肺脏很小，并连接着9个气囊（气囊位于体内各个部位，甚至进入骨腔），形成一个与外界完全连同体。易受病原侵袭。

● 肉鸡的生殖孔和排泄孔都开口于泄殖腔，经蛋传播的病原和疫病种类多。

● 肉鸡没有淋巴结，等于缺少阻止病原体在体内通行的关卡。肉鸡没有横膈，腹腔的感染很易传至胸腔各器官，胸腔的感染也易传至腹腔。

备注

⏱ 时间记录	＿＿＿年＿＿月＿＿日
☀ 天气记录	室外温度＿＿＿＿＿℃ 湿　　度＿＿＿＿＿％ 室内温度＿＿＿＿＿℃ 湿　　度＿＿＿＿＿％

日操作安排	2：00	检查记录温度（24℃）湿度（50％以下）
	5：30	喂料
	6：00	刮粪
	7：30	吃早饭
	8：00	冲洗水线、清洗滤芯
	9：00	记录温度湿度 检查整理鸡舍
	11：00	喂料
	12：00	统计26日龄采食量（应该为157克/只左右）
	12：30	吃午饭
	15：00	观察肉鸡表现 环境消毒
	17：00	喂料
	19：30	吃晚饭
	21：00	检查记录温度湿度
	22：00	检查鸡舍
	23：00	喂料
	24：00	关灯

作业内容	● 加强通风换气和环境管理 ● 使用中草药制剂预防呼吸道病和肠道病的发生
知识窗	◆ 出现喘气困难或呼噜音的处理 　● 鸡出现呼吸困难时，主要是肺脏出现病变，影响鸡肺脏气体的正常交换，缺氧所致，有时出现呼噜呼噜的声音，可以在兽医的指导下投喂一些消炎药物和祛痰药物。 ◆ 鸡出现咳嗽的处理 　● 鸡出现咳嗽时，主要是肺脏或气囊发生炎症所致，为深部位感染，应请兽医尽快诊治，否则会出现大量死亡，造成严重损失。
备注	

⏰ 时间记录	____年___月___日
☀ 天气记录	室外温度_____℃ 湿　　度_____％ 室内温度_____℃ 湿　　度_____％

<table>
<tr><td rowspan="14">日操作安排</td><td>2：00</td><td>检查记录温度（24℃）湿度（50％以下）</td></tr>
<tr><td>5：30</td><td>喂料</td></tr>
<tr><td>6：00</td><td>刮粪</td></tr>
<tr><td>7：30</td><td>吃早饭</td></tr>
<tr><td>8：00</td><td>冲洗水线、清洗滤芯</td></tr>
<tr><td>9：00</td><td>记录温度湿度
整理鸡舍杂物</td></tr>
<tr><td>11：00</td><td>喂料</td></tr>
<tr><td>12：00</td><td>统计27日龄采食量（应该为160克/只左右）</td></tr>
<tr><td>12：30</td><td>吃午饭</td></tr>
<tr><td>15：00</td><td>观察肉鸡表现
环境消毒</td></tr>
<tr><td>17：00</td><td>喂料</td></tr>
<tr><td>19：30</td><td>吃晚饭</td></tr>
<tr><td>21：00</td><td>检查记录温度湿度</td></tr>
<tr><td>22：00</td><td>检查鸡舍</td></tr>
</table>

	23：00	喂料
	24：00	关灯

作业内容	● 夏季注意通风换气，降低舍内有害气体 ● 冬季注意气温下降后舍内保温和通风的关系
知识窗	◆ **测定肉鸡舍内氨气浓度的一般标准** 　● 10 毫克/升可嗅出氨气味。 　● 25～35 毫克/升开始刺激眼睛和流鼻涕。 　● 50 毫克/升鸡只眼睛流泪发炎。 　● 75 毫克/升鸡只头部抽动，表现出极不舒服的病态。
备注	

第**29**天

⏱ 时间记录	＿＿年＿＿月＿＿日
☀ 天气记录	室外温度＿＿＿＿＿℃ 湿　　度＿＿＿＿＿% 室内温度＿＿＿＿＿℃ 湿　　度＿＿＿＿＿%

日操作安排	2：00	检查记录温度（24℃）湿度（50%以下）
	5：30	喂料
	6：00	刮粪
	7：30	吃早饭
	8：00	冲洗水线、清洗滤芯
	9：00	记录温度湿度 检查整理鸡舍
	11：00	喂料
	12：00	统计28日龄采食量（应该为162克/只左右）
	12：30	吃午饭
	15：00	观察肉鸡表现 带鸡消毒
	17：00	喂料
	19：30	吃晚饭
	21：00	检查记录温度湿度
	22：00	检查鸡舍
	23：00	喂料
	24：00	关灯

作业内容	● 本周是肉鸡最易发病的阶段，注意观察鸡群有无神经症状、呼吸道症状及粪便异常和腿病情况
知识窗	◆ 疾病综合防治措施 　● 隔离卫生。 　● 环境消毒。 　● 全面营养和饲料卫生。 　● 预防接种。 　● 药物预防。
备注	

⏱ 时间记录	____年____月____日
☀ 天气记录	室外温度_____℃ 湿　　度_____％ 室内温度_____℃ 湿　　度_____％

日操作安排	2：00	检查记录温度（23℃）湿度（50％以下）
	5：30	喂料
	6：00	刮粪
	7：30	吃早饭
	8：00	冲洗水线、清洗滤芯
	9：00	记录温度湿度 整理鸡舍杂物
	11：00	喂料
	12：00	统计29日龄采食量（应该为165克/只左右）
	12：30	吃午饭
	15：00	观察肉鸡表现 环境消毒
	17：00	喂料
	19：30	吃晚饭
	21：00	检查记录温度湿度
	22：00	检查鸡舍
	23：00	喂料
	24：00	关灯

作业内容	<ul><li>注意观察鸡群状态</li><li>加强通风换气</li><li>进行饮水消毒</li></ul>
知识窗	◆ **加药器的操作** ● 加药完成后首先应续加少量清水以使药物尽量吸净。 ● 再加入半盆清水使加药器吸清水以清洗加药器，大约吸半小时清水可以关闭加药器（关闭加药器一定不要忘记打开水线）。 ● 加药时应根据加入的药量估计加药的时间，当药物吸完时及时加清水，尽量不要使加药器抽空，这样会影响加药器的准确性。 ◆ **加药器的常见问题** ● 加药器吸药过快，原因可能是水线漏水，应及时排除故障。 ● 加药器吸药过慢，可能是滤芯应该清洗或者是水线中有积气，应进行排气操作。 ● 药物越吸越多，原因是加药器吸入杂质，应请维修人员进行维修。
备注	

⏱ 时间记录	＿＿＿年＿＿月＿＿日
☀ 天气记录	室外温度＿＿＿＿＿℃ 湿　　度＿＿＿＿＿％ 室内温度＿＿＿＿＿℃ 湿　　度＿＿＿＿＿％

日操作安排	2：00	检查记录温度（23℃）湿度（50％以下）
	5：30	喂料
	6：00	刮粪
	7：30	吃早饭
	8：00	冲洗水线、清洗滤芯
	9：00	记录温度湿度 检查整理鸡舍
	11：00	喂料
	12：00	统计30日龄采食量（应该为168克/只左右）
	12：30	吃午饭
	15：00	观察肉鸡表现 带鸡消毒或环境消毒
	17：00	喂料
	19：30	吃晚饭
	21：00	检查记录温度湿度
	22：00	检查鸡舍
	23：00	喂料
	24：00	关灯

作业内容	● 及时调整饮水器和料槽高度，防止溢水和浪费饲料 ● 注意通风换气
知识窗	◆ **刮粪机的使用及注意事项** ● 使用步骤　粪道有鸡应将鸡抓出再进行刮粪；移开粪道挡板；移开盖电机的塑料布；开始刮粪，一般刮3遍即可；将粪道挡板挡上；盖电机（若天气较好可以不盖电机，但阴雨天气一定不要忘记盖电机）；出粪。 ● 注意事项　刮板运动方向与上绳方向相反，与下绳方向一致。出现故障应首先停止刮粪操作，检查故障，故障排除方可继续。电路出现故障时首先应切断总电源。刮粪板的行程大约是单程5分钟，为方便操作可以使两边的刮板向相反的方向运动。
备注	

⏱ **时间记录**	_____年____月____日
☀ **天气记录**	室外温度_____℃ 湿　　度_____% 室内温度_____℃ 湿　　度_____%

日操作安排	2：00	检查记录温度（23℃）湿度（50%以下）
	5：30	喂料
	6：00	刮粪
	7：30	吃早饭
	8：00	冲洗水线、清洗滤芯
	9：00	记录温度湿度 整理鸡舍杂物
	11：00	喂料
	12：00	统计31日龄采食量（应该为170克/只左右）
	12：30	吃午饭
	15：00	观察肉鸡表现 带鸡或环境消毒
	17：00	喂料
	19：30	吃晚饭
	21：00	检查记录温度湿度
	22：00	检查鸡舍
	23：00	喂料
	24：00	关灯

作业内容	● 注意通风换气 ● 注意巡视鸡群，减少胸部囊肿
知识窗	◆ **胸部囊肿** 　● 原因：由于肉鸡生长快，体重增长迅速，特别是笼养肉鸡，因经常卧在金属丝底的网上，长期受机械刺激，引起滑液囊发炎而形成囊肿。 　● 防治： 　实行厚垫料地面平养或使用弹性好的网进行网上饲养。 　饲养密度适合。 　鸡舍通风良好。 　饲料营养全面，保证日粮中的微量元素和维生素供应全面平衡。 　每天驱赶肉鸡活动 2~3 次。
备注	

⏱ **时间记录**	＿＿＿年＿＿月＿＿日
☀ **天气记录**	室外温度＿＿＿＿＿℃ 湿　　度＿＿＿＿＿% 室内温度＿＿＿＿＿℃ 湿　　度＿＿＿＿＿%

日操作安排	2：00	检查记录温度（23℃）湿度（50%以下）
	5：30	喂料
	6：00	刮粪
	7：30	吃早饭
	8：00	冲洗水线、清洗滤芯
	9：00	记录温度湿度 整理鸡舍杂物
	11：00	喂料
	12：00	统计 32 日龄采食量（应该为 172 克/只左右）
	12：30	吃午饭
	15：00	观察肉鸡表现 带鸡消毒
	17：00	喂料
	19：30	吃晚饭
	21：00	检查记录温度湿度
	22：00	检查鸡舍
	23：00	喂料
	24：00	关灯

作业内容

● 注意观察鸡群状态，减少应激因素

知识窗

◆ **常见的应激因素**

● 饲养管理　监禁、密饲、捕捉、转群移舍、运输称重、断喙、断趾、群斗、断水断料和营养。

● 环境因素　严寒酷暑、气候突变、换气不良、强风光照、雷鸣闪电、雨淋和噪声等。

● 内在因素　潜在感染、外伤、中毒、驱虫、用药和疾病等。

备注

⏰ 时间记录	＿＿＿＿年＿＿＿月＿＿＿日
☀ 天气记录	室外温度＿＿＿＿＿＿＿℃ 湿　　度＿＿＿＿＿＿＿％ 室内温度＿＿＿＿＿＿＿℃ 湿　　度＿＿＿＿＿＿＿％

日操作安排	2：00	检查记录温度（23℃）湿度（50％以下）
	5：30	喂料
	6：00	刮粪
	7：30	吃早饭
	8：00	冲洗水线、清洗滤芯
	9：00	记录温度湿度 检查整理鸡舍
	11：00	喂料
	12：00	统计 33 日龄采食量（应该为 174 克/只左右）
	12：30	吃午饭
	15：00	观察雏鸡表现 环境消毒
	17：00	喂料
	19：30	吃晚饭
	21：00	检查记录温度湿度
	22：00	检查鸡舍
	23：00	喂料
	24：00	关灯

作业内容	● 更换成后期料 ● 使用养胃健脾类中草药制剂 3～5 天

知识窗

◆ 常见的养胃健脾类中草药制剂

名称	成分	性状	适应证	用法与用量
消食导滞片	党参20克，枳壳15克，山楂10克，莱菔子10克，神曲10克，麦芽10克等	黄色片，气清香，味微苦	具有消食导滞，健脾胃助消化功能。鸡消化不良	每日2片（0.5克/片），分两次喂给
龙胆末	龙胆制成的散剂。取龙胆，粉碎成粗粉，过筛即得	淡黄棕色的粉末，气微，味甚苦	具有健胃功能。食欲不振	内服，1.5～3克

备注

⏱ 时间记录	____年____月____日
☀ 天气记录	室外温度_____℃ 湿　　度_____% 室内温度_____℃ 湿　　度_____%

	2：00	检查记录温度（23℃）湿度（50%以下）
日 操 作 安 排	5：30	喂料
	6：00	刮粪
	7：30	吃早饭
	8：00	冲洗水线、清洗滤芯
	9：00	记录温度湿度 检查整理鸡舍杂物
	11：00	喂料
	12：00	统计 34 日龄采食量（应该为 176 克/只左右）
	12：30	吃午饭
	15：00	观察雏鸡表现 带鸡消毒
	17：00	喂料
	19：30	吃晚饭
	21：00	检查记录温度湿度
	22：00	检查鸡舍
	23：00	喂料
	24：00	关灯

作业内容

- 加强卫生管理和空气质量管理
- 称重（体重达到 2 180 克左右）

知识窗

◆ **降低肉鸡舍内有害气体的措施**

- 场址远离工矿企业　合理设计鸡场和鸡舍的排水系统、粪尿、污水处理设施。
- 加强防潮管理，保持舍内干燥。
- 加强鸡舍通风和卫生管理。
- 加强环境绿化　绿化不仅美化环境，而且可以净化环境。
- 采用化学物质消除　如过磷酸钙、丝兰属植物提取物、沸石、木炭、活性炭、煤渣、生石灰等均可不同程度地消除空气中的臭味。
- 生物除臭法　目前常用的有益微生物制剂（EM）类型很多，具体使用可根据产品说明拌料饲喂或拌水饮喂，亦可喷洒鸡舍。
- 中草药除臭法　常用的有艾叶、苍术、大青叶、大蒜、秸秆等。
- 提高饲料消化吸收率　科学选择饲料原料；按可利用氨基酸需要合理配制日粮；科学饲喂；利用酶制剂、酸制剂、微生态制剂、寡聚糖、中草药添加剂等可以提高饲料利用率，减少有害气体的排出量。

备注

⏱ 时间记录	_____年____月____日
☀ 天气记录	室外温度_____℃ 湿　　度_____% 室内温度_____℃ 湿　　度_____%

日操作安排	2：00	检查记录温度（23℃）湿度（50%以下）
	5：30	喂料
	6：00	刮粪
	7：30	吃早饭
	8：00	冲洗水线、清洗滤芯
	9：00	记录温度湿度 整理鸡舍杂物
	11：00	喂料
	12：00	统计35日龄采食量（应该为178克/只左右）
	12：30	吃午饭
	15：00	观察肉鸡表现 带鸡消毒
	17：00	喂料
	19：30	吃晚饭
	21：00	检查记录温度湿度
	22：00	检查鸡舍
	23：00	喂料
	24：00	关灯

作业内容	● 加强卫生管理，使用养胃健脾类中草药制剂 ● 减少应激反应
知识窗	● 为减少应激反应，在气候突变、转群、防疫、换料前后适当应用电解多维、维生素C、中药刺五加等。 ● 为减少体内尿酸盐的沉积，可适当用0.2%的小苏打水夜间饮用，连用3～5天；隔3天，再用3天。
备注	

进鸡后	第 **37** 天	⏰ 时间记录	＿＿＿年＿＿月＿＿日

☀ 天气记录	室外温度＿＿＿＿＿℃ 湿　度＿＿＿＿＿％ 室内温度＿＿＿＿＿℃ 湿　度＿＿＿＿＿％

日操作安排	2：00	检查记录温度（22℃）湿度（50％以下）
	5：30	喂料
	6：00	刮粪
	7：30	吃早饭
	8：00	冲洗水线、清洗滤芯
	9：00	记录温度湿度 整理鸡舍杂物
	11：00	喂料
	12：00	统计 36 日龄采食量（应该为 180 克/只左右）
	12：30	吃午饭
	15：00	观察肉鸡表现 环境消毒
	17：00	喂料
	19：30	吃晚饭
	21：00	检查记录温度湿度
	22：00	检查鸡舍
	23：00	喂料
	24：00	关灯

作业内容

- 巡视鸡群 2～3 次/天，减少胸部囊肿
- 使用养胃健脾类中草药制剂
- 保持空气新鲜

知识窗

◆ **保证氧的供应**

- 饲养后期（4 周以后）随肉鸡生长速度的加快，需氧量剧增，此阶段通风换气显得尤为重要。肉鸡场建立严格通风制度，冬季在保温的同时必须高度关注通风，不能只顾保温而忽视通风。定时通风换气，减少舍内二氧化碳、氨、硫化氢、一氧化碳等有害气体，降低舍内湿度，使空气新鲜，减少呼吸道病发生。

备注

第**38**天

⏰ 时间记录	____年____月____日
☀ 天气记录	室外温度_____℃ 湿　　度_____% 室内温度_____℃ 湿　　度_____%

日操作安排

2：00	检查记录温度（22℃）湿度（50%以下）
5：30	喂料
6：00	刮粪
7：30	吃早饭
8：00	冲洗水线、清洗滤芯
9：00	记录温度湿度 整理鸡舍杂物
11：00	喂料
12：00	统计37日龄采食量（应该为182克/只左右）
12：30	吃午饭
15：00	观察肉鸡表现 带鸡消毒
17：00	喂料
19：30	吃晚饭
21：00	检查记录温度湿度
22：00	检查鸡舍
23：00	喂料
24：00	关灯

作业内容	● 注意观察鸡群 ● 保持适宜通风 ● 减少应激反应
知识窗	**◆ 肉鸡腹水症和猝死症的预防** 　● 后期肉鸡容易发生腹水症，为预防肉鸡腹水症，可以适当降低饲料能量水平，在饲料中添加抗氧化剂，如维生素 A（3000 国际单位/千克）、维生素 C（100 毫克/千克）、维生素 E（200 毫克/千克）和中药龙胆泻肝散等。
备注	

⏰ **时间记录**	____年____月____日
☀ **天气记录**	室外温度_____℃ 湿　　度_____% 室内温度_____℃ 湿　　度_____%

日操作安排	2：00	检查记录温度（22℃）湿度（50%以下）
	5：30	喂料
	6：00	刮粪；观察鸡群
	7：30	吃早饭
	8：00	冲洗水线、清洗滤芯
	9：00	记录温度湿度 整理鸡舍杂物
	11：00	喂料
	12：00	统计38日龄采食量（应该为184克/只左右）
	12：30	吃午饭
	15：00	观察肉鸡表现 带鸡消毒
	17：00	喂料
	19：30	吃晚饭
	21：00	检查记录温度湿度
	22：00	观察鸡群
	23：00	喂料
	24：00	关灯

作业内容

- 注意观察鸡群
- 保持适宜通风

知识窗

◆ **出栏前病弱鸡的处理**

● 大群中出现的病弱鸡，需要给以药物治疗或促进生长。肉鸡临近出栏时，给予药物治疗的病弱鸡会引起药物残留，如果混入鸡群中一起出售就会降低全群质量。对于这样的病弱鸡一要在大群出售前部分淘汰，二要康复后过了休药期（药残安全期）再出售，这点要特别注意。

◆ **脂肪肝的控制**

● 每千克饲料中加入 2.6 克氯化胆碱拌料 5 天。冬季用富含亚油酸的油脂类物质替代 2%～3% 的玉米，同时增加多维素。

备注

⏱ 时间记录	＿＿＿年＿＿月＿＿日
☀ 天气记录	室外温度＿＿＿＿＿℃ 湿　　度＿＿＿＿＿％ 室内温度＿＿＿＿＿℃ 湿　　度＿＿＿＿＿％

日操作安排	2：00	检查记录温度（22℃）湿度（50％以下）
	5：30	喂料
	6：00	刮粪
	7：30	吃早饭
	8：00	冲洗水线、清洗滤芯
	9：00	记录温度湿度 整理鸡舍杂物
	11：00	喂料
	12：00	统计39日龄采食量（应该为186克/只左右）
	12：30	吃午饭
	15：00	观察肉鸡表现 环境消毒
	17：00	喂料
	19：30	吃晚饭
	21：00	检查记录温度湿度
	22：00	检查鸡舍
	23：00	喂料
	24：00	关灯

作业内容	● 减少应激 ● 保持空气洁净
知识窗	◆ **肉鸡的肉用性能指标** 　● 生长速度　是一个重要经济性状。可以用相对和绝对生长速度表示。 　● 体重　体重包括初生重和销售体重。初生重大，早期生长速度也快。销售体重（7~8周龄体重）与产肉量有关。 　● 屠宰率　屠宰率＝（屠体重/活重）×100%。屠体重指放血去毛后的重量，活重指宰前停喂12小时后的重量，以克为单位。屠宰率越高，产肉量越多。 　● 屠体品质　包括胸肌丰满度、胸部囊肿有无、肌肉纤维的粗细和拉力等项指标。
备注	

⏱ 时间记录	＿＿年＿＿月＿＿日
☀ 天气记录	室外温度＿＿＿＿℃ 湿　　度＿＿＿＿% 室内温度＿＿＿＿℃ 湿　　度＿＿＿＿%

日操作安排	2：00	检查记录温度（22℃）湿度（50%以下）
	5：30	喂料
	6：00	刮粪
	7：30	吃早饭
	8：00	冲洗水线、清洗滤芯
	9：00	记录温度湿度 检查整理鸡舍
	11：00	喂料
	12：00	统计40日龄采食量（应该为188克/只左右）
	12：30	吃午饭
	15：00	观察肉鸡表现 带鸡消毒
	17：00	喂料
	19：30	吃晚饭
	21：00	检查记录温度湿度
	22：00	检查鸡舍
	23：00	喂料
	24：00	关灯

作业内容	● 促进肉鸡采食 ● 快大型肉鸡后期死亡较多，主要原因是生长过快、大肠杆菌与上呼吸道病，早、中、晚要细致观察鸡群状态和粪便变化
知识窗	◆ **大肠杆菌病综合控制** 　● 一是注意环境消毒，二是加强通风换气，三是防止饲料和饮水污染，四是减少应激反应，五是提高机体免疫力，六是药物预防。 　发病后应该选择几种高敏药物替换或联合用药，注意营养物质补充和卫生管理等。 ◆ **水线的管理** 　● 规模化肉鸡场采用自动饮水系统，水线管理直接关系到养殖成败。饲养期间要定时定期进行冲洗、清理、消毒。特别在喂药后及时冲洗，有利于水线畅通。为保证水线正常供水，减少早期水的浪费及后期供水充足，20 日龄前水线与水箱水平面差为 20～30 厘米，20 日龄后水平面差应不小于 70 厘米。空舍时对水线进行清理消毒。
备注	

⏱ 时间记录	___年___月___日
☀ 天气记录	室外温度_____℃ 湿　　度_____% 室内温度_____℃ 湿　　度_____%

日操作安排

2：00	检查记录温度（22℃）湿度（50%以下）
5：30	喂料
6：00	刮粪
7：30	吃早饭
8：00	冲洗水线、清洗滤芯
9：00	记录温度湿度 整理鸡舍杂物
11：00	喂料
12：00	统计41日龄采食量（应该为190克/只左右）
12：30	吃午饭
15：00	观察肉鸡表现 环境消毒
17：00	喂料
19：30	吃晚饭
21：00	检查记录温度湿度
22：00	检查鸡舍
23：00	喂料
24：00	关灯

作业内容	● 在出栏前一周停用一切药物，防止药物残留 ● 抽样称重，并计算平均体重及均匀度，计算总重
知识窗	◆ **如何评定肉鸡的肉质** 　● 主观标准　指主观通过眼、鼻、嘴，根据鸡肉的外观以及对其风味品尝的感觉来评定，是以色、香、味、形来评定的。目前还没有统一的标准，也还没有专门的品肉机构。 　● 客观标准　从物理特性和化学特性上进行的评定。物理特性包括保水率、嫩度、剪断值、组织结构、胶原蛋白含量等。化学特性包括 pH、脂肪酸、氨基酸、风味成分、药物残留、毒物等。
备注	

⏱ 时间记录	＿＿＿年＿＿月＿＿日
☀ 天气记录	室外温度＿＿＿＿＿℃ 湿　　度＿＿＿＿＿％ 室内温度＿＿＿＿＿℃ 湿　　度＿＿＿＿＿％

日操作安排	2：00	检查记录温度（22℃）湿度（40％）
	5：30	喂料
	6：00	刮粪
	7：30	吃早饭
	8：00	冲洗水线、清洗滤芯
	9：00	记录温度湿度 整理鸡舍杂物
	11：00	喂料
	12：00	统计 42 日龄采食量（应该为 192 克/只左右）
	12：30	吃午饭
	15：00	观察肉鸡表现 带鸡消毒
	17：00	喂料
	19：30	吃晚饭
	21：00	检查记录温度湿度
	22：00	检查鸡舍
	23：00	喂料
	24：00	关灯

作业内容

- 加强通风换气，保持空气清新
- 可以开始适当追肥
- 42 日龄体重达到 2 760 克

知识窗

◆ **提高肉鸡品质的饲养方法**

- 添加天然着色剂　苜蓿粉、松针粉、刺槐叶粉、红辣椒粉、万寿菊粉、金盏花粉、干橘皮粉、紫菜干粉、糠虾粉、蚕沙等。可使鸡的皮肤和脂肪呈金黄色或橘黄色，从而提高商品等级。

- 添加调味剂　在育肥肉鸡的饲料中添加调味香料（如丁香、生姜、甜辣椒等）和大蒜。在出栏前 10～15 天在饲料中加入调味剂。不仅能刺激鸡的食欲，还能改善鸡肉品质。

备注

⏱ **时间记录**	＿＿＿年＿＿月＿＿日
☀ **天气记录**	室外温度＿＿＿＿℃ 湿　　度＿＿＿＿％ 室内温度＿＿＿＿℃ 湿　　度＿＿＿＿％

日操作安排	2：00	检查记录温度（22℃）湿度（40％）
	5：30	喂料
	6：00	刮粪
	7：30	吃早饭
	8：00	冲洗水线、清洗滤芯
	9：00	记录温度湿度 整理鸡舍杂物
	11：00	喂料
	12：00	统计43日龄采食量（应该为194克/只左右）
	12：30	吃午饭
	15：00	观察肉鸡表现 带鸡消毒
	17：00	喂料
	19：30	吃晚饭
	21：00	检查记录温度湿度
	22：00	检查鸡舍
	23：00	喂料
	24：00	关灯

日程管理篇　温馨小贴士　第**44**天　进鸡后

作业内容	● 保持环境安静，减少应激反应
知识窗	◆ 肉鸡出栏时间的确定 　● 应发挥肉仔鸡的生长优势。肉仔鸡日增重在生长高峰前呈递增趋势，生长高峰后呈递减趋势。快大型肉仔鸡母鸡生长高峰在 7 周龄，公鸡在 9 周龄，公、母混养时在 8 周龄。因此，肉仔鸡的出栏日龄不应超出上述时间。要根据市场相关价格随机应变，如雏鸡苗的价格高时，可适当延长饲养期；雏鸡苗价格低时，则应适当缩短饲养期。肉仔鸡饲养期延长，会得到较大体重的肉鸡，但感染疾病的机会也相应增多，经济上的风险增大。
备注	

⏱ 时间记录	＿＿年＿＿月＿＿日
☀ 天气记录	室外温度＿＿＿＿＿℃ 湿　　度＿＿＿＿＿％ 室内温度＿＿＿＿＿℃ 湿　　度＿＿＿＿＿％

日操作安排	2：00	检查记录温度（22℃）湿度（40％）
	5：30	喂料
	6：00	刮粪
	7：30	吃早饭
	8：00	冲洗水线、清洗滤芯
	9：00	记录温度湿度 整理鸡舍杂物
	11：00	喂料
	12：00	统计44日龄采食量（应该为196克/只左右）
	12：30	吃午饭
	15：00	观察肉鸡表现 环境消毒
	17：00	喂料
	19：30	吃晚饭
	21：00	检查记录温度湿度
	22：00	检查鸡舍
	23：00	喂料
	24：00	关灯

作业内容	● 保持鸡舍干燥 ● 注意观察鸡群状态和粪便变化
知识窗	◆ **鸡排灰白色粪便** 　● 鸡排灰白色粪便，怀疑有传染性法氏囊病，此时要进一步诊断，解剖看看法氏囊是否病变，肌肉是否出血等。尽快请技术人员现场诊断。 ◆ **出现瘫鸡的原因** 　● 出现瘫鸡的原因很多，一是传染性因素，二是代谢因素。传染性因素主要是病毒性的疾病，以新城疫为主，其次是细菌性的，以大肠杆菌、梭菌为主。代谢性的如维生素缺乏、矿物质吸收障碍等。具体情况须请技术人员现场确定。
备注	

⏰ **时间记录**	＿＿年＿＿月＿＿日
☀ **天气记录**	室外温度＿＿＿＿℃ 湿　　度＿＿＿＿％ 室内温度＿＿＿＿℃ 湿　　度＿＿＿＿％

	日操作安排	
日操作安排	2：00	检查记录温度（22℃）湿度（40％）
	5：30	喂料
	6：00	刮粪
	7：30	吃早饭
	8：00	冲洗水线、清洗滤芯
	9：00	记录温度湿度 整理鸡舍杂物
	11：00	喂料
	12：00	统计 45 日龄采食量（应该为 198 克/只左右）
	12：30	吃午饭
	15：00	观察肉鸡表现 带鸡消毒
	17：00	喂料
	19：30	吃晚饭
	21：00	检查记录温度湿度
	22：00	检查鸡舍
	23：00	喂料
	24：00	关灯

作业内容	● 保持环境安静，减少应激反应 ● 保持鸡舍干燥
知识窗	◆ **锰、锌缺乏与脱腱症** 　● 锰、锌缺乏可以引起脱腱症。在 2 周龄后肉鸡最为多见，可见单侧或双侧足关节肿大，腿骨粗短或弯曲，呈"X"形或"O"形。另外，生物素、胆碱、叶酸、烟酸等维生素缺乏或肉粉、鱼粉等动物性蛋白质含量较高时，对锰的需要亦增加也是促使肉鸡发病的原因之一。 ◆ **硫、铜、铁缺乏与食毛癖** 　● 禽体内的硫，一般都以含硫氨基酶形态存在，家禽羽毛、爪等含有大量的硫，鸡缺硫时易发生食毛癖，惊慌，躲于角落以防被啄，或见鸡体很多部位不长。铜、铁等不以硫酸盐形式添加，胱氨酸在体内代谢过程中有部分因硫酸盐不足而转化为硫酸盐，使极难满足需要的蛋氨酸更为缺乏。在饲料中加入 $1\%\sim2\%$石膏粉（$CaSO_4 \cdot 2H_2O$）对食毛癖鸡有治疗作用。
备注	

进鸡后 第**47**天

◎ 时间记录	＿＿年＿＿月＿＿日
☀ 天气记录	室外温度＿＿＿＿＿℃ 湿　度＿＿＿＿＿％ 室内温度＿＿＿＿＿℃ 湿　度＿＿＿＿＿％

日操作安排

2：00	检查记录温度（22℃）湿度（40％）
5：30	喂料
6：00	刮粪
7：30	吃早饭
8：00	冲洗水线、清洗滤芯
9：00	检查记录温度湿度 整理鸡舍杂物
11：00	喂料
12：00	统计 46 日龄采食量（应该为 200 克/只左右）
12：30	吃午饭
15：00	观察肉鸡表现 带鸡消毒
17：00	喂料
19：30	吃晚饭
21：00	检查记录温度湿度
22：00	检查鸡舍
23：00	喂料
24：00	关灯

作业内容

- 保持环境安静，减少应激反应
- 保持鸡舍干燥

知识窗

◆ 硒和维生素 E 与肌肉营养不良

　● 主要是微量元素硒和维生素 E 缺乏，其次是精氨酸、含硫氨基酸、必需脂肪酸（亚油酸）缺乏。肉鸡在高温或缺鱼粉时更易发病。开始脚、头出现紫红色肿胀，其后胸肌、腿肌呈灰白色状变化，并伴随水肿、出血，两脚麻痹而不能采食、饮水，最终死亡。

◆ 核黄素（维生素 B_2）缺乏与趾蜷缩麻痹症

　● 主要发生于 1 月龄以内的肉鸡雏，趾爪向内蜷缩是其特征。发病原因为维生素 B_2 缺乏，或因饲料中添加抗球虫剂及其他抗菌药物（特别是磺胺、呋喃类药物）引起维生素 B_2 吸收受阻。

备注

进鸡后 第**48**天	⏱ 时间记录	＿＿＿年＿＿月＿＿日
	☀ 天气记录	室外温度＿＿＿＿＿℃ 湿　度＿＿＿＿＿％ 室内温度＿＿＿＿＿℃ 湿　度＿＿＿＿＿％

日操作安排	2：00	检查记录温度（22℃）湿度（40％）
	5：30	喂料
	6：00	刮粪
	7：30	吃早饭
	8：00	冲洗水线、清洗滤芯
	9：00	检查记录温度湿度 检查整理鸡舍
	11：00	喂料
	12：00	统计47日龄采食量（应该为202克/只左右）
	12：30	吃午饭
	15：00	观察肉鸡表现 环境消毒
	17：00	喂料
	19：30	吃晚饭
	21：00	检查记录温度湿度
	22：00	检查鸡舍
	23：00	喂料
	24：00	关灯

温馨小贴士

作业内容	● 保持环境安静 ● 饮水中添加维生素 C 或速溶多维等，减少应激反应
知识窗	◆ **维生素 D_3 缺乏与佝偻病** 　● 肉鸡只能利用维生素 D_3，维生素 D_3 是体内合成的 7-脱氢胆固醇移行至体表（存在于皮肤、羽毛、神经及脂肪中）经阳光（紫外线）照射生成。如果肉鸡既晒不到阳光又不补充维生素 D_3，就会因缺维生素 D_3 而影响钙、磷代谢，或饲料本身钙、磷含量不平衡，使吸收与利用发生障碍而发病。常见鸡步态不稳，蹲坐在地上，骨及喙变软，长骨变形、弯曲等。饲养肉鸡，容易忽视动物性蛋白质、微量矿物质和维生素或青饲料的添加，而导致本病发生。
备注	

<table>
<tr><td rowspan="2">进鸡后</td><td rowspan="2">第 **49** 天</td><td>🕐 时间记录</td><td>____年___月___日</td></tr>
<tr><td>☀ 天气记录</td><td>室外温度_____℃
湿　　度_____%
室内温度_____℃
湿　　度_____%</td></tr>
</table>

日操作安排	2：00	检查记录温度（25℃）湿度（60%～65%）
	5：30	喂料
	6：00	刮粪
	7：30	吃早饭
	8：00	冲洗水线、清洗滤芯
	9：00	记录温度湿度 整理鸡舍杂物
	11：00	喂料
	12：00	统计48日龄采食量（应该为204克/只左右）
	12：30	吃午饭
	15：00	观察肉鸡表现
	17：00	喂料
	19：30	吃晚饭
	21：00	检查记录温度湿度
	22：00	检查鸡舍
	23：00	喂料
	24：00	关灯

作业内容	● 饮水中添加维生素 C 或速溶多维等，预防捕捉应激 ● 做好出栏的准备工作。出栏前停料 4～5 小时
知识窗	◆ **减少肉鸡残次品（主要包括肉鸡胸部囊肿、挫伤、骨折、软腿、过小等）管理措施** ● 保持适宜环境。避免垫料潮湿，增加通风，减少氨气，提供足够的饲养面积。 ● 减少捕捉、运输致残。 ● 注意传染性关节炎、马立克氏病等防治。 ● 避免饲料中缺乏钙、磷或钙、磷比例不当，缺乏某些维生素等。
备注	

⏰ 时间记录	＿＿年＿＿月＿＿日
☀ 天气记录	室外温度＿＿＿＿℃ 湿　　度＿＿＿＿％ 室内温度＿＿＿＿℃ 湿　　度＿＿＿＿％

2：00	检查记录温度（25℃）湿度（60％～65％）
5：30	喂料
6：00	刮粪
7：30	吃早饭
8：00	冲洗水线、清洗滤芯
9：00	记录温度湿度 整理鸡舍杂物
11：00	喂料
12：00	统计 49 日龄采食量（应该为 206 克/只左右）
12：30	吃午饭
15：00	准备捕捉运输
17：00	装车运输

日操作安排

作业内容

- 根据屠宰场要求确定捕捉、装车和运输时间

知识窗

◆ **肉鸡出栏时必须注意的问题**

- 捕捉装笼前4～6小时停喂饲料，但不停止供水。
- 捕前先移走舍内所有料桶、饮水器及其他一切地面上的器具。尽可能地降低光照强度，白天可采取遮光措施，朦胧中能看见鸡，不用围网即可捕捉。
- 抓鸡前和抓鸡过程中尽可能地避免惊扰鸡群；防止鸡群扎堆，以防导致窒息死亡和增加肉鸡的外伤。
- 捉鸡时应抓住鸡的双腿，每只手最多只允许同时抓3～4只鸡。对体重很大的鸡，应用双手提住鸡只的背部，不可用脚踢鸡。
- 根据肉鸡的体重和气候状况决定每只笼子的装鸡数，鸡笼中不得超量装鸡。
- 夏季运鸡，应选在清晨或上午前到达屠宰场，鸡笼之间要留有10厘米左右的距离，必要时利用喷雾装置和风扇降温；寒冷季节运鸡，车的前半部分须用帆布遮盖，避免凉风直吹鸡体。途中尽量不休息，缩短运输时间。运输途中行车要平稳，不能急刹车，以防挤压和碰伤。

备注

第3篇

应急技巧篇

ROUJI RICHENG GUANLI JI YINGJI JIQIAO

一、传染病发生前处理

当周围鸡场已经发生某种传染性疾病且正在扩散，而本场尚未发生时，应采取应急措施：

1. 加强隔离 全场饲养人员和管理人员不准出入肉鸡场，如要进入肉鸡场，必须经过洗浴消毒后方可进入；外界人员不可进入肉鸡场。特别是那些收购肉鸡、销售饲料和兽药的商贩，更不准进入肉鸡场乃至靠近肉鸡场，直到传染病的警报解除。

2. 严格消毒 加强对管理区和生产区的消毒。管理区每周消毒1~2次，生产区每天消毒1次。对肉鸡场的门口、鸡舍、笼具等进行彻底消毒。针对流行性传疾病的性质，选用不同的消毒药物或几种药物交替使用，物理、化学和生物学方法联合使用。

3. 减少生物性传播 许多病原菌可由苍蝇、蚊子、老鼠、鸟类等生物性传播。在此期间，加强防范，消灭蚊蝇，彻底灭鼠，驱除鸟类，防止狗、猫等家养动物的闯入等。

4. 紧急免疫接种 针对流行病的种类，结合抗体检测结果进行免疫接种，以确保肉鸡群的安全。

5. 紧急药物预防 有些流行的疾病没有疫苗预防或疫苗效果不理想的情况下，选用适当的药物进行紧急预防。如禽霍乱和大肠杆菌病，疫苗预防效果差，目前鸡场一般不进行免疫接种，可选用适当的抗菌药物进行紧急预防，效果良好。

6. 提高肉鸡免疫力 在此期间，在肉鸡饲料中添加维生素 C 和维生素 E、速溶多维以及中草药制剂等减少应激，在水中添加多糖类、核酸类等，提高群体的免疫力。

二、传染病发生时处理

当肉鸡场不可避免地发生了传染性疾病，为了减少损失，避免对外的传播，应采取如下措施。

1. 隔离封锁　隔离病鸡及可疑鸡，将病鸡分离到大鸡群接触不到的地方，封锁鸡舍，在小范围内采取扑灭措施。

2. 尽快做出诊断，确定病因　迅速通过临床诊断、病理学诊断、微生物学检查、血清学试验等，尽快确诊疾病。如果无法立即确诊，可进行药物诊断。在饲料或饮水中添加一种广谱抗生素，如有效则为细菌病，反之则可能为病毒病，再做进一步诊断。

3. 严格消毒　在隔离和诊断的同时，对肉鸡场的里里外外进行彻底消毒。尤其是被病肉鸡污染的环境、与病鸡接触的工具及饲养人员，也应作为消毒的重点。

肉鸡场的道路、鸡舍周围用5%的氢氧化钠溶液，或10%的石灰乳溶液对喷洒消毒，每天一次；鸡舍地面、鸡栏用15%漂白粉溶液、5%的氢氧化钠溶液等喷洒，每天一次；带鸡消毒，用0.25%的益康（二氧化氯）溶液或0.25%的强力消杀灵（含氯制剂）溶液或0.3%农福（由天然酚、有机酸、表面活性剂组成的配方消毒剂），0.5%～1%的过氧乙酸溶液喷雾，每天一次，连用5～7天；粪便、粪池、垫草及其他污物化学或生物热消毒；

出入人员脚踏消毒液，紫外线等照射消毒。消毒池内放入5％氢氧化钠溶液，每周更换1～2次；其他用具、设备、车辆用15％漂白粉溶液、5％的氢氧化钠溶液等喷洒消毒；疫情结束后，进行全面消毒1～2次。

4. 加强管理　细致检查鸡舍内小环境是否适宜，如饲料、饮水、密度、通风、湿度、垫料等，若有不良应立即纠正。要尽可能加强通风换气，使得空气新鲜、干燥，稀释病原体。在饲料中增加1～3倍的维生素，采取措施诱导多采食，以增强抵抗力。

5. 紧急免疫接种　如果为病毒性疾病，为了尽快控制病情和扑灭疫病流行，应对疫区及受威胁区域的所有鸡只进行紧急预防接种。通过接种，可使未感染的肉鸡获得抵抗力，降低发病鸡群的死亡损失，防止疫病向周围蔓延。紧急预防接种时，鸡场所有鸡群普遍进行，使鸡群获得一致的免疫力。为了提高免疫效果，疫苗剂量可加倍使用。

6. 紧急药物治疗　确认为细菌性或其他普通疾病，要对症施治。细菌性疾病可以通过药敏试验选择高敏药物尽快控制疾病；如为病毒性传染病，除进行紧急免疫外，对病鸡和疑似病鸡进行对症药物治疗。可选用抗生素和化学药物，有条件的肉鸡场可使用高免血清治疗。在没有高免血清的情况下，可选用注射干扰素，以干扰病毒的复制，控制病情发展。用于紧急治疗的剂量要充足，肉鸡场一般可采用饮水或拌料的措施。

7. 病死鸡无害化处理　死、病鸡严禁出售或转送，必须进行焚化或深埋。

三、传染病发生后处理

一场传染性疾病发生以后，如果本场没有被传染，可解除封锁，开始正常工作。如果本场发生了传染性疾病，并被扑灭，需要做好以下工作。

1. 整理鸡群　经过一场传染性疾病，鸡群受到一次锻炼和考验。有的抵抗力强可能不发病，有的抵抗力差发病死亡，有的发病虽然没有死亡但也没有饲养价值。要及时整理鸡群，及时淘汰处理鸡群中一些瘦弱的、残疾的、过小的等不正常的鸡，保证整个鸡群优质健康。

2. 加强消毒　传染性疾病虽然被扑灭，但肉鸡场不可避免地存留病原体。消毒工作不可放松。应对整个肉鸡场进行一次严格的大消毒，特别是对于病鸡、死鸡的笼具、排泄物和污染物，以及其周围环境，更应彻底消毒，以防后患。

3. 认真总结　传染性疾病尽管被扑灭，应认真总结经验教训。查找疫病发生原因是预防制度问题，还是疫苗问题，或免疫程序问题，或注射问题？如果是制度问题，主要漏洞在哪儿？应该如何弥补和完善？如果是疫苗有问题，那么是疫苗生产问题，还是保存问题？如果是免疫程序问题，应怎样进行改进？如果是注射问题，是注射剂量问题，还是注射时间问题或部位问题？或注射方法问题？是责任心问题，还是技术问题等。传染性疾病被扑灭，采取的主要措施是什么？这些措施是否得力？是否有改进和提高的余地？如果下次再发生类似事件，应该如何应对？通过认真总结，为今后工作的完善和处理类似应急事件奠定基础。

四、育雏温度突然下降的处理

温度是育雏成败的关键因素。雏鸡对温度比较敏感，温度过低，特别是突然降低，将会严重危害雏鸡正常的生理机能和各种代谢活动，严重引起疾病和死亡。

育雏温度突然下降的主要原因：一是饲养人员的责任心不强或太疲倦，没有及时管理供暖系统导致不能正常供暖，多发生于晚上；二是外界气候的突然变化。如突然的大风、寒流等导致舍内温度的突然下降。

处理措施：一是加强鸡舍的保温隔热，准备好防寒设备，保证供暖系统满足需要。二是密切关注天气变化（特别是冬季），随时进行保温防寒。如遇到寒流、大风要关闭进出气口，用塑料布、草帘等封闭门窗等。三是安排好值班人员。育雏工作比较辛苦，在提高饲养管理人员责任心的基础上，还要合理安排值班人员或进行轮班，避免人员过度疲劳，维护供暖系统正常。

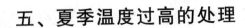

五、夏季温度过高的处理

高温季节下饲养肉鸡时，舍内温度容易过高，轻者导致采食量减少，影响生长发育，重者发生热应激死亡。

舍内温度过高的原因：一是鸡舍隔热性能差，太阳的辐射热大量进入舍内，导致舍内温度过高；二是外界环境温度高、湿度大，饲养密度高，舍内通风换气不良；三是舍内没有降温设备。

处理措施：

一是加强鸡舍隔热。新建鸡舍应该达到隔热要求，特别是鸡舍的屋顶，要选择隔热材料，达到一定的厚度，提高隔热效果。如果是老鸡舍，可以在屋顶铺设一些轻质的材料或将屋顶涂白，增加屋顶的隔热。高温季节到来前，在鸡舍南侧和西侧种植攀爬植物，高温季节可以覆盖屋顶和墙体，增加隔热作用。

二是每天尽早开动风机和降温设备，打开所有门窗，在鸡只感到过热之前，提高通风量，以尽可能降低禽舍温度。

三是如果肉鸡舍内装有喷雾系统和降温系统，需要时可早些打开，可预防超温中暑。

四是确保一切饮水器功能正常。降低饮水器高度，增加饮水器水量并供给凉的清洁饮水。

五是当鸡群出现应激迹象时，处理方法是人在鸡舍内不断地走动，以促进鸡只活动，或适当降低饲养密度。鸡舍内一定要有人，并经常检查饮水器、风扇和其他降温设备以防出现故障。

六是高温到来前24小时，在饮水中加入维生素C，直至高温过去。在热应激期间及之后不久，饮水中不使用电解质。

应急技巧篇

六、雏鸡入舍湿度不适宜的处理

初生雏体含水 75％以上，环境过于干燥，雏鸡体内失水过多，会影响正常生长发育。如果湿度偏低，腹内剩余卵黄吸收不良，饮水过多，易发生下痢，绒毛脆弱脱落，脚爪干瘪、绒毛飞扬，易脱水和患呼吸道病；湿度过高，羽毛污秽、零乱、食欲差，易得霉菌和消化道疾病。适宜的适度要求是 1～3 周 70％～60％；4～7 周 50％以下。

处理措施：

一是适度过低时应加湿：①用桶或锅放在火炉上烧水。②地面、墙上喷水。③喷雾消毒。

二是湿度偏高时应降低湿度：①提高舍内温度 1～2℃。②通风换气。③管理好饮水器，避免饮水器漏水。④及时清除网下粪便，保持干燥。

七、肉仔鸡入舍后不采食的处理

　　肉鸡入舍后要尽快学会饮水、采食，否则学会采食的时间越久，对生长发育危害就越严重。生产中会出现雏鸡入舍后不采食。发生主要原因：一是环境温度不适宜，特别是环境温度过低，雏鸡畏寒怕冷，不愿采食；二是长途运输，雏鸡脱水严重，疲劳和软弱；三是眼睛出现问题，如有的孵化场对刚出壳的雏鸡进行福尔马林熏蒸不当导致雏鸡结膜炎和角膜炎等。

　　处理措施：注意观察雏鸡状态，寻找影响因素，采取不同措施。如雏鸡拥挤叠堆，靠近热源，可能是温度问题，提高舍内温度。雏鸡能在舍内均匀分布，正常活动是温度适宜的标志。如是长途运输时间过长，雏鸡干瘪严重，可能是运输问题。要让雏鸡饮用添加葡萄糖、维生素C或电解多维的营养水，保证每只鸡都充分饮到水。不饮水或饮水少的要人工诱导或滴服，使雏鸡体质恢复。如果雏鸡不活动、缩颈眼睛不睁开，不饮不吃，可能是发生眼病，要细致检查。使用滴管每只鸡每天2～3次滴服营养水，每次2～3毫升。将饲料拌湿粘成小团喂服3～5次，并在饮水或饲料中添加抗生素，经过2～3天，雏鸡可以饮水采食正常饲喂。

八、肉仔鸡采食量不达标的处理

肉鸡生长速度快，需要的营养物质多，所以采食量也高。如果采食量达不到标准，摄取的营养物质不足，必然影响肉鸡生长速度，延长出栏时间，降低生产效益。所以，保证肉鸡的采食量符合标准要求至关重要。

肉鸡采食不达标的可能原因：一是料桶不足，采食很不方便，对饲养后期的肉鸡影响明显。在饲养前期，应让肉鸡在步行1米之内能找到饮水和饲料。二是饮水不足、饮水器缺水或不足、饮水不便或水质不良影响饮水量。三是饲料的更换不当，饲料适口性不强，或有霉变等质量问题。四是肉鸡误食过多的垫料，在育雏的第一周需要特别注意。五是喂料不足或料桶吊得过高。六是密度过大，鸡舍混乱。七是鸡舍环境恶劣、环境温度过高、光照时间不足等，影响到鸡的正常生理活动。八是鸡群感染疾病，出现亚临床症状。

处理措施：

一是查找原因，加以解决。①保持适宜的环境。温、湿度要适宜，后期温度控制在24℃以下。光照时间要长，照度要适宜，光线要均匀。舍内空气良好。②饲料质量和适口性要好，饲料更换要有过渡期，避免霉变和异味，必要时可以添加香味剂。后期饲喂颗粒饲料。③料桶数量充足，高度要适宜。饲养密度不能过大。④饮水充足，且水质良好。⑤按时饲喂，每天空槽。

二是增强肉鸡的食欲。每千克饲料中添加维生素 C100 毫克、维生素 B_2 100 毫克、土霉素 1 250 毫克和酵母粉 2 000 毫克，连续饲喂 5～7 天，可以起到健胃促进消化的作用，增强肉鸡食欲，提高采食量。

九、肉鸡发生"腺胃炎"的处理

商品肉鸡"腺胃炎"指发生于商品肉鸡的以临床采食量降低、消化不良,剖检主要病变为肌胃角质层糜烂、腺胃肿大为特征的疾病。

发病鸡群常常在7天后出现明显的症状,病鸡表现相同,但发病严重程度差异很大,如控制不当,随着日龄的增加,病情会越来越重。鸡群发病与鸡苗来源、饲料来源、疫苗来源没有因果关系。一个鸡场可连续几批鸡发病,饲养管理不当,特别是高温高湿或低温均会加重病情。

典型病变是病鸡消瘦、腺胃肿大,腺胃壁增厚,腺胃乳头出血,肌胃角质层糜烂、溃疡。临床发病明显时根据临床表现和剖检病变可以做出诊断,临床发病不明显时可根据肌胃病变尽早判断。

大量的病鸡胃触片细菌镜检,视野中均可见短小杆菌。病料经加抗菌药物处理后接种雏鸡显著改善雏鸡的增重速度,说明细菌为重要的致病因素,并且可以排除霉菌毒素为该病的主要致病原。

处理措施:发病时,主要采用健胃消食的中药治疗。如使用鸡病清散(黄连40克,黄柏40克,大黄20克),0.5%拌料,连用3~5天或鸡病灵(黄连150克,黄芩150克,白头翁150

克，板蓝根 150 克，苦参 150 克，滑石 450 克，木香 75 克，厚朴 75 克，神曲 75 克，甘草 75 克）0.6％拌料，连用 3～5 天。饮水中添加氨苄西林，混饮（以氨苄西林计），60 毫克/升，每日 1 次，连用 2～3 天。

　　预防措施：空舍期做好冲洗消毒工作，尽量减少舍内及场区潜在的病原；日常做好隔离消毒等生物安全工作；抗菌药物预防。1～4 天和 7～10 天两次饮用对革兰氏阳性菌敏感性好的药物（如氨苄西林、或阿莫西林饮水）；平时注意剖检淘汰鸡。如发现发病征兆，马上投抗菌药＋健胃中药治疗；因饲养管理不当可加重病情，要尽量按饲养管理规范给鸡群提供舒适的生长环境。

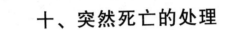

十、突然死亡的处理

肉鸡场中肉鸡出现突然死亡，应引起高度重视。

1. 进行认真诊断，弄清疾病种类和性质　如果是普通疾病，可做一般处理。如果怀疑是传染性疾病，请有经验的兽医进一步确诊，或到权威机构进行实验室诊断。

2. 立即进入紧急预防状态　加强对环境、鸡舍和肉鸡的消毒；隔离和认真观察，注视病情发展。

3. 妥善处理病死鸡　死鸡严禁乱扔，应装在可以封闭的塑料袋内放在指定地点，进行深埋或焚烧等无害化处理。有些鸡场随意处理突然死亡的肉鸡，认为肉鸡场死鸡是很正常的事情，无需大惊小怪。这样做是很危险的。尽管肉鸡场死鸡是经常发生的事情，应搞清病情，区别对待。尤其是对于疑似传染性疾病，务必引起高度重视。

4. 对大群进行针对性预防　根据具体情况使用药物，或进行免疫接种。

十一、免疫后鸡出现甩鼻反应的处理

有些鸡群在免疫后，因鸡群体质、免疫应激、天气变化等原因出现不同程度的呼吸道症状，鼻子中发出"嘘嘘"声，不断甩头。

处理措施：一是注意温度的稳定及合理，空气质量要好；二是喂一些治疗支原体和大肠杆菌的药物，两三天后即可恢复。

十二、发生球虫病的处理

球虫病是肉鸡养殖生产中最为常见也是危害最大的疾病之一，球虫从雏鸡开始携带于机体，并存在于家禽的一生。尤其是饲养在温暖、潮湿环境中的肉鸡容易发生此病，死亡率高的可达80%，病愈鸡生长严重受阻，抵抗力降低，易继发其他疾病。

球虫的发病日龄一般为15日龄以后，但也有7～10日龄暴发球虫病的报道。其症状一般为发病初期，病鸡精神沉郁，采食减少，鸡体逐渐消瘦，鸡冠和腿部皮肤苍白；排水样稀粪或饲料样粪便，严重者排深褐色和西红柿样粪便，有刺鼻难闻的气味，粪便中含有血液和黏液，出现零星死亡。以后病鸡还出现瘫痪，不愿走动，尖叫，而且夜间死亡明显增多。剖检变化为肠壁增厚。从浆膜面可见感染部位出现针尖大白色和红色病灶，有的为片状出血斑；肠内容物呈淡灰色、褐色或红色，有的小肠内有水样稀粪，肠壁黏膜呈麸皮样；空肠和回肠脆而易碎，充满气体，肠黏膜覆盖一层黄色或绿色伪膜，有的易剥落，黏膜有出血斑点。

发生球虫病时，一是加强管理，注意通风换气，并且及时清理粪便，保持鸡舍的干燥和清洁卫生；二是发病后及时用药，可以使用磺胺类药物治疗，但要注意使用剂量和使用周期，并且在饮水中添加肾肿解毒药。在治疗球虫的过程中，最好能够几种药物交替使用，以防止产生耐药性和影响治疗的效果。如球痢清（盐酸氨丙啉 20 克＋乙氧酰胺苯甲酯 1 克＋磺胺喹噁啉 12 克），每千克水 333 毫克，连饮 3～5 天，再使用妥曲珠利（又名甲苯三酮、百球清），每千克 25 毫克，连饮 2～3 天；三是在治疗的过程中多维素要增至 3～5 倍，如果发生严重的肠道出血，在每千克饲料中添加维生素 K_3 3～5 毫克以缓解症状，防止贫血和预后不良，避免对生长速度和饲料的转化率影响。

　　球虫病重在预防：一是成鸡与雏鸡分开喂养，以免带虫的成年鸡散播病原导致雏鸡暴发球虫病。二是保持鸡舍干燥、通风和鸡场卫生，定期清除粪便，并堆放发酵以杀灭卵囊。保持饲料、饮水清洁，笼具、料槽、水槽定期消毒，一般每周一次，可用沸水、热蒸汽或 3％～5％ 的热碱水等处理。补充足够的维生素 K 和给予 3～7 倍推荐量的维生素 A，可加速鸡患球虫病后的康复。三是雏鸡在 3～4 周龄之内，选用链霉素、土霉素等药物预防白痢病，同时也预防了球虫病。四是终身给予预防药物，常用莫能霉素、盐霉素、奈良菌素、尼卡巴嗪、马杜拉霉素、硝苯酰胺、氯苯胍、地克珠利等，主要用于肉鸡，在上市屠宰前 7 天停药。

十三、发生腹水综合征的处理

　　腹水症是肉鸡饲养中常见的非传染性疾病。主要发生在40日龄以后，春、冬季发病率较高。发生腹水的鸡前期并没有什么症状，中后期主要表现为全身循环不畅，冠、表皮发紫，鸡呼吸困难，采食量低，腹部膨大，有波动感。排灰白色的粪便，有时沾在肛门羽毛上。剖检可见腹腔内流出大量的淡黄色的液体，时而有胶冻样物，心脏扩张，心壁变薄，右心较严重。肝脏初期瘀血肿大，后期萎缩硬化。肠道瘀血严重，肾肿。

　　发病的原因主要有：

　　一是环境因素。鸡舍通风不良，密度过大，有害气体较多，氧气量较少，导致肉鸡机体缺氧。肉鸡为了获得较多的氧气，呼吸加快，时间长了，肺部淤血，其内血管狭窄，由心向肺的血流受阻，右心作为作为血流的动力因负担加重而代谢性增大，继而疲劳松弛，不能正常接受来自肝脏的静脉血，使肝脏瘀血，由肠管流向肝脏的静脉血流受阻，整个肠管瘀血。由于机体需要氧气不足，心脏负担加重。血浆就会从心脏中渗出。偶见因用药引起慢性中毒导致心包积液。

　　二是药物因素。药物使用后慢性中毒，使肝、肾功能受损。如果育雏前期温度较低，鸡采食量增加，增加了肝肾负担。

　　三是营养因素。10～25日龄鸡只生长速度较快，饲料转化率高，体内代谢快，器官发育不完全，造成体内氧不足，使心脏、肝、肾的代谢负担加重。另外，饲料中营养不均，蛋白质和能量过高，维生素缺乏也可导致本病的发生。

处理措施：已发生腹水的肉鸡没有好的治疗方法，可以淘汰。对整个肉鸡群，一是保证舍内空气清新，氧气量充足；二是适当降低饲料能量水平；三是使用中中草药拌料。茯苓 5 克、赤芍 5 克、黄芩 5 克、党参 4～5 克、陈皮 4～5 克、甘草 4 克、苍术 3 克、木通 3 克。鸡只用药拌料按每千克体重 1 克，1 次/天，连用 5 天。

十四、发生猝死症的处理

肉鸡猝死成为肉鸡生产中的一大问题，给肉鸡饲养者带来较大损失。发病前鸡群无任何明显征兆。肌肉丰满，外观健康的肉鸡失去平衡，翅膀剧烈扇动，肌肉痉挛，发出狂叫或尖叫，继而死亡。从丧失平衡到死亡，时间很短。死鸡多表现背部朝地躺着，两脚朝天，颈部伸直，少数鸡死时呈腹卧姿势，大多数死于喂饲时间。

发生后处理措施：一饲料中添加生物素。每千克饲料中添加300微克以上生物素，可以减少肉仔鸡死亡率。二是使用碳酸氢钾饮水（每100只鸡62克）或0.36％拌料，其死亡率显著降低。

十五、发生啄癖的处理

优质肉鸡活泼好动，喜追逐打斗，特别容易引起引起啄癖。啄癖的出现不仅会引起鸡的死亡，而且影响鸡长大后的商品外观，给生产者带来很大的经济损失，必须引起注意。引起啄癖的原因很多，出现啄癖时往往一时难于找到主要诱发因素，这时须先想法制止，再排除诱因。一旦发现啄癖，将被啄的鸡只捉出栏外，隔离饲养，啄伤的部位涂以紫药水或鱼石脂等带颜色的消毒药；检查饲养管理工作是否符合要求，如管理不善应及时纠正；饮水中添加0.1%的氯化钠；饲料中增加矿物质添加剂和多种复合维生素。

为防止啄癖，可对鸡群进行断喙。断喙多在6～9日龄进行。切除时应注意止血，通过与刀片的接触灼焦切面而止血。最好在断喙前后3～5天在饲料中加入超剂量的维生素K（每千克饲料加2毫克）。为防止感染，断喙后在饲料或饮水中加入抗生素，连服2天。

十六、用药失误的处理

在肉鸡饲养中，为了防治疾病需要使用药物。但用药不当，如药物选择错误、用药量过大或过小，用药时间过长或过短，用药途径不正确或饲料搅拌不均匀等，都将产生不良后果，甚至造成重大损失。

发现以上失误，应采取紧急措施，尽量将损失降低到最低程度。如果选错药物或饲喂时间过长或添加量过大，应立即停止投药；用药途径不正确应根据药物特性改变途径，并密切观察鸡群表现；饲料中药物搅拌不匀应立即撤出料槽中饲料重新搅拌后再饲喂。

应急技巧篇

十七、磺胺类药物中毒的处理

原因：一是长时间、大剂量使用磺胺类药物防治鸡球虫病、禽霍乱、鸡白痢等疾病；二是在饲料中搅拌不匀；三是由于计算失误，用药量超过规定的剂量；四是用于幼龄或弱质肉鸡，或饲料中缺乏维生素 K。

症状：雏鸡比成年鸡更易患病，常发生于 6 周龄以下的肉鸡群。病鸡表现委顿、采食量减少、体重减轻或增重减慢，常伴有下痢。由于中毒的程度不同，鸡冠和肉髯先是苍白，继而发生黄疸。

处理措施：一是立即停药。饮 1％小苏打水和 5％葡萄糖水；二是加大饲料中维生素 K 和维生素 B 的含量；三是早期中毒可用甘草糖水进行一般解毒。

预防措施：①使用磺胺类药物时用量要准确，搅拌要均匀；②用药时间不应过长，一般不超过 5 天；③雏鸡应用磺胺二甲嘧啶和磺胺喹噁啉时要特别注意；④用药时应提高饲料中维生素 K 和 B 族维生素的含量。

十八、呋喃类药物中毒的处理

肉鸡生产中，为了防治白痢发生，有的肉鸡场仍使用呋喃唑酮等呋喃类药物，由于呋喃类药物毒性强，安全范围小，常见到中毒的发生。

病因：一是在使用这类药物防治某些鸡病时用量多大或使用时间太长；二是在使用时由于在饲料中或饮水中混合不匀所致。

症状：病鸡先是兴奋不安，持续鸣叫，盲目奔走，继而极度沉郁，运动失调，倒地不起，两腿抽搐，角弓反张。

处理措施：一是立即停止使用呋喃类药物；二是灌服0.01%～0.05%的高锰酸钾溶液，以缓解中毒症状。

预防措施：①呋喃类药物在饲料中含量一般不应超过0.02%，同时连续使用不可超过7天。②拌料或饮水时，计算称量要准确无误，搅拌或稀释要均匀。③提高用药量时必须先做小群试验，安全无害方可加量。④雏鸡应慎用本类药物。

十九、黄曲霉毒素中毒的处理

玉米、花生、稻、麦等谷实类饲料在潮湿的环境中极易被黄曲霉菌污染，其产生黄曲霉毒素可引起肉鸡肝脏损坏，并可诱发肝癌。肉鸡吃了霉变的饲料或垫料可引起本病发生。

临床症状：2～6周龄的肉鸡发生黄曲霉毒素中毒时最严重。可造成大批死亡。病鸡出现虚弱嗜睡，食欲不振，生长停滞，发生贫血，鸡冠苍白，有时带血便。

处理措施：一是立即停喂发霉变质饲料；二是使用制霉菌素，每只鸡3万～5万单位，连用3天。三是饮水中添加葡萄糖、速溶多维等；四是死鸡要进行深埋处理，不可食用。

防治措施：①不喂发霉饲料，不用发霉垫料，加强饲料及垫料的保管。②对已发霉的要用福尔马林进行熏蒸消毒。

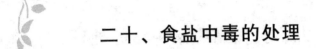

二十、食盐中毒的处理

食盐是肉鸡饲料中不可缺少的重要组成部分，但如果采食过多则会引起肉鸡中毒，甚至造成死鸡损失。当饲料中食盐用量达到肉鸡每千克体重1～1.5克时即可中毒，达到4克时即可死亡。饲料中食盐超过3%时，饮水中食盐超过0.9%，5天内肉鸡死亡率达到100%。

发病原因：①饲料管理不当，使肉鸡采食了过多的食盐，如喂饲过量的鱼粉、饲料或饮水中加入过量食盐等。②盐粒过粗，混合或稀释不匀。

临床症状：病鸡早期食欲不振或完全废绝，饮水量大增。随着病情的发展，病鸡高度兴奋，肌肉震颤，运动失调，两腿无力，走路摇摆，有时出现瘫痪，最后虚脱死亡。

处理措施：发现中毒后，应立即停喂含盐的饲料及饮水，以大量清水供肉鸡饮用；肉鸡中毒早期，可口服植物油缓泻剂，可减轻中毒症状。

防治措施：饲料中食盐含量不能超过0.5%，混合要均匀；保证充足供水。

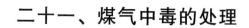

二十一、煤气中毒的处理

煤气中毒即一氧化碳中毒，育雏期或寒冷季节肉鸡舍以煤火取暖不当所致。

一氧化碳（CO）为无色、无味、无刺激性气体。其与血红蛋白的亲和力要比氧与血红蛋白的亲和力大 200～300 倍，而碳氧血红蛋白的解离速率却是氧合血红蛋白的 1/3 600。所以，一氧化碳一经吸入，即与氧争夺同血红蛋白的结合，碳氧血红蛋白形成后不易分离，使机体急性缺氧。

轻度中毒，表现羞明流泪、呕吐、咳嗽，心动疾速，呼吸困难；重度中毒，出现昏迷，知觉障碍，反射消失，可视黏膜呈桃红色，也可呈苍白或发绀，体温升高，以后下降，呼吸急促，脉细弱，四肢瘫痪或出现阵发性肌肉强直及抽搐，瞳孔缩小或放大。伴随中枢神经系统的损害，患鸡陷入极度昏迷状态，呼吸麻痹。如不及时治疗，很快死亡。

生产中，肉仔鸡对一氧化碳中毒最为敏感。使用煤炉加温时没有安装导烟管或导烟管密闭性能差，为了提高温度打开舍内煤炉的火口等，使大量的一氧化碳滞留在舍内，加之注意保温而忽视通风而引起肉仔鸡煤气中毒。

发生中毒后，一是立即进行通风。加大通风量驱除舍内一氧化碳，换进舍外氧含量高的新鲜空气。二是在饮水中加入维生素

C 和葡萄糖。每 100 千克水中添加 10 克维生素 C 和 5 千克葡萄糖，让肉仔鸡自由饮用。个别严重和可以人工滴服。三是认真检查煤炉供温系统，封堵漏洞，每次添加煤炭后要盖好火盖，以防类似事件发生。

二十二、肉鸡消化不良的处理

　　鸡出现消化不良时，是饲料在消化道中存留的时间过短，没有来得及很好地消化所致，原因可能有几种：一是肠道发生炎症（细菌性的、病毒性的），二是饲料适口性差。

　　如果是肠道发生炎症，则饲喂调理肠道药物即可解决，如果怀疑是饲料适口性差，换一下饲料做一下对比饲喂即可证明。另外，添加一些酶制剂、微生态制剂也会起到良好的调理作用。

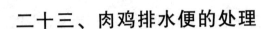

二十三、肉鸡排水便的处理

　　鸡出现排水便，一般有如下几种原因：一是肾脏肿胀（传染性支气管炎或痛风病），输尿管被尿酸盐阻塞，水的代谢出现故障，水从肠道排出，此时要喂通肾药。二是饲料中能量成分过高，鸡舍通风不畅，氧气不足造成代谢不良所致，此时调整通风或降低能量即可。三是盐分过高，可能来自饮水或饲料，及时调整。四是饲料变质，更换饲料。具体情况请兽医现场诊断。

二十四、肉鸡多病因呼吸道病的处理

　　鸡多病因呼吸道病又称鸡呼吸道综合征，是最近几年十分普遍和严重的疾病，表现有轻微呼吸道症状，打喷嚏、甩鼻、咳嗽，接着气喘，并伴有呼吸啰音，严重出现流泪、眼睑肿胀、伸颈张口呼吸，排黄绿、黄白稀便，生长停滞等现象。喉、气管内有大量黏液，喉头有出血点，气管壁有出血，气囊浑浊、增厚，有干酪样渗出物。严重的出现心包炎、肝周炎、腹膜炎，肾脏肿大、苍白，盲肠扁桃体肿大、出血，直肠有条索状出血。预防和治疗十分困难，肉用仔鸡明显，产蛋鸡也有发生。

　　发生原因：

　　一是环境条件差，如温度的突然变化、适度过小、有害气体含量超标等。

　　二是受到病原体侵袭，如支原体、嗜呼吸道病毒、大肠杆菌等感染。

　　处理措施：一是将鸡舍进行全面消毒，减少室内灰尘含量。二是将鸡舍门窗关闭，用呼瑞康（延胡泰妙）＋地塞米松＋氨溴索混合，用电动气溶胶喷雾器进行喷雾给药，连用3天。三是在饮水中添加杆立克（环丙沙星）＋六感清，白天饮水，连用4天。饲料中添加冰连清热散，连用4天。四是晚间饮水中添加电解多维。

二十五、发生鸡痘的处理

鸡痘是由禽病毒引起的一种缓慢扩散、高度接触性传染病。特征是在无毛或少毛的皮肤上有痘疹，或在口腔、咽喉部黏膜上形成白色结节。在集约化、规模化和高密度的情况下易造成流行，可以引起增重缓慢，鸡体消瘦。

肉鸡由于饲养周期短，生产中人们往往不进行鸡痘的预防接种而引起鸡痘的发生，多发生于夏、秋季节。

处理措施：

一是对症疗法。目前尚无特效治疗药物，主要采用对症疗法，以减轻病鸡的症状和防止并发症。皮肤上的痘痂，一般不治疗，必要时可用清洁镊子小心剥离，伤口涂碘酒、红汞或紫药水。对白喉型鸡痘，应用镊子剥掉口腔黏膜的假膜，用1‰高锰酸钾洗后，再用碘甘油、鱼肝油涂擦。病鸡眼部如果发生肿胀，眼球尚未发生损坏，可将眼部蓄积的干酪样物排出，然后用2‰硼酸溶液或1‰高锰酸钾冲洗干净，再滴入5‰蛋白银溶液。剥下的假膜、痘痂或干酪样物都应烧掉，严禁乱丢，以防散毒。

二是防止继发感染。发生鸡痘后，由于痘斑的形成造成皮肤外伤，这时易继发引起葡萄球菌感染，而出现大批死亡。所以，大群鸡应使用广谱抗生素如0.005‰环丙沙星或培福沙星、恩诺沙星拌料或饮水，连用5～7天。

二十六、饮水中食盐含量过高引发的肾脏病变的处理

2009 年 7 月 29 日，养殖户刘某饲养的 2 500 只雏鸡 2 日龄死亡率升高。鸡群表现精神较差，饮水较少，出现脱水的鸡只很多，解剖鸡只，发现鸡群肾脏颜色变白，尿酸盐沉积过多，现场共死亡鸡只 172 只，怀疑与饮水量过少有关，遂嘱咐农户饮水中添加葡萄糖，并提高鸡舍温度，增加鸡群饮水量。

8 月 1 日，鸡群不见好转，伤亡率不减反增，可见大群鸡精神萎靡、闭眼呆立，有的瘫痪不立，鸡群脱水更厉害，采食量和饮水量都比正常减少 2/3。解剖鸡只 15 只，发现均出现花斑肾，有 5 只鸡心脏和肝脏上还有白色粉状尿酸盐沉积，现场死亡鸡只812 只。

了解用户用药情况，从接鸡开始除第二日用了少量的大肠杆菌药物和第四日用了活力健外，其他时间都在使用葡萄糖。用户反映用活力健饮水时鸡群争先喝水，用葡萄糖时鸡只饮水量则很少，这与鸡的习性和平常情况相反。遂取少量葡萄糖品尝，发现含盐量极高，咸度很大，而雏鸡对盐很敏感。查看葡萄糖说明，发现该葡萄糖为某药厂生产的多维葡萄糖，说明用量为每 500 克（1 袋）加水 500 千克，而该用户仅加水 40～50 千克，因此，可以确定为饮水中盐含量过高，鸡群厌恶饮水，导致饮水量急剧减少，又由于肉鸡饲料中蛋白比较高，饮水过少，导致尿酸盐排泄

不畅，所以也有痛风的症状，从大群精神和解剖症状看，已无治疗价值。

采用3％葡萄糖和0.1％维生素 C 治疗，3 天后鸡群伤亡率有所减少，但脱水鸡还在继续死亡，1 周后仅剩 600 只鸡。而其邻居同批次同一孵化场引进的 3 500 只肉鸡，成活率都在 99％以上，基本确定该户鸡群脱水严重和肾脏病变为饮水中盐分含量过高引发的尿酸盐浓度过高，排泄不畅造成的。经查阅有关资料，发现也有类似情况，鸡群伤亡率达 95％，主要与肉鸡，尤其是肉雏鸡对盐较敏感有关系。

肉鸡生长速度快，抵抗疾病的能力较差，容易发生肾脏病变，对于鸡的肾脏病变，除怀疑肾型传支等传染病引起的肾脏疾病外，还应详细调查用户的用药史，以确定引起肾脏病变的原因，及时调整投药，同时提醒广大兽医工作者，用药时应注意药物的配伍禁忌和药物的副作用，以减少用药失误，降低不必要的经济损失。

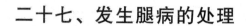

二十七、发生腿病的处理

腿部疾病是肉鸡的常见病，表现为腿无力、骨骼变形且关节囊肿等，造成跛行、瘫痪，严重影响运动和采食，制约生长速度，降低养殖效益。

发生原因：一是疾病。如病毒性关节炎、滑液囊支原体病、骨髓炎等。二是饲料中矿物质、微量元素、维生素 D 等缺乏或不平衡。三是垫料质量或网面结构有问题。

处理措施：对已患腿部疾病的肉鸡要及早隔离，精心护理，适时将其售出。

预防措施：

一是根据不同的阶段进行营养控制。在饲养前期（3～4 周龄），要使肉鸡长好骨架，促进骨骼发育，防止体脂积蓄，为此要加强运动，增强体质。要控制饲料中的代谢能水平，或根据需要通过限量饲养的方法来控制体脂积蓄，可定期抽查体重，及时调整日粮能量水平，4～5 周龄后加速育肥上市。

二是保持鸡舍的良好环境。鸡舍要保持通风、卫生、干燥，垫料要松散防潮，并定时更换。饲养的密度要适宜，3～4 周龄后，每平方米不超过 10 只鸡。

三是保持日粮的营养均衡。日粮中的矿物质、维生素（特别是维生素 A 和维生素 D）含量要丰富，但不可过量，且钙、磷比例要适当，特别要注意防止日粮中钙、锰及维生素 D、维生素 B_2 等的缺乏。维生素 D 对骨骼发育的作用尤其重要。对于 0~3 周龄的肉用仔鸡，每千克拌日粮中维生素 A、维生素 D 的含量应保证在 250~400 国际单位。

四是保持适当的运动。可采取定期少量投喂维生素 A、维生素 D 及丰富的青绿多汁饲料，如胡萝卜、南瓜等，可采用勤添少喂的投料方式，以增加鸡啄食和运动的时间。

五是搞好疾病预防。部分细菌和病毒会造成肉鸡发生腿部疾病，如葡萄球菌等。必须做好疫苗接种和预防工作。

二十八、脱肛处理

脱肛多发生于种母鸡的产蛋盛期。诱发原因：育成期运动不足、鸡体过肥、母鸡过早或过晚开产、日粮中蛋白质供给过剩、日粮中维生素 A 和维生素 E 缺乏、光照不当或维生素 D 供给不足，以及一些病理方面的因素，如泄殖腔炎症、鸡白痢、球虫病及腹腔肿瘤等。

处理措施：重症鸡大部分预后不良，没有治疗价值。一旦发现脱肛鸡，要立即隔离，对症状较轻的鸡，可用 1% 的高锰酸钾溶液洗净脱出部分，然后涂上紫药水，撒敷消炎粉或土霉素粉，用手将其按揉复位。对经上述方法整复无效的，可让病鸡减食或绝食两天，控制产蛋，然后在其肛门周围用 1% 的普鲁卡因注射液 5～10 毫升分 3～4 点封闭注射，再用一根长 20～30 厘米的胶皮筋作缝合线（粗细以能穿过三棱缝合针的针孔为宜），在肛门左右两侧皮肤上各缝合两针，将缝合线拉紧打结，3 天后拆线即可痊愈。

二十九、肠毒综合征的处理

　　肠毒综合征是肉鸡饲养发达地区商品肉鸡群中普遍存在的一种疾病。它以腹泻、粪便中含有没有消化的饲料、采食量明显下降、生长缓慢或体重减轻、脱水和饲料报酬下降为特征。虽然死亡率不高，但造成隐性的经济损失巨大。

　　发病原因：一是魏氏梭菌、厌氧菌、艾美尔球虫中的一种或多种病原共同作用；二是肠道内环境的变化；三是在病原感染的情况下，饲料营养含量过高；四是自体中毒。

　　临床表现：多发于20～40日龄的肉鸡。鸡群一般没有明显的症状，精神正常、采食正常、死亡率也在正常范围内，但是鸡粪便变稀、不成形、粪中含有没消化的饲料，随着时间的延长，采食量下降，增重减慢或体重下降，粪便变稀，粪中带有未消化的饲料，颜色变为浅黄色、黄白色或鱼肠子样粪便，不成堆，比正常的鸡粪所占面积大，同时，排胡萝卜样粪便，粪便中出现凝固血块。当鸡群中多数鸡出现此种粪便之后2～3天，鸡群的采食量下降10%～20%，有的鸡群采食量可下降30%以上，个别鸡扭头、疯跑，死亡鸡只出现角弓反张。此时如果得不到确实治疗，会导致严重损失。

　　主要病变：在发病的早期，十二指肠及空肠的卵黄蒂之前的部分黏膜增厚，颜色变浅，呈现灰白色，像一层厚厚的麸皮，极

应急技巧篇

易剥离，肠黏膜增厚的同时，肠壁也增厚、肠腔空虚、内容物较少。有的肠腔内没有内容物，有的内容物为尚未消化的饲料。该病发展到中后期，肠壁变薄，黏膜脱落，肠内容物呈蛋清样，盲肠肿胀充满红色黏液。个别鸡群表现得特别严重，肠黏膜几乎完全脱落崩解、肠壁变薄，肠内容物呈血色蛋清样或黏脓、柿子样，盲肠肿胀内含暗红色栓子。其他脏器未见明显病理变化。

处理措施：按照多病因的治疗原则，抗球虫、抗菌，调节肠道内环境，补充部分电解质。磺胺氯吡嗪钠＋强力维他饮水，黏杆菌素拌料，连用3～5天；复方青霉素钠＋氨基维他饮水，连用3～5天。停药后应用活菌制剂调理菌群，改善肠道环境。

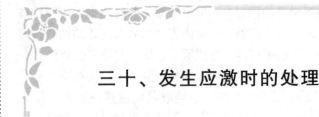

三十、发生应激时的处理

应激是指动物在外界和内在环境中，一些具有损伤性的生物、物理、化学，以及特种心理上的强烈刺激作用于机体后，随即产生的一系列非特异性全身性反应，或非特异性反应的总和。应激的频繁发生会严重影响都肉鸡的生长发育，甚至危害健康。规模化生产中，应激因素增多，如免疫接种、转群移舍、突然噪声等都能导致肉鸡出现应激。

应激发生时的处理措施：一是尽快消除应激源。应激源持续强烈的刺激，加剧应激反应，所以要尽快消除应激源；二是在饲料或饮水中添加抗应激剂。在饮水中添加维生素 C（每千克水中添加 0.025 克）或速溶多维，在饲料中添加氯丙嗪等来缓解应激。如果是一些已知的应激，如免疫、转群等，应该在应激前后3 天内连续使用抗应激剂。

三十一、换料的处理

肉鸡采食某种饲料（包括单一饲料和配合饲料）习惯之后，突然改变饲料，会导致消化机能紊乱，轻则引起短时的食欲不振、消化不良、粪便失常，严重者造成腹泻或肠炎，甚至造成死亡，饲料更换是生产中不可避免的事情，处理不当造成对生产的损失也是屡见不鲜的。

保持饲料的相对稳定是饲养管理的基本原则之一。由于肉鸡肠道内存在大量的微生物，其菌群的稳定是保证肉鸡消化道功能正常的关键。一种饲料饲喂肉鸡，会在肠道中产生相对适应的微生物菌群。当饲料改变之后，会造成消化道内环境的变化，肠道菌群生存条件改变，导致菌群失调而诱发疾病。

为了避免由于改变饲料造成的菌群失调，应采取逐渐过渡的办法。即利用5～7天的时间将饲料改变过来，以使胃肠和微生物逐渐适应改变的饲料。过渡方法：第一天，4/5老饲料＋1/5新饲料；第二天，3/5老饲料＋2/5新饲料；第三天，2/5老饲料＋3/5新饲料；第四天，1/5老饲料＋4/5新饲料；第五天以后全部换成新饲料。

如果出现饲料更换突然而发生的消化机能紊乱，应采取紧急措施：一是停止更换饲料；二是在每千克饲料中添加酵母片（0.5克/片）10片、维生素C片（0.1克/片）10片和土霉素

（0.5 克/片）4 片，连续饲喂 5 天，调节胃肠机能，促进胃肠蠕动，缓解换料应激。

三十二、料线常见故障的处理

料线常见故障及处理见表 3-1。

表 3-1   料线常见故障及处理

故　　障	原因及处理
打开总开关电源指示灯不亮	电源总闸断路，合上总闸修理
打开总开关指示灯亮，1 号或 2 号料线指示灯不亮且不下料	移动控制器料满，将移动控制器及附近 3 个料盘中的料倒出；移动控制器里面卡料，用手拍打移动控制器附近几下；控制开关坏了，更换控制开关；最常见的问题是移动控制器断路，将移动控制器电源线接通
打开总开关指示灯亮，1 号或 2 号料线指示灯亮但不下料	相序保护器安装松弛或电机线断了，应该检查保护器或接上电机线
料线不会停止	卡料，清理卡住的饲料；移动控制器短路，修复移动控制器；料盘脱落出现撒料情况，尽快修理料盘

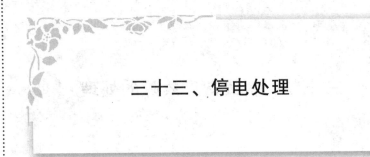

三十三、停电处理

规模化、集约化肉鸡场对于电力具有很强的依赖性，如光照控制、饮水、通风换气、饲料加工、温度控制，乃至工作人员的生活等。肉鸡场的现代化程度越高，对电的依赖性越强。因此，对于规模化肉鸡场，除了有外部电源以外，还应自备电源，以保证生产的正常进行。一旦发生停电，应采取相应措施：

一是事前与供电部门取得联系，确定停电日期和时间，将自备电源系统准备好，提前进行试运行。在停电期间替代外源电源，保证肉鸡场的正常生产。

二是自己生产饲料的肉鸡场，应提前备足饲料，保证在停电期间有足够的饲料供应。如果停电时间较长，可考虑外部加工饲料或饲喂相应的商品饲料。

三是进行机械通风的肉鸡场，如果没有自备电源，应根据舍内温度情况进行自然通风。在气温较高时，打开所有的可通风门窗，保证舍内通风。

四是冬季靠电源取暖供温时，在停电期间做好肉鸡舍内的保温工作，尽量减少散热，同时注意换气。

五是加强饲喂。白天要加强饲喂，使肉鸡多采食。必要时晚上可以使用蓄电池作为电源，适当延长肉鸡采食时间。

第**4**篇

用药篇

ROUJI RICHENG GUANLI JI YINGJI JIQIAO

一、药物基础常识

（一）药物的使用方法

不同的药物、不同的剂量，可以产生不同的药理作用，但同样药物、同样的剂量，如果用药方法不同也可产生不同的药理效应，甚至引起药物作用性质的改变。不同的给药方法直接影响药物的吸收速度、药效出现的时间、药物作用的程度以及药物在体内维持及排出的时间。因此，在用药时应根据机体的生理特点或病理状况，结合药物的性质，恰当地选择用药方法，以发挥最好的效果。

1. 混于饲料　即将药物均匀地拌入饲料中，让鸡采食时，同时吃进药物。这种方法方便、简单、应激小，不浪费药物。它适于长期用药、不溶于水的药物及加入饮水内适口性差的药物。但对于病重鸡或采食量过少时，不宜应用；颗粒料因不易将药物混匀，也不主张经料给药；链条式送料时，因颗粒易被鸡啄食而造成先后采食的鸡只摄入的药量不同，也应注意。

（1）准确掌握拌料浓度　混料给药时应按照混料给药剂量，准确、认真计算出所用药物的剂量加入饲料内；若按体重给药时，应严格按照鸡群鸡只总体重，计算出药物用量拌入全天饲料内。

（2）**药物混合均匀**　喂料时为了使鸡能吃到大致相等的药物数量，药物和饲料要混合均匀，尤其是一些安全范围较小和用量较少的药物，如喹乙醇、马杜霉素等，以防采食不均。混合时切忌把全部药量一次加入所需饲料中进行搅拌，这样不易搅拌均匀，造成部分鸡只药物中毒而大部分鸡只吃不到药物，达不到防治疾病的目的或延误病情。可采用逐级稀释法，即把全部用量的药物加到少量饲料中，充分混合后，再加到一定量饲料中，再充分混匀，经过多次逐级稀释扩充，可以保证充分混匀。

（3）**注意不良反应**　有些药物混入饲料，可与饲料中的某些成分发生颉颃作用。如饲料中长期混入磺胺类药物，就容易引起维生素 B 族和维生素 K 缺乏。这时就应适当补充这些维生素。

2. 混水给药　混水给药就是将药物溶解于水中让鸡只自由饮用。此法适合于短期用药、紧急治疗、鸡不能采食但尚能饮水时的投药。易溶于水的药物混水给药的效果较好。饮水投药时，应根据药物的用量，事先配成一定浓度的药液，然后加入饮水器中，让鸡自由饮用。

（1）**注意药物的溶解度和稳定性**　对油剂（如鱼肝油）及难溶于水的药物（制霉菌素）不能采用饮水给药。对于一些微溶于水的药物和水溶液稳定性较差的药物（土霉素、金霉素）可以采用适当加热、加助溶剂或现用现配、及时搅拌等方法，促进药物溶解，以达到饮水给药的目的。饮水的酸碱度及硬度（金属离子的含量）对药物有较大的影响，多数抗生素在偏酸或碱的水溶液中稳定性较差，金属离子也可因络合而影响药物的疗效。

（2）**据鸡可能的饮水量认真计算药液量**　为保证舍内大部分鸡在一定时间内都饮到一定量的药物水，不至于由于剩水过多造成摄入鸡体内的药物剂量不够，或加水不足造成饮水不匀，某些鸡只饮入的药液量少而影响药物效果，应掌握鸡群的饮水量。根据鸡群的饮水量，按照药物浓度，准确计算药物用量。先用少量水溶解计算好后的药物，待药物完全溶解后才能混入计算好的水的容器中。鸡的饮水量多少与品种、饲料种类、饲养方法、舍内温湿度、药物有无异味等因素密切相关，生产中应给予考虑。为准确了解鸡群的饮水量，每栋鸡舍最好安装一个小的水表。

（3）注意饮水时间和配伍禁忌　药物在水中时间与药效关系极大。有些药物放在水中不受时间限制，可以全天饮用，如人工合成的抗生素、磺胺类和喹诺酮类药物。有些药物放在水中必须在短时间内完，如天然发酵抗生素、强力霉素、氨苄青霉素及活疫苗等，一般需要断水 2～3 小时后给药，让鸡只在一定时间内充分饮到药水。多种药物混合时，一定要注意药物之间的配伍。有些药物有协同作用，可使药效增强，如氨苄青霉素和喹诺酮类药的配伍。有些药物混合使用会增强药的毒性。有些药物混合后会发生中和、分解、沉淀，使药物失效。

3. 经口投服　适合于个别病鸡治疗，如鸡群中出现软颈病的鸡或维生素 B_2 缺乏的鸡，须个别投药治疗。群体较小的鸡，也通常采用此法。这种方法虽费时费力，但剂量准确，疗效较好。

4. 气雾给药　气雾给药是指使用能使药物气雾化的器械，将药物分散成一定直径的微粒，弥散到空间中，让鸡只通过呼吸道吸入体内或作用于鸡只羽毛及皮肤黏膜的一种给药方法。也可用于鸡舍、孵化器以及种蛋等的消毒。使用这种方法时，药物吸收快，出现作用迅速，节省人力，尤其适用于大型现代化养鸡场。但需要一定的气雾设备，且鸡舍门窗应能密闭，同时，当用于鸡时，不应使用有刺激性药物，以免引起鸡只呼吸道发炎。气雾给药时应注意：

（1）恰当选择气雾用药、充分发挥药物效能　为了充分利用气雾给药的优点，该恰当选择所用药物。并不是所有的药物都可通过气雾途径给药，气雾途径给药的药物应该无刺激性、容易溶解于水。对于有刺激性的药物不应通过气雾给药。同时还应根据不同用药目的选用不同吸湿性的药物。若欲使药物作用于肺部，应选用吸湿性较差的药物，而欲使药物主要作用于上呼吸道，就应该选用吸湿性较强的。

（2）准确掌握气雾剂量，确保气雾用药效果　在应用气雾给药时，不能随意套用拌料或饮水给药浓度。使用气雾前应按照鸡舍空间情况，使用气雾设备要求，准确计算用药剂量。以免过大或过小，造成不应有的损失。

（3）严格控制雾粒大小，防止不良反应发生　在气雾给药时，雾粒粒径大小与用药效果有直接关系。气雾微粒越细，越容易进入肺泡内，但与肺泡表面的黏着力小，容易随呼气排出，影响药效。但若微粒越大，则不易进入鸡的肺部，容易落在空间或停留在鸡的上呼吸道黏膜，也不能产生良好的用药效果。同时微粒过大，还容易引起鸡的上呼吸道炎症。如用鸡新城Ⅰ系弱毒活苗进行预防免疫时，气雾微粒不适当，就容易诱发鸡传染性喉气管炎。此外，还应根据用药目的，适当调节气雾微粒直径。如要使所用药物达到肺部，就应使用雾粒直径小的雾化器，反之，要使药物主要作用于上呼吸道，就应选用雾粒较大的雾化器。通过大量试验证实，进入肺部的微粒直径以 0.5～5 微米最合适。雾粒直径大小主要是由雾化设备的设计功效和用药距离决定的。

5. 体内注射　对于难被肠道吸收的药物，为了获得最佳的疗效，常选用注射法。注射法分皮下注射和肌内注射二种。这种方法的特点是药物吸收快而完全，剂量准确，物不经胃肠道而进入血液中，可避免消化液的破坏。适用于不宜口服的药物和紧急治疗。

6. 体表用药　如鸡患有虱、螨等体外寄生虫，啄肛和脚垫肿等外伤，可在体表涂抹或喷洒药物。

7. 蛋内注射　此法是把有效的药物直接注射入种蛋内，以消灭某些能通过种蛋垂直传播的病原微生物，如鸡白痢沙门氏菌、鸡败血支原体、滑膜支原体等。也可用于孵化期间胚胎注射维生素 B_1，以降低或完全防止那些种鸡缺乏维生素 B_1 而造成的后期胚胎死亡。蛋内注射也可用于马立克氏病疫苗的胚胎免疫。

8. 药物浸泡　浸泡种蛋用于消除蛋壳表面的病原微生物，药物可以渗透到蛋内，杀灭蛋内的病原微生物，以控制和减少某些经蛋传递的疾病。常用的方法是变温浸蛋法。把种蛋的温度在 $3\sim6$ 小时内升至 $37\sim38℃$，然后趁热浸入 $4\sim15℃$ 的抗生素药液中，保持 15 分钟，利用种蛋与药液之间的温差造成的负压使药液被吸入蛋内。这种种蛋的药物处理方法常用来控制鸡白痢沙门氏菌、支原体、大肠杆菌等病原体。

9. 环境用药　在饲养环境中季节性定期喷洒杀虫剂，以控制外寄生虫及蚊蝇等。为防止传染病，必要时喷洒消毒剂，以杀灭环境中存在的病原微生物。

（二）抗菌药物的配伍禁忌

1. 抗菌药物配伍禁忌的分类

①药理性（疗效性）配伍禁忌　药理作用相抵触，阿托品对抗水合氯醛，引起支气管腺体分泌作用。

②化学性配伍禁忌　引起化学变化，如乙酰水杨酸与碱性药物配伍引起分解；维生素 C 与苯巴比妥配伍引起后者析出。

③物理性配伍禁忌　如水溶剂与油溶剂配合时分层；含结晶水的药物配伍时，结晶水析出使固体药物变成半固体或泥糊状态；一般同类药不能合用，但作用点不同的同类药可合用，如磺胺药＋抗菌增效剂［甲氧苄啶（TMP）、二甲氧苄啶（DVD）］；合用并不代表混合注射（理化性配伍禁忌），如青霉素与磺胺嘧啶钠可合用，但必须分别注射。青霉素（羧苄青霉素、氨苄青霉素）＋庆大霉素，青霉素的 β-酰胺环使庆大霉素部分失活，但可分别注射。常用抗菌药的配伍禁忌见表 4-1。

表 4-1　常用抗菌药的配伍禁忌

青霉素类	青霉素类										
头孢菌素类	±	头孢菌素类									
链霉素	+++		链霉素								
新霉素	++		—	新霉素							
四环素类	±	±	±	++	四环素类						
红霉素	±	±		++	++	红霉素					
卡那霉素	±	±	—		—		卡那霉素				
多黏菌素	++	++	—	++		++		多黏菌素			
喹诺酮类	++		++		±	±	++	++	喹诺酮类		
磺胺类	++	±	++	++	++	—		++	++	磺胺类	
呋喃类	+		++	++			++	++	±	+	呋喃类

　　注：+++代表两种药物间有协同作用；++代表两种药物间有相加作用；+代表两种药物间彼此无作用；±代表两种药物间有颉颃作用；—代表两种药物联用，有害作用增强发生理化变化。

2. 配伍用药的目的

　　(1) 扩大抗菌谱，治疗单一抗生素不能控制的严重感染　混合感染最常见的为革兰阴性杆菌与厌氧菌混合感染，目前许多抗菌药都不同时具有这两大类的抗菌谱，因此，临床上常须采用不同类的药物治疗，如氟喹诺酮类或氨基糖苷类或 β-内酰胺类抗生素加甲硝唑治疗。病毒混合细菌感染时，抗菌药配合抗病毒药。

（2）增强抗菌力，获得抗生素的协同作用 临床上已知是某一种细菌感染，但该菌对常用的单一抗菌药不够敏感，必须采用联合用药，增强抗菌力才能达到治疗效果，如肠球菌感染（青霉素类加氨基糖苷类）、铜绿假单胞菌感染（第三代头孢菌素或氟喹诺酮类加氨基糖苷类）。

（3）减少细菌耐药性的发生 如抗结核治疗，单用一种药治疗时细菌易产生耐药性，而联合用药可延缓耐药性的产生。

（4）减少不良反应 如两性霉素 B 与氟胞嘧啶合用抗真菌感染，可减少这两种药物的剂量，减少毒性。

3. 配伍用药的效应 两种或两种以上抗微生物药物配伍时，在体外或动物试验中可表现为协同、累加、无关、颉颃四种效应。作用累加或协同，疗效增强，对治疗大有裨益，临床宜多用；作用颉颃，疗效降低或毒性增加，对治疗颇多危害，临床禁用。

（1）两种杀菌药联合应用，可获得协同作用。

（2）两种抑菌药联合应用，可获得累加作用。

（3）杀菌药和抑菌药合用可产生协同作用，亦可产生颉颃作用。繁殖期杀菌药与抑菌药合用，可因抑菌药抑制了细菌的生长繁殖而减弱杀菌药的杀菌作用，尤其是先用抑菌药后用繁殖期杀菌药，就会出现颉颃作用，但如先用繁殖期杀菌而后用抑菌药就不会出现颉颃作用。

（4）同类抗菌药物，特别是氨基糖苷类，作用相仿，而毒性相加，不宜合用。

4. 各类抗菌药配伍的结果 抗菌药根据对微生物的作用方式可分为 4 类：Ⅰ类为繁殖期杀菌药（作用于细胞壁），如青霉素类、头孢菌素类、万古霉素、喹诺酮类（作用于 DNA 螺旋酶）等；Ⅱ类为静止期杀菌药（抑制蛋白质的合成），如氨基糖苷类、多黏菌素类、喹诺酮类（作用于 DNA 螺旋酶）；Ⅲ类为速效抑菌药（抑制蛋白质的合成），如大环内酯类、四环素类、林可霉素等；Ⅳ类为慢效抑菌药（抑制叶酸代谢），如磺胺类、TMP、DVD等。

Ⅰ类＋Ⅱ类，协同作用。

Ⅰ类＋Ⅲ类，颉颃作用（少数例外）。

Ⅰ类＋Ⅳ类，无关作用。

Ⅱ类＋Ⅲ类，协同作用。

Ⅱ类＋Ⅳ类，协同或累加作用。

Ⅲ类＋Ⅳ类，累加作用。

5. 可能有效的药物配伍组合　见表4-2。

表4-2　可能有效的药物配伍组合

病原菌	抗菌药物的联合应用
一般革兰氏阳性菌和阴性菌	青霉素G＋链霉素，红霉素＋氟苯尼考，磺胺间甲氧嘧啶（SMZ）或磺胺对二甲氧嘧啶或磺胺二甲嘧啶或磺胺嘧啶＋甲氧苄啶或二甲氧苄啶，卡那霉素或庆大霉素＋氨苄青霉素
金色葡萄球菌	红霉素＋氟苯尼考，苯唑青霉素＋卡那霉素或庆大霉素，红霉素或氟苯尼考＋庆大霉素或卡那霉素，红霉素＋利福平或杆菌肽，头孢霉素＋庆大霉素或卡那霉素，杆菌肽＋头孢霉素或苯唑青霉素
大肠杆菌	链霉素、卡那霉素或庆大霉素＋四环素类、氟苯尼考、氨苄青霉素、头孢霉素，多黏菌素＋四环素类、氟苯尼考、庆大霉素、卡那霉素、氨苄青霉素或头孢霉素类，磺胺二甲嘧啶＋甲氧苄啶或二甲氧苄啶
变形杆菌	链霉素、卡那霉素或庆大霉素＋四环素类、氟苯尼考、氨苄青霉素，磺胺间甲氧嘧啶＋甲氧苄啶
绿脓杆菌	多黏菌素B或多黏菌素E＋四环素类、庆大霉素、氨苄青霉素，庆大霉素＋四环素类
结核杆菌	异烟肼＋利福平或链霉素，利福平＋乙胺丁醇
其他革兰氏阴性杆菌（主要是肠杆菌科）	氨基糖苷类＋派拉西林或头孢类＋酶抑制剂或酶西林＋β-内酰胺类

病原菌	抗菌药物的联合应用
厌氧菌	甲硝唑＋青霉素 G 或林可霉素
深部真菌	两性霉素 B＋5-氟胞嘧啶、氟康唑或咪康唑＋5-氟胞嘧啶

（三）药物的正确使用

1. 用药的一般原则

（1）诊断确诊，正确掌握适应证，了解药理，适时对症治疗。

（2）剂量准确，疗程要足。剂量过小无效，过大有毒且增加费用。同一种药物用于治疗的疾病不同，其用量亦不同，如泰灭净、链霉素用于治传染性鼻炎时剂量特别大，而用于其他病时剂量就特别小。同一种药物不同的用药途径，其剂量亦不一样，如口服用药比注射给药剂量大，因口服不是 100％ 吸收，疗程一般 3～5 天，但一些慢性病如鸡传染性鼻炎，疗程不宜少于 7 天，以防复发。

（3）饮水给药要考虑药物的溶解度和畜禽的饮水量以及药物稳定性和水质。给药前适当断水，有利于提高用药效果。一般药物断水不超过 1 小时，而强力霉素、氨苄青霉素在水中易被破坏，应断水 2～3 小时，然后在 1～2 小时内饮完。

（4）拌料给药采用逐级稀释法。

（5）首次用量可适当增加，随后几天用维持量。

（6）慎用毒性较大的药物。

（7）注意交替或间隔用药，避免耐药性产生。

（8）根据药物代谢动力学特性，决定上市前休药期。

（9）根据药物半衰期，确定每天给药次数。半衰期长而毒副作用小的药物，如恩诺沙星，全天的药可一次投给；半衰期长而毒副作用大的药物，应按推荐的间隔给药，如每天一次或两次。

半衰期短的药物，如阿莫西林，每天必须 2～3 次给或全天给药。

（10）了解商品料中药物添加情况，防止重复用药增加毒性。

（11）根据鸡不同日龄的生理、生长发育特点及发病规律科学用药。

（12）根据不同季节合理用药，秋、冬防感冒，夏季防肠道病、热应激。夏季饮水量大、采食量小，饮水给药时要适当降低浓度，拌料给药时要适当增加浓度。

（13）免疫期间慎用一些有免疫抑制作用的药，如磺胺类、呋喃类、四环素类等。可以使用提高机体免疫力的药物，如黄芪多糖、左旋咪唑和速溶多维等。

（14）注意种属特殊性。如反刍动物对水合氯醛敏感，家禽对敌百虫敏感。

（15）注意配伍禁忌。

（16）注意并发症，有混合感染时应联合用药。如治疗呼吸道病时，抗生素结合抗病毒药，效果更好。

2. 根据家禽的生理特点用药

（1）禽类缺乏充分的胆碱酯酶贮备，对抗胆碱酯酶药非常敏感。

（2）禽类对磺胺药的平均吸收率较其他动物高，故不宜用量过大或时间过长。

（3）禽类肾小球结构简单，有效过滤面积小，对以原型经肾排泄的药非常敏感，如新霉素、金霉素等。

（4）禽类缺乏味觉，故对苦味药、食盐颗粒等照食不误，易引起中毒。

（5）禽类有丰富的气囊，气雾给药效果好。

（6）禽类无汗腺，用解热镇痛药抗热应激，效果不理想。

3. 了解目前临床上常用药与敏感药

（1）抗大肠杆菌、沙门杆菌药　先锋霉素、氟苯尼考、安普霉素、丁胺卡那霉素等。

（2）抗球虫药　妥曲珠利、地克珠利、马杜拉霉素、盐霉素、球痢灵等。

4. 正确诊断和对症下药是发挥药效的基础　目前肉鸡疾病多为混合感染，极少为单一疾病。因此，要用复方药，要多药联合使用。除了用主药外，还要用辅药，既要对症还要对因。如鸡传染性法氏囊病，要用抗病毒药防止传染扩大，用肾病药解除肾肿，用补液盐缓解脱水，用解热镇痛药退烧，才会达到好的治疗效果。若有继发或混合感染，还要相应用药。

5. 不可忽视辅助药的作用　如肾传染性支气管炎、法氏囊炎要辅以抗肾肿药、抗脱水药、退热药。呼吸道病要辅以平喘药、化痰药、止咳药。

6. 正确用药

（1）时间　早用药比晚用药好。如鸡群发生新城疫，早用注射高免卵黄或血清可收到较好效果，早用抗病毒药减少死亡，否则无效或效果差。

（2）顺序　杀菌药与抑菌药联用，先用杀菌药，再用抑菌药才不会颉颃。

（3）疗程　一个疗程少则 3 天，多则 5 天才能彻底治愈。

（4）剂量　剂量要足，特别是首剂量，如磺胺药物首次用量要加倍。

（5）给药方法（途径）　给药方法不同，效果不同。如硫酸镁内服致泻，而静脉注射则产生中枢神经抑制作用；新霉素内服可治疗细菌性肠炎，而肌内注射则肾毒性很大，严重者引起死亡。一般来说，对于全身感染，注射给药好于口服给药，饮水给药好于拌料给药，饮水给药浓度要低于拌料给药浓度的一半。感染部位不同，用药途径不一样。肠道感染口服好，全身感染注射好。

（6）次数　一般药物半衰期为 8～12 小时，须每天用药 2～3 次。喘宁、痢停封（外用）半衰期在 20 小时左右，每天用药一次即可。

(7) 种类　大牲畜可个体用药，注射、口服都可以，而鸡等只能群体用药（预防可以，治疗则不行）。鸡对敌百虫敏感，禽对喹乙醇敏感，鸭对痢特灵敏感。

(8) 年龄　幼年和老年动物的药酶活性低，应适当降低用量。

(9) 用法用量　如每 100 克兑水 100 千克，连用 3～5 天，治疗量加倍。每天 2～3 次（最低不少于 2 次），每次饮水 2～3 小时（若控水，则每次饮 1～2 小时），间隔 3～4 小时，每次用水量为全天（24 小时）饮水量的 1/5～1/4。

（四）合理使用抗菌药

1. 青霉素类　与氨基糖苷类有协同作用，但剂量要基本平衡；与克拉维酸、舒巴坦配伍可极大提高抑菌效果，并可使产酶菌株对药物恢复敏感；与刺五加连用，可显著提高抗感染疗效，与麻黄有协同抗菌作用；与环丙沙星同时应用治疗绿脓杆菌有协同作用；与金银花、麻杏石甘汤、双黄连有协同作用；与四环素类、磺胺类、大环内酯类有颉颃作用。维生素 B_1、维生素 B_2、维生素 C 对青霉素类药物有灭活作用。青霉素不可内服，易被胃酸破坏。青霉素忌青贮饲料、酒糟（酸性太强）。青霉素类要先配现用。

2. 头孢菌素类　与喹诺酮类，如恩诺沙星、环丙沙星等配伍有协同作用；与 TMP 的联用可增强疗效；与双黄连有协同作用；与克拉维酸、舒巴坦、他唑巴坦联用可增效几倍或几十倍，并可使产酶菌株对药物恢复敏感；但磺胺类影响头孢菌素药物的排出，增加肾毒性。与酰胺醇类有颉颃作用，维生素 B_1、维生素 B_2、维生素 C 可降低其作用，不能混合使用。遇碱性药物如碳酸氢钠、氨茶碱等发生水解而降低效价。

3. 氨基糖苷类　与氟喹诺酮类联用有协同作用，但毒性增强，需要减少剂量或间隔用药；与四环素类联合治疗阴性菌感染有协同作用；与青霉素类有协同作用，与 TMP 合用可增强本品的作用，与 DVD 配伍比 TMP 好一些；与利福平有协同作用；与多黏菌素类、其他氨基糖苷类有颉颃作用。脱水、发生肾肿时慎用。硫酸新霉素不可注射给药，肌内注射链霉素易造成家禽休克。链霉素忌青贮饲料、酒糟（酸性太强）。庆大霉素与 $NaHCO_3$ 联用，$NaHCO_3$ 碱化尿液使庆大霉素毒性增加。

4. 四环素类 与同类药、非同类药（泰妙菌素、泰乐菌素）有协同作用；TMP 可增强本品的作用；四环素与庆大霉素合用可增强对绿脓杆菌的杀灭作用。适量硫酸钠（1∶1）有利于本品吸收。不宜与新霉素、氨基糖苷类、喹诺酮类以及两性霉素 B、肝素钠、辅酶 A、氨茶碱、复合维生素 B 等合用或并用。含有较多钙和镁的饲料，如黄豆、黑豆、饼粕、石粉、骨粉、蛋壳粉、石膏等不利于本品吸收。含三价离子的配合饲料不利于本品吸收，碱性电解质也不利于本品吸收。

5. 酰胺醇类 与多西环素配伍呈累加作用。与强力霉素、土霉素有协同作用，与林可霉素、红霉素、青霉素类有颉颃作用，与铁剂、叶酸、维生素 B_{12} 有颉颃作用，不与酸性、碱性药物配伍（酸性药主要有青霉素、葡萄糖酸钙、盐酸普鲁卡因等，碱性药主要有碳酸氢钠、人工盐等）。不与收敛、吸附药物配伍，如鞣酸蛋白、高岭土、药用活性炭等；不可静脉注射，不可对仔畜雏禽用高剂量，易导致再生障碍性贫血、溶血性贫血。产蛋期不可用，因有免疫抑制且破坏卵细胞。

6. 大环内酯类 硫氰酸红霉素与 SM_2（或 SD、SMM）、TMP 的联用比泰乐菌素的联用效果好，$NaHCO_3$ 有利于本品吸收，与林可霉素、四环素有颉颃作用。禁与莫能霉素、盐霉素、喹乙醇、复合维生素 B、维生素 C、阿司匹林以及大环内酯类药物等联用。

7. 林可胺类 TMP 可以增加其抗菌效果，与氟诺酮类药物、双黄连、四环素联用可产生协同作用；林可霉素与口服补液盐、适量维生素联用可减少本品副作用；禁与大环内酯类药物、新生霉素、磺胺类、青霉素类、泰妙菌素、酰胺类药物、维生素C等合用。

8. 磺胺类 与 TMP、DVD 有协同作用，与土霉素有累加作用；与碱性电解质联用可减少肾毒性，与酸性药物联用如普鲁卡因、氯化铵有颉颃作用；与青霉素类有颉颃作用。忌含硫的饲料添加剂，如人工盐、硫酸镁、硫酸钠、石膏等，会加重磺胺类药物对血液的毒性。

（1）**分类** 见表 4-3。

表 4-3 磺胺类药物分类表

分类	药名	简称
肠道易吸收的磺胺药	氨苯磺胺	SN
	磺胺噻唑	ST
	磺胺嘧啶	SD
	磺胺二甲嘧啶	SM_2
	磺胺甲噁唑（新诺明）	SMZ
	磺胺对甲氧嘧啶（磺胺-5-甲氧嘧啶，消炎磺）	SMD
	磺胺间甲氧嘧啶（磺胺-6-甲氧嘧啶，制菌磺）	SMM
	磺胺地索辛（磺胺-2,6-甲氧嘧啶）	SDM
	磺胺多辛（磺胺-5,6-甲氧嘧啶，周效磺胺）	SDM
	磺胺喹噁啉	SQ
	磺胺氯吡嗪	—
肠道难吸收的磺胺药	磺胺脒	SM，SG
	柳氮磺胺吡啶	SASP
	酞磺胺噻唑	PST
	酞磺醋胺	PSA
	琥珀酰磺胺噻唑	SST

分类	药名	简称
	磺胺醋酰钠	SA-Na
外用磺胺药	醋酸磺胺米隆（甲磺灭脓）	SML
	磺胺嘧啶银（烧伤宁）	SD-Ag

（2）磺胺药的选用　根据疾病性质选用不同类型的磺胺类药物。

①全身感染　选用肠道易吸收的磺胺药，如复方新诺明、磺胺嘧啶等。

②肠道感染　选用肠道不易吸收的磺胺药，如磺胺脒等。

③局部感染　选用外用磺胺药，如消炎粉、烧伤宁等。

④寄生虫感染　如球虫、住白细胞原虫感染，选用磺胺氯吡嗪、磺胺二甲基嘧啶、磺胺喹噁啉等。

（3）磺胺类药物的配伍　与抗菌增效剂（TMP、DVD）合用（5:1），可提高疗效。与小苏打（碳酸氢钠）合用，碱化尿液，减轻肾毒性，并充分饮水。针剂磺胺嘧啶钠不宜与维生素B族、维生素C、青霉素、四环素、盐酸麻黄碱、氯化钙、氯化铵合用，不与普鲁卡因、苯唑卡因、丁卡因合用。

（4）磺胺药的抗菌活性和生物利用度

①抗菌强度　SMM>SMZ>SIZ（磺胺异噁唑）>SD>SDM>SMD>SM_2>SDM。

②生物利用度　SM_2>SDM>SN>SD；禽>犬>猪>马>羊>牛。

（5）使用磺胺类药物注意事项

①首次量加倍，然后改为维持量。

②肾功能减退、全身性酸中毒时慎用。

③补充维生素K_3和B族维生素。

④疗程不宜超过7天。

用

药

篇

⑤免疫前 3 天不宜用。

⑥产蛋期禁用。

（五）抗球虫药物的合理使用

球虫病是危害肉鸡养殖业的一大寄生虫病。感染鸡的球虫有 9 种，其中 8 种感染鸡，1 种感染火鸡。鸡受到的危害最严重。

1. 球虫病的控制方法　目前，对球虫病的控制主要有两种方法：一是疫苗免疫。疫苗有肉鸡用疫苗和种鸡用疫苗。肉鸡疫苗于 1 日龄在孵化场喷雾免疫，而种鸡疫苗于 3 日龄饮水免疫。由于虫株毒力原因，肉鸡疫苗还没有得到广泛推广。二是药物控制。从目前来看，控制肉鸡球虫病主要有两大类药物，一类是天然离子载体类抗生素，如马杜拉霉素、盐霉素等；另一类是化学合成药，约有 14 个类别几十种抗球虫药，如磺胺类、地克珠利等（用抗球虫药控制球虫病主要存在着两大问题，一是抗药性越来越严重，二是药物残留对人类的危害，因为这些抗球虫药毒性都很大，特别是一些化学合成药）。

2. 抗球虫药的分类

（1）聚醚类抗球虫药　盐霉素、马杜霉素、莫能菌素、拉沙里菌素、塞杜霉素、海南霉素等。其特性如表 4-4。

表 4-4　聚醚类抗球虫药

药名	分类	配伍禁忌	毒性	禁用	休药期/天	其他
莫能菌素	单价聚醚类	泰妙菌素、其他抗球虫药	较大	产蛋期、16 周以上鸡、火鸡、珍珠鸡、鸟类	5	肉牛，促生长，可防治坏死性肠炎
盐霉素	单价聚醚类	泰妙菌素、其他抗球虫药	较强	产蛋期、成年火鸟、鸭	5	猪，促生长

药名	分类	配伍禁忌	毒性	禁用	休药期/天	其他
那拉菌素	单价聚醚类	泰妙菌素，可配伍尼卡巴嗪	强	产蛋期火鸡、鸟类，鱼	5	喂药鸡粪及药具不可污染水源
拉沙里菌素	双价聚醚类	可配泰妙菌素	小	产蛋期	3	促进水分排泄，使垫料潮湿
马杜霉素	单价糖苷聚醚类		更强	产蛋期，其他动物	5	安全范围小，抗球虫作用强，用药浓度低，鸡粪不可作其他饲料
塞杜霉素	单价糖苷聚醚类半合成			产蛋期，其他动物	5	
海南霉素	单价糖苷聚醚类	其他抗球虫药	更强	产蛋期，其他动物		喂药鸡粪及药具不可污染水源

（2）化学合成抗球虫药

①磺胺类 如磺胺喹噁啉、磺胺氯吡嗪、磺胺氯哒嗪、磺胺二甲基嘧啶、磺胺间甲氧嘧啶、磺胺间二甲氧嘧啶等。

使用本类抗球虫药注意事项：一是使用本类药超过标准1~2倍以上，连用5~10天，会出现中毒现象。肉用雏鸡、产蛋鸡、16周龄以上种鸡少用或禁用。由于易产生耐药性，可与其他抗球虫药或抗菌增效剂合用。二是同类药合用仅有累加作用，而无协同作用，且毒性增加。三是禁与泰妙菌素（拉沙里菌素除外）、竹桃霉素合用，否则引起严重生长抑制，甚至中毒死亡。四是肉鸡宰前10天须停药。

②吡啶类如克球粉（氯羟吡啶） 使用本类抗球虫药必须连

续应用，后备鸡群可连续喂至 16 周龄。肉鸡宰前 7 天停药，出口肉鸡场禁用。

③喹啉类　如苯甲氧喹啉、癸氧喹啉、丁氧喹啉。使用本类抗球虫药，肉鸡宰前 5 天停药。产蛋鸡禁用。极易产生耐药性。

④胍类　如氯苯胍。使用时，喂鸡毫克/千克饲料时，鸡肉、鸡蛋即可出现异味。与新诺明和乙胺嘧啶等合用，可提高疗效，使鸡肉免带异味。耐药性产生快。肉鸡宰前 7 天停药。蛋鸡禁用。

⑤抗硫胺素类　如氨丙啉。本类抗球虫药不宜在饲料中长期保存。长期应用高浓度维生素 B_1，当其含量超过 10 毫克/千克饲料时，抗球虫作用即开始减弱。肉鸡屠宰前 7 天停药。

⑥均苯脲类　如尼卡巴嗪。使用本类抗球虫药时，应注意一旦暴发球虫病应迅速改为磺胺药或其他药物治疗。使用本品时，如室温过高，可增加雏鸡死亡率，应加强通风。产蛋鸡禁用。肉鸡宰前 4 天停药。

⑦植物碱类　如常山酮（速丹）。本类抗球虫药应注意混饲浓度正常为 3 毫克/千克饲料，6 毫克/千克饲料影响适口性，9 毫克/千克饲料大部分鸡拒食。产蛋期禁用。肉鸡宰前 4 天停药。

⑧其他药物

均三嗪类：如地克珠利、妥曲珠利（甲基三嗪酮）。地克珠利药效期较短，停药 1 天抗球虫作用明显减弱，2 天后作用消失，因此必须连续用药以防再次暴发。地克珠利用药浓度极低，必须充分拌匀。妥曲珠利与聚醚类合用，有协同作用。

抗硫胺类：如二甲硫胺。使用本类抗球虫药注意事项：饲料中维生素 B_1 含量超过 10 毫克/千克饲料，抗球虫作用即开始减弱。产蛋期禁用。肉鸡宰前 3 天停药。

砷化物类：如硝酚砷酸（洛克沙砷）。

增效剂类：乙氧酰胺苯甲酯常与氨丙啉、磺胺喹噁啉配合使用，很少单独使用。二甲氧苄氨嘧啶（DVD，或敌菌净），乙胺嘧啶多与氨丙啉、磺胺药、氯苯胍等合用，效果远不及 DVD，且毒性太大。产蛋期禁用。肉鸡宰前 7 天停药。

3. 用药的一般原则

（1）重视预防用药　球虫药大多在球虫发育史的早期（约 4 天）起抑、杀作用，等出现血便时用药已为时过晚。

（2）要根据抗球虫药的作用阶段和作用峰期合理用药　球虫生活史（周期）一般为 7 天，无性生殖期为 4～5 天，有性生殖期为 2 天，体外形成孢子化卵囊为 1～2 天。作用峰期在感染后第一、二天的药物其抗球虫作用较弱，一般用于预防。如喹啉类（乙羟喹啉、丁氧喹啉）、克球粉、离子载体类（如莫能菌素）等一些常用抗球药的作用峰期见表 4-5。

表 4-5　常用抗球药的作用峰期

药物名称	作用阶段	作用峰期（感染后天数）
喹啉类	子孢子、一代	1
盐霉素	一代早期	1
马杜霉素	一代、裂殖体	1～3
拉沙洛菌素	一代	1
莫能菌素	一代	2
常山酮	一、二代	2～3
氯羟吡啶	子孢子、一代	1
地克珠利	子孢子、一代	1～3
二硝托胺	一代	3
氯苯胍	一、二代，配子体，卵囊	3
氨丙啉	一代	3
尼卡巴嗪	二代	4
磺胺类	一、二代	4
呋喃类	二代	4
甲基三嗪酮	裂殖体、配子	1～6

用
药
篇

本类药物会影响对球虫免疫力的产生，一般用于肉鸡，蛋鸡和肉用种鸡一般用或不宜长期使用。另外，要防止因突然停药而引起的球虫暴发。作用峰期在感染后第三、四天的药物，其抗球虫作用较强，一般用于治疗，不宜作为饲料添加剂；本类药对球虫免疫力影响不大，可用于蛋鸡和肉用种鸡（产蛋期慎用），如尼卡巴嗪、氨丙啉、常山酮、球痢灵、磺胺类、呋喃类。

（3）穿梭或轮换用药时，一般先使用作用于第一代裂殖体的药物，再换用作用于第二代裂殖体的药物，可避免耐药性的产生，且可提高防治效果。

（4）球虫药要定期变换或联合使用以减少耐药性的产生。

（5）要选用理想的抗球虫药 ①抗虫谱广，性质稳定；②能提高饲料转化率，且具有抗菌、止血等多种作用；③使用浓度低——高效；④无蓄积作用——无残留；⑤无三致作用，不影响寄主的生长、发育、生产、免疫——安全、低毒；⑥价廉；⑦使用方便——易于拌料或饮水。

（6）注意抗球虫药的毒性与配伍 聚醚类抗球虫药毒性大小顺序：马杜霉素＞来洛霉素＞塞杜霉素＞莫能菌素＞那拉菌素＞拉沙里菌素＞盐霉素。抗球虫药的毒副作用与配伍禁忌见表4-6。

表4-6 抗球虫药的毒副作用与配伍禁忌

药物	鸡半数致死量/（每千克体重毫克数）	产生毒性拌料量/（每千克体重毫克数）	禁忌药物	毒副反应
马杜霉素	5.535	7.5～10	泰妙菌素	安全范围小
莫能菌素	284	121～150	泰妙菌素、竹桃霉素	
拉沙里菌素	75～112	125～150	磺胺药、赤霉素	
盐霉素	150	100	泰妙菌素、竹桃霉素	

药物	鸡半数致死量/（每千克体重毫克数）	产生毒性拌料量/（每千克体重毫克数）	禁忌药物	毒副反应
那拉菌素	52	80～100		
妥曲珠利	1000			
氨丙啉				引起维生素 B_1 缺乏
尼卡巴嗪				引起肉鸡热应激，对产蛋鸡毒性大
氯苯胍				鸡肉带有异味
磺胺喹噁啉				有蓄积中毒现象

（7）选择适当的给药方法　饮水给药比混饲给药好，特别是在鸡患病时。

（8）合理的剂量和疗程。

4. 用药方案及选择

（1）抗球虫药的用药方案

①连续用药法　从雏鸡2周龄开始，饲料中连续添加某一药物。

②轮换法　以鸡的批次或3个月至半年为1个期限。要求：一是替换药之间无交叉耐药性；二是化学结构不能相似；三是作用方式不能相同；四是作用峰期也不能相同。

③穿梭法　同一批鸡不同阶段，用不同药。原则：药物化学结构、作用方法不相同，一般先使用作用于第一代裂殖体（第2～3天）的药物，再换用作用于第二代裂殖体（第4天）的药物。

④用量递减法或间歇法　开始用全量，以后每阶段逐渐减少25%药量，直到完全停药。

用药篇

⑤联合用药法 抗球虫药与抗菌增效剂合用可提高治疗效果，如磺胺喹噁啉与二甲氧嘧啶，氨丙啉与乙氧酰胺苯甲酯联用。抗球虫药与抗球虫药合用也可提高效果，但合用的药物不能发生配伍禁忌，应分别作用于球虫的不同发育阶段。如马杜霉素＋尼卡巴嗪、氯丙啉＋磺胺喹噁啉、乙胺嘧啶＋磺胺药、氯羟吡啶＋苯甲氧喹噁啉。

（2）用药方案的选择 肉鸡的方案可采用连续用药法、穿梭用药法和轮换用药法。如盐霉素（马杜霉素或莫能菌素）与地克珠利（尼卡巴嗪或常山酮）联用。

5. 使用抗球虫药注意事项

（1）防止球虫产生耐药性 球虫药产生抗药性从快到慢顺序：喹噁啉类＞氯羟吡啶＞磺胺类＞呋喃类＞氯苯胍＞氨丙啉＞球痢灵＞尼卡巴嗪＞聚醚类＞三嗪类。

（2）使鸡产生抗球虫免疫力

①与产生抗球虫免疫力有关的因素 产生抗球虫免疫力与药物的作用峰期有关。作用峰期在子孢子、第一代裂殖体的药物影响免疫力的产生，而作用峰期在第二代裂殖体、裂殖子的药物几乎不影响免疫力的产生。产生抗球虫免疫力与药物的使用浓度有关。作用于球虫生活史早期的药物高浓度下使用，影响免疫力的产生，而作用于球虫生活史晚期的药物，无论剂量高低，对免疫力影响很小。

②影响免疫力的抗球虫药 严重抑制免疫力的抗球虫药，如莫能菌素（120毫克/千克饲料）、盐霉素、拉沙霉素；明显抑制免疫力的抗球虫药，如莫能菌素（100毫克/千克饲料）、乙羟喹啉、癸氧喹酯、氯羟吡啶；轻度抑制免疫力的抗球虫药，如氟嘌呤、尼卡巴嗪、氨丙啉；对免疫力无影响的抗球虫药，如氯苯胍、球痢灵、硝氯苯酰胺、大多数磺胺药。

③注意对产蛋的影响和预防残留 除氨丙啉、球痢灵、地克珠利、妥曲珠利外，其他抗球虫药都影响产蛋。

④注意日粮中抗球虫药与抗生素、维生素等的颉颃作用 莫能菌素、盐霉素与磺胺类、红霉素、泰乐菌素、泰妙菌素、竹桃霉素有颉颃作用；氨丙啉与维生素 B 族有颉颃作用，应用时要减少饲料中维生素 B_1 的用量。

⑤了解日粮中已添加的抗球虫药，防止重复使用造成浪费和中毒发生（表 4-7）。

表 4-7　抗球虫药的使用方法

类别	药名	使用浓度及方法	活性期	停药期/天	备注
离子载体类	莫能菌素	100～120 毫克/千克饲料混饲	第 2 天，一代	3	不与磺胺类及赤霉素合用
	拉沙菌素	75～125 毫克/千克饲料混饲	子孢子，一代	3	
	盐霉素	50～60 毫克/千克饲料混饲		5	
	那拉霉素	50～70 毫克/千克饲料混饲		5	
	马杜霉素	5 毫克/千克饲料混饲		5	
	塞杜霉素	25 毫克/千克饲料混饲	一代		
	海南霉素钠	5～7.5 毫克/千克饲料混饲		7	
磺胺类	磺胺喹噁啉钠	150～250 毫克/千克饲料混饲	第 4 天，二代	10	与 TMP、DVD 合用
	磺胺二甲氧嘧啶	125 毫克/千克饲料饮水 6 天		5	
	磺胺氯吡嗪钠	300 毫克/千克饲料饮水 3 天		4	
	磺胺六甲氧嘧啶	125 毫克/千克饲料混饲			

类别	药名	使用浓度及方法	活性期	停药期/天	备注
酰胺类	球痢灵	125～250 毫克/千克饲料混饲	第 3～4 天，二代	5	可抑制雏鸡生长
吡啶类	氯羟吡啶	125～250 毫克/千克饲料混饲	第 1 天，子孢子	7	
喹啉类	丁氧喹啉	82.5 毫克/千克饲料混饲	第 1 天，子孢子	0	
	乙羟喹啉	30 毫克/千克饲料混饲		0	
	甲苄氧喹啉	20 毫克/千克饲料混饲		0	
胍类	氯苯胍	30～60 毫克/千克饲料混饲	第 3 天，一、二代	7	
抗硫胺素类	盐酸氨丙啉	100～250 毫克/千克饲料饮水	第 3 天，一代	7	
	二甲硫胺	62 毫克/千克饲料混饲	第 3 天，一代	3	
均苯脲类	尼卡巴嗪	125 毫克/千克饲料混饲	第 4 天，二代	9	25 克尼卡巴嗪＋1.6 克乙氧酰胺苯甲酯
均三嗪类	地克珠利	1 毫克/千克饲料混饲；0.5 毫克/千克饲料饮水	子孢子，一代		
	妥曲珠利	25 毫克/千克饲料饮水	裂殖及配子阶段	8	
植物碱类	常山酮	3 毫克/千克饲料混饲	一、二代	5	

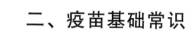

二、疫苗基础常识

（一）疫苗种类及常用疫苗

疫苗是将病毒（或细菌）减弱或灭活，失去原有致病性而仍具有良好的抗原性用于预防传染病的一类生物制剂，接种动物后能产生主动免疫，产生特异性免疫力，包括细菌性疫苗和病毒性疫苗。

1. 疫苗种类及特点 疫苗可分为活疫苗和死疫苗两大类。活疫苗多是弱毒苗，是由活的病毒或细菌致弱后形成的。当其接种后进入鸡只体内可以繁殖或感染细胞，既能增加相应抗原量，又可延长和加强抗原刺激作用，具有产生免疫快，免疫效力好，免疫接种方法多，用量小且使用方便等优点，还可用于紧急预防。死疫苗是用强毒株病原微生物灭活后制成的，安全性好，不散毒，不受母源抗体影响，易保存，产生的免疫力时间长，适用于多毒株活多菌株制成多价苗。但须免疫注射，成本高。

2. 常用疫苗 见表 4-8。

用
药
篇

表 4-8　鸡场常用的疫苗

病名	疫苗名称	用法	免疫期	注意事项
马立克氏病	鸡马立克氏病火鸡疱疹病毒疫苗	1日龄雏鸡皮下注射0.2毫升（含2 000个蚀斑形成单位）	接种后2～3周产生免疫力，免疫期1.5年	①用前注意疫苗质量，使用专用稀释液。②疫苗稀释后必须在1小时内用完。③保持场地、用具洁净
	鸡马立克氏病"814"冻干苗	1日龄雏鸡皮下注射0.2毫升/只	接种后8天产生免疫力，免疫期1.5年	①用前注意疫苗质量，使用专用稀释液。②疫苗稀释后必须在1小时内用完。③保持场地、用具洁净。液氮中保存和运输；取出后将疫苗放入38℃左右温水中，溶化后稀释应用；用时摇匀疫苗
	鸡马立克氏病二价或三价冻干苗。	1日龄雏鸡皮下注射0.2毫升/只	接种后10生免疫力，免疫期1.5年	①用前注意疫苗质量，使用专用稀释液。②疫苗稀释后必须在1小时内用完。③保持场地、用具洁净。液氮保存和运输；取出后将疫苗放入38℃左右温水中，溶化后稀释应用并摇匀疫苗

病名	疫苗名称	用法	免疫期	注意事项
新城疫	新城疫Ⅱ	生理盐水或蒸馏水稀释稀释后滴鼻、点眼、饮水或气雾	7～9天产生免疫力，免疫期受多种因素影响，3～6周不等	①冻干苗冷冻保存，－15℃以下保存，有效期2年。②免疫后检测抗体，了解抗体情况。首免后1个月二免。生产中常用
	新城疫Ⅲ	生理盐水或蒸馏水稀释稀释后滴鼻、点眼、饮水或气雾	7～9天产生免疫力，免疫期受多种因素影响，3～6周不等	①冻干苗冷冻保存，－15℃以下保存，有效期2年。②免疫后检测抗体，了解抗体情况。首免后1个月二免。生产中常用
	新城疫Ⅳ	生理盐水或蒸馏水稀释稀释后滴鼻、点眼、饮水或气雾	7～9天产生免疫力，免疫期受多种因素影响，3～6周不等	①冻干苗冷冻保存，－15℃以下保存，有效期2年。②免疫后检测抗体，了解抗体情况。首免后1个月二免。生产中常用
	新城疫Ⅰ	生理盐水或蒸馏水稀释稀释后滴鼻、点眼、饮水或气雾	注射后72小时产生免疫力，免疫期1年	①冻干苗冷冻保存，－15℃以下保存，有效期2年。②免疫后检测抗体，了解抗体情况。首免后1个月二免。生产中常用
	新城疫灭活苗	雏鸡0.25～0.3毫升/只，成鸡0.5毫升/只，皮下或肌内注射	注射后2周产生免疫力，免疫期3～6个月	①疫苗常温保存，避免冷冻。②逐只注射，剂量要准确

用
药
篇

病名	疫苗名称	用法	免疫期	注意事项
传染性法氏囊炎	传染性法氏囊弱毒苗	首免使用。点眼、滴鼻、肌内注射、饮水	2～3个月	①冷冻保存。②免疫前检测抗体水平，确定首免时间。③免疫前后对鸡舍进行彻底的清洁消毒，减少病毒数量
	传染性法氏囊中毒苗	二、三免或污染严重地区首免使用。饮水	3～5个月	①冷冻保存。②首免后2～3周二免。③免疫前后对鸡舍进行彻底的清洁消毒，减少病毒数量
	传染性法氏囊油剂灭活苗	种鸡群在18～20周龄和40～45周龄皮下注射0.5毫升/只，提高雏鸡母源抗体水平	10个月	①常温保存。②颈部皮下注射。③可以对1周龄以内的雏鸡，与弱毒苗同时使用，有助于克服母源抗体干扰
禽流感	禽流感油乳灭活苗	分别在4～6周龄、17～18周龄和40周龄接种一次	6个月	4～6周龄0.3毫升/只，17～18周龄和40周龄0.5毫升/只，颈部皮下注射。疫苗来源于正规厂家
传染性支气管炎	传染性支气管炎 H_{120}	点眼、滴鼻或饮水	3～5天产生免疫力，免疫期3～4周	①冷冻保存。②基础免疫。③点眼滴鼻可以促进局部抗体产生
	传染性支气管炎 H_{52}	3周龄以上鸡使用。点眼、滴鼻或饮水	3～5天产生免疫力，免疫期5～6个月	①冷冻保存。②使用传染性支气管炎 H_{120} 免疫后再使用此苗

用药篇

病名	疫苗名称	用法	免疫期	注意事项
传染性喉气管炎	传染性喉气管炎弱毒苗	8 周龄以上鸡点眼；15～17 周龄再接种一次	免疫期 6 个月	①本疫苗毒力较强，不得用于 8 周龄以下鸡。②使用此疫苗容易诱发呼吸道病，所以在使用此疫苗前后使用抗生素
鸡脑脊髓炎	鸡脑脊髓炎弱毒苗	免疫种鸡，10 周龄及产蛋前 4 周各一次，饮水免疫	保护子一代 6 周内不发生本病	本疫苗不要用于 4～5 周龄以内的雏鸡；产前 4 周内不得接种疫苗，否则，种蛋能带毒
鸡痘	鸡痘鹌鹑化弱毒苗	翅下刺种或翅内侧皮下注射	8 天产生免疫力，免疫期 1 年以上	①接种后要观察接种效果。②接种时间：春夏季育雏时，首免在 20 天左右；其他季节育雏在开产前免疫
产蛋下降综合征	产蛋下降综合征（EDS-76）灭活苗	110～120 天皮下注射 0.5 毫升/只	1 年以上	
传染性鼻炎	副鸡嗜血杆菌油佐剂灭活苗	分别于 30～40 日龄和 120 天左右各注射一次	小鸡免疫期 3 个月，大鸡 6 个月	根据疫情，必要时再免疫接种。30～40 日龄肌内注射 0.3 毫升/只，120 天左右 0.5 毫升/只
大肠杆菌病	大肠杆菌病灭活菌苗（自家苗）	3 周龄或 1 个月以上雏鸡颈部皮下或肌内注射 1 毫升，4～5 周后再注射一次	注射后 10～14 天产生免疫力，免疫期 3～4 个月	应选择本场分离的致病菌株制成疫苗

用药篇

病名	疫苗名称	用法	免疫期	注意事项
慢性呼吸道病	鸡败血性支原体灭活苗	6～8周龄，颈部皮下注射0.5毫升	10～15天产生免疫力，再注射一次免疫期持续10个月	①2～8℃保存，不能冻结。②常用于种鸡群。③污染严重地区产蛋前再免疫一次
复合苗	传染性支气管炎＋新城疫二联油乳剂苗	首免 H$_{120}$＋Ⅳ，点眼、滴鼻；二免 H$_{52}$＋Ⅳ，点眼、滴鼻或饮水	使用后5～7天产生免疫力，免疫期5～6个月	
	新城疫＋减蛋综合征二联油乳剂苗	16～18周龄肌内或皮下注射0.5毫升/只	免疫期可保持整个产蛋期	
	新城疫＋法氏囊灭活二联油乳剂苗	种鸡产前肌内或皮下注射0.5毫升/只	免疫期可保持整个产蛋期	
	新城疫＋法氏囊＋减蛋综合征三联灭活油乳苗	种鸡产前肌内或皮下注射0.5毫升/只	免疫期可保持整个产蛋期	
	新城疫＋传支＋减蛋综合征三联灭活油乳苗	种鸡产前肌内或皮下注射0.5毫升/只		使用联苗时，要注意新城疫抗体水平，有时不理想

(二) 免疫程序及制订

1. 免疫程序 规模化鸡场根据本地区、本场疫病发生情况（疫病流行种类、季节、易感日龄）、疫苗性质（疫苗的种类、免疫方法、免疫期）和其他情况制订的适合本场的一个科学的免疫计划称作免疫程序。没有一个免疫程序是通用的，而生搬硬套别人现成的程序也不一定能获得最佳的免疫效果，唯一的办法是根据本场的实际情况，参考别人已成功的经验，结合免疫学的基本理论、制订适合本地或本场的免疫程序。

2. 制订免疫程序应考虑的因素

（1）疫情　要了解本地、种苗产地以及本场的鸡病疫情。对目前威胁本场的主要传染病应进行免疫接种。对本地和本场尚未证实发生的疾病，必须证明确实已受到严重威胁时才能计划接种，对强毒型的疫苗更应非常慎重，非不得已引进使用；种苗产地已经发生的传染病，也要进行免疫接种。

（2）鸡的用途及饲养期　不同用途和不同饲养期，疫病种类和发生情况也有很大不同。例如，种鸡在开产前需要接种传染性法氏囊病灭活苗。

（3）母源抗体　母源抗体水平影响到免疫接种的时间和抗体产生的水平。特别是对鸡马立克氏病、鸡新城疫和传染性法氏囊病等疫苗选择及首免时间安排等均须认真考虑。

（4）疫苗的剂型和产地选择　疫苗的剂型和产地不同，其免疫程序也有很大不同。例如，活苗或灭活苗、湿苗或冻干苗，细胞结合型和非细胞结合疫苗之间的选择等以及所用疫苗毒（菌）株的血清型、亚型或株的选择；国产疫苗还是进口疫苗以及疫苗生产厂家的选择等。

（5）疫苗的使用　疫苗剂量和稀释量的确定及某些疫苗的联合使用；不同疫苗或同一种疫苗的不同接种途径的选择；同一种疫苗根据毒力先弱后强安排（如传染性支气管炎疫苗先 H_{120} 后 H_{52}）；同一种疫苗的先活苗后灭活油乳剂疫苗的安排等。不同疫苗之间的干扰和接种时间的安排等。

（6）免疫程序的调整　根据免疫监测结果及突发疾病的发生所作的必要修改和补充等。

3. 参考免疫程序　见表4-9和表4-10。

表 4-9　肉鸡的免疫程序（一）

日龄	疫　苗	接种方法
1	马立克病疫苗	皮下或肌内注射
7～10	新城疫＋传支弱毒苗（H_{120}）	滴鼻或点眼
14～16	传染性法氏囊炎弱毒苗	饮水
25	新城疫Ⅱ或Ⅳ系＋传支弱毒苗（H_{52}）	气雾、滴鼻或点眼
	禽流感灭活苗	皮下注射 0.3 毫升/只
25～30	传染性法氏囊炎弱毒苗	饮水

表 4-10　肉鸡的免疫程序（二）

日龄	疫　苗	接种方法
1	马立克病疫苗	皮下或肌内注射
7	新城疫＋传支弱毒苗(H_{120}）＋肾型弱毒苗	滴鼻或点眼
	新城疫＋复合传染性支气管炎灭活苗	皮下注射 0.25 毫升/只
12～14	传染性法氏囊炎多价弱毒苗	2 倍量饮水
20～25	传染性法氏囊炎中等毒力苗	2 倍量饮水
25	新城疫Ⅱ或Ⅳ系＋传支弱毒苗（H_{52}）	气雾、滴鼻或点眼

（三）免疫接种途径

1. 滴眼滴鼻

（1）方法及特点　滴眼滴鼻免疫是将稀释好的疫苗用滴管滴入鸡的鼻孔或眼睛内（左手握住雏禽，用左手食指与中指夹住头部固定，平放拇指将禽只的眼睑打开，右手持吸有已经稀释好的疫苗滴管，将疫苗液滴入眼内 1 滴，同时滴入鼻孔 1 滴。在滴鼻时应注意用中指堵住对侧的鼻孔。待眼内和鼻孔内疫苗吸入后方可松手）。该方法如果操作得当，效果比较确实，尤其是对一些嗜呼吸道的疫苗，经滴眼滴鼻可以产生局部免疫抗体，免疫效果较好。但需要逐只抓鸡，劳动强度大，易引起鸡的应激，操作稍有马虎，往往达不到预期的目的。

（2）注意事项

①稀释液必须用蒸馏水或生理盐水，最低限度应用冷开水，不要随便加入抗生素。

②稀释液的用量应尽量准确，最好根据自己所用的滴管或针头事先滴试，确定每毫升多少滴，然后再计算实际使用疫苗稀释液的用量。

③为了操作的准确无误，一手一次只能抓一只鸡，不能一手同时抓几只鸡。

④在滴入疫苗之前，应把鸡的头颈摆成水平的位置（一侧眼鼻朝上，另一侧眼鼻朝下），并用一只手指按住向地面一侧鼻孔。

⑤在将疫苗液滴入到眼和鼻孔上以后，应稍停片刻，待疫苗液确已吸入后再将鸡轻轻放回地面。

⑥应注意做好已接种和未接种鸡之间的隔离，以免走乱。

⑦为减少应激，最好在晚上接种，如天气阴凉也可在白天适当关闭门窗后，在稍暗的光线下抓鸡接种。

2. 饮水

（1）**方法及特点**　饮水免疫是将疫苗稀释到饮水中让鸡饮用。该方法避免了逐只抓捉，可减轻劳动强度和应激，但这种方法受影响的因素较多。

（2）**注意事项**

①疫苗应是高效的活毒疫苗。

②稀释疫苗的水应是清凉的，水温不超过 18℃。水中不应含有任何能灭活疫苗病毒或细菌的物质。

③在饮水免疫期间，饲料中也不应含有能灭活疫苗病毒和细菌的药物。

④饮水中应加入 0.1%～0.3% 的脱脂乳或山梨糖醇，以保护疫苗的效价。

⑤为了使每一只鸡在短时间均能摄入足够量的疫苗，在供给

含疫苗的饮水之前 2～3 小时应停止饮水供应（视天气而定）。

⑥稀释疫苗所用的水量应根据鸡的日龄及当时的室温来确定，使疫苗稀释液在 1～2 小时内全部饮完。饮水免疫时不同鸡龄的配水量见表 4-11。

表 4-11　饮水免疫时稀释疫苗的参考用水量

鸡龄/日龄	蛋用鸡/（毫升/只）	肉用鸡/（毫升/只）
5～15	5～10	5～10
16～30	10～20	10～20
31～60	20～30	20～40
61～120	30～40	40～50
120 以上	40～45	50～55

⑦为使鸡群得到较均匀的免疫效果，饮水器应充足，使 2/3 以上的鸡同时有饮水的位置。饮水器不得置于直射阳光下，如风沙较大时，饮水器应全部放在室内。

⑧夏季天气炎热时，饮水免疫最好在早上完成。

3. 肌内或皮下注射

（1）方法及特点　肌内或皮下注射是将稀释好的疫苗用注射器注入鸡的大腿外侧肌肉、胸部肌肉、翼根内侧肌肉或颈部皮下、胸部皮下和腿部皮下等部位。该方法剂量准确、效果确实，但劳动强度大、应激反应强。

（2）注意事项

①疫苗稀释液应是经消毒而无菌的，一般不要随便加入抗菌药物。

②疫苗的稀释和注射量应适当，量太小则操作时误差较大，量太大则操作麻烦，一般以每只 0.2～1 毫升为宜。

③使用连续注射器注射时，应经常核对注射器刻度容量和实际容量之间的误差，以免实际注射量偏差太大。

④注射器及针头用前均应消毒。

⑤皮下注射的部位一般选在颈部背侧（并用拇指、食指掐起注射部位的皮肤，右手持注射器沿皮肤皱褶处刺入针头，然后推入药液），肌内注射部位一般选在胸肌或肩关节附近的肌肉丰满处。

⑥针头插入的方向和深度也应适当，在颈部皮下注射时，针头方向应向后向下，针头方向与颈部纵轴基本平行。对雏鸡的插入深度为 0.5～1 厘米，日龄较大的鸡可为 1～2 厘米。胸部肌内注射时，针头方向应与胸骨大致平行，插入深度在雏鸡为 0.5～1 厘米，日龄较大的鸡可为 1～2 厘米。在将疫苗液推入后，针头应慢慢拔出，以免疫苗液漏出。

⑦在注射过程中，应边注射边摇动疫苗瓶，力求疫苗均匀。

⑧在接种过程中，应先注射健康群，再接种假定健康群，最后接种有病的鸡群。

⑨关于是否一只鸡一个针头及注射部位是否消毒的问题，可根据实际情况而定。但吸取疫苗的针头和注射鸡的针头则绝对应分开，尽量注意卫生以防止经免疫注射而引起疾病的传播或引起接种部位的局部感染。

4. 气雾

（1）**方法及特点**　气雾免疫是将疫苗按要求稀释后装入专用气雾机中在鸡群上方进行气雾，使鸡只可以通过呼吸道和消化道吸收疫苗。该方法极大减轻劳动强度，如操作得当，效果甚好，尤其是对呼吸道有亲嗜性的疫苗效果更佳。但气雾也容易引起鸡群的应激，尤其容易激发慢性呼吸道病的暴发。

（2）**注意事项**

①应选择高效疫苗。

②气雾前对气雾机的各种性能进行测试，以确定雾滴的大小，稀释液用量、喷口与鸡群的距离（高度），操作人员行进速

度等，以便在实施时参照进行。

③气雾前后几天内，在饲料或饮水中添加适当的抗菌药物，预防慢性呼吸道病的暴发。

④疫苗的稀释应用去离子水或蒸馏水，不得用自来水、开水或井水。稀释液中应加入0.1%的脱脂乳或3%～5%甘油。

⑤稀释液的用量因气雾机及鸡群的平养、笼养密度而异，应严格按说明书推荐用量使用。

⑥实施气雾时，气雾机喷头在鸡群上空50～80厘米处，对准鸡头来回移动喷雾，使气雾全面覆盖鸡群，使鸡群在气雾后头背部羽毛略有潮湿感觉为宜。

⑦严格控制雾滴的大小，雏鸡用雾滴的直径为30～50纳米，成鸡为5～10纳米。

⑧气雾期间，应关闭鸡舍所有门窗，停止使用风扇或抽气机，在停止喷雾20～30分钟后，才可开启门窗和启动风扇（视室温而定）。

⑨气雾时，鸡舍内温度和湿度应适宜，温度太低或太高均不适宜进行气雾免疫，如气温较高，可在晚间较凉快时进行。鸡舍内的相对湿度对气雾免疫也有影响，一般要求相对湿度在70%左右最为合适。气雾前后几天内，在饲料或饮水中添加适当的抗菌药物，预防慢性呼吸道病的暴发。

5. 翼膜刺种法

（1）**方法及特点** 翼膜刺种是将疫苗按规定剂量稀释后（1000羽疫苗用25毫升生理盐水稀释），用洁净的钢笔尖或大号缝针蘸取疫苗，刺种在鸡翅膀内侧皮下，每只鸡刺一次或两次。该方法劳动强度大，易应激，操作正确时接种确切。

（2）**注意事项**

①适用于鸡痘疫苗接种。

②小鸡刺一针，大鸡刺两针。

③接种时一定要确定接种针已蘸取了疫苗稀释液，使每一只

被接种鸡接种到足量的疫苗。

④在接种疫苗后一周左右，可见刺种处皮肤上产生绿豆大的小痘，以后逐渐干燥结痂而脱落。如果刺种部位不发生反应，应该重新接种疫苗。

（四）提高免疫效果的措施

生产中鸡群接种了疫苗不一定能够产生足够的抗体来避免或阻止疾病的发生，因为影响家禽的免疫效果因素很多。必须了解影响免疫效果的因素，有的放矢，提高免疫效果，避免和减少传染病的发生。

1. 注重疫苗的选择和使用

（1）疫苗要优质　疫苗是国家专业定点生物制品厂严格按照农业部颁发的生制品规程进行生产，且符合质量标准的特殊产品，其质量直接影响免疫效果。如使用非 SPF 动物生产、病毒或细菌的含量不足、冻干或密封不佳、油乳剂疫苗水分层、氢氧化铝佐剂颗粒过粗、生产过程污染、生产程序出现错误及随疫苗提供的稀释剂质量差等都会影响到免疫的效果。

（2）正确贮运疫苗　疫苗运输保存应有适宜的温度，如冻干苗要求低温保存运输，保存期限不同要求温度不同，不同种类冻干苗对温度也有不同要求。灭活苗要低温保存，不能冻结。如果疫苗在运输或保管中因温度过高或反复冻融，油佐剂疫苗被冻结、保存温度过高或已超过有效期等都可使疫苗减效或失效。从疫苗产出到接种家禽的各个过程不能严格按规定进行，就会造成疫苗效价降低，甚至失效，影响免疫效果。

（3）科学选用疫苗　疫苗种类多，免疫同一疾病的疫苗也有多种，必须根据本地区、本场的具体情况选用疫苗，盲目选用疫苗就可能造成免疫效果不好，甚至诱发疫病。如果在未发生过某种传染病的地区（或鸡场）或未进行基础免疫幼龄鸡群使用强毒活苗可能引起发病。许多病原微生物有多个血清型、血清亚型或基因型。选择的疫苗毒株如与本场病原微生物存在太大差异或不属于一个血清亚型，大多不能起到保护作用。存在强毒株或多个血清（亚）型时仍用常规疫苗，免疫效果不佳。

2. 考虑鸡体对疫苗的反应　鸡体是产生抗体的主体，动物机体对接种抗原的免疫应答在一定程度上会受到遗传控制，同时其他因素会影响到抗体的生成，要提高免疫效果，必须考虑鸡体对疫苗的反应。

（1）减少应激　应激因素不仅影响鸡的生长发育、健康和生产性能，而且对鸡的免疫机能也会产生一定影响。免疫过程中强烈应激源的出现常常导致不能达到最佳的免疫效果，使鸡群的平均抗体水平低于正常。如果环境过冷、过热、通风不良、湿度过大、拥挤、抓提转群、震动噪声、饲料突变、营养不良、疫病或其他外部刺激等应激源作用于家禽导致家禽神经、体液和内分泌失调，肾上腺皮质激素分泌增加、胆固醇减少和淋巴器官退化等，免疫应答差。

（2）考虑母源抗体高低　母鸡抗体可保护雏鸡早期免受各种传染病的侵袭，但由于种种原因，如种蛋来自日龄、品种和免疫程序不同种鸡群。种鸡群的抗体水平低或不整齐，母源抗体的水平不同等，会干扰后天免疫，影响免疫效果，母源抗体过高时免疫，疫苗抗原会被母源抗体中和，不能产生免疫力。母源抗体过低时免疫，会产生一个免疫空白期，易受野毒感染而发病。

（3）注意潜在感染　由于鸡群内已感染了病原微生物，未表现明显的临床症状，接种后激发鸡群发病，鸡群接种后需要一段才能产生比较可靠的免疫力，这段时间是一个潜在危险期，一旦有野毒入侵，就有可能导致疾病发生。

（4）维持鸡群健康　鸡群体质健壮，健康无病，对疫苗应答强，产生抗体水平高。如体质弱或处于疾病痊愈期进行免疫接种，疫苗应答弱，免疫效果差。机体的组织屏障系统和黏膜破坏，也影响机体免疫力。

（5）避免免疫抑制　某些因素作用于机体，损害鸡体的免疫器官，造成免疫系统的破坏和功能低下，影响正常免疫应答和抗体产生，形成免疫抑制。免疫抑制会影响体液免疫、细胞免疫和巨噬细胞的吞噬功能这三大免疫功能，从而造成免疫效果不良，甚至失效。免疫抑制的主要原因有：

①传染性因素　如鸡马立克病病毒（MDV）感染可导致多种疫苗如鸡新城疫疫苗的免疫失败，增加鸡对球虫初次和二次感染的易感性；鸡传染性法氏囊炎病毒（IBDV）感染或接种不当引起法氏囊肿大、出血，降低机体体液免疫应答，引起免疫抑制；禽白血病病毒（ALV）感染导致淋巴样器官的萎缩和再生障碍，抗体应答下降；网状内皮组织增生症病毒（REV）感染鸡，机体的体液免疫和细胞应答常常降低，感染鸡对 MDV、IBV、ILTV、鸡痘、球虫和沙门氏菌的易感性增加；鸡传染性贫血因子病毒（CIAV）可使胸腺、法氏囊、脾脏、盲肠扁桃体和其他组织内淋巴样细胞严重减少，使机体对细菌和真菌的易感性增加，抑制疫苗的免疫应答。

②营养因素　日粮中的多种营养成分是维持家禽防御系统正常发育和机能健全的基础，免疫系统的建立和运行需要一部分的营养。如果日粮营养成分不全面，采食量过少或发生疾病，使营养物质的摄取量不足，特别是维生素、微量元素和氨基酸供给不足，可导致免疫功能低。

③药物因素　如饲料中长期添加氨基糖苷类抗生素会削弱免疫抗体的生成。大剂量的链霉素有抑制淋巴细胞转化的作用。给雏鸡使用链霉素气雾剂同时使用 ND 活疫苗接种时，发现链霉素对雏鸡体内抗体生成有抑制作用。新霉素气雾剂对家禽 ILV 的免疫有明显的抑制作用。庆大霉素和卡那霉素对 T、B 淋巴细胞的转化有明显的抑制作用；饲料中长期使用四环素类抗生素，如给雏鸡使用土霉素气雾剂，同时使用 ND 活疫苗接种时，发现链霉素对雏鸡体内抗体生成有抑制作用，而且 T 淋巴细胞是土霉

素的靶细胞；另外还有糖皮质类激素，有明显的免疫抑制作用，地塞米松可激发鸡法氏囊淋巴细胞死亡，减少淋巴细胞的产生。临床上使用剂量过大或长期使用，会造成难以觉察到的免疫抑制。

④有毒有害物质　重金属元素，如镉、铅、汞、砷等可增加机体对病毒和细菌的易感性，一些微量元素的过量也可以导致免疫抑制。黄曲霉毒素可以使胸腺、法氏囊、脾脏萎缩，抑制禽体IgG、IgA 的合成，导致免疫抑制，增加对 MDV、沙门氏菌、盲肠球虫的敏感性，增加死亡率。

⑤应激因素　应激状态下，免疫器官对抗原的应答能力降低，同时，机体要调动一切力量来抵抗不良应激，使防御机能处于一种较弱的状态，这时接种疫苗就很难产生应有的坚强的免疫力。

3. 正确的免疫操作

（1）合理安排免疫程序　安排免疫接种时要考虑疾病的流行季节，鸡对疾病敏感性，当地或本场疾病威胁，肉鸡品系之间差异，母源抗体的影响，疫苗的联合或重复使用的影响及其他的人为因素、社会因素、地理环境和气候条件等因素，以保证免疫接种的效果。如当地流行严重的疾病没有列入免疫接种计划或没有进行确切免疫，在流行季节没有加强免疫就可能导致感染发病。

（2）确定恰当的接种途径　每一种疫苗均具有其最佳接种途径，如随便改变可能会影响免疫效果，例如禽脑脊髓炎的最佳免疫途径是经口接种，喉气管炎的接种途径是点眼，鸡新城疫Ⅰ系苗应肌内注射，禽痘疫苗一般刺种。当鸡新城疫Ⅰ系疫苗饮水免疫，喉气管炎疫苗用饮水或者肌内注射免疫时，效果都较差。在我国目前的条件下，不适宜过多地使用饮水免疫，尤其是对水质、饮水量、饮水器卫生等注意不够时免疫效果将受到较大影响。

（3）正确稀释疫苗和免疫操作

①保持适宜接种剂量　在一定限度内，抗体的产量随抗原的

用量而增加，如果接种剂量（抗原量）不足，就不能有效刺激机体产生足够的抗体。但接种剂量（抗原量）过多，超过一定的限度，抗体的形成反而受到抑制，这种现象称为"免疫麻痹"。所以，必须严格按照疫苗说明或兽医指导接入适量的疫苗。有些养鸡场超剂量多次注射免疫，这样可能引起机体的免疫麻痹，往往达不到预期的效果。

②科学安全稀释疫苗　如马立克疫苗不用专用稀释液或与植物染料、抗生素混合都会降低免疫效力，有些添加剂可降低马立克疫苗的噬斑达50％以上。饮水免疫时仅用自来水稀释而没有加脱脂乳，或用一般井水稀释疫苗时，其酸碱度及离子均会对疫苗有较大的影响。稀释疫苗时稀释液过多或过少。

③准确免疫操作　饮水免疫控水时间过长或过短，每只鸡饮水量不匀或不足（控水时间短，饮入的疫苗液少，疫苗液放的时间长失效）。点眼滴鼻时放鸡过快，药液尚未完全吸入。采用气雾免疫时，因室温过高或风力过大，细小的雾滴迅速挥发，或喷雾免疫时未使用专用的喷雾免疫设备，造成雾滴过大过小，影响家禽的吸入量。注射免疫时剂量没调准确或注射过程中发生故障或其他原因，疫苗注入量不足或未注入体内等。

④保持免疫接种器具洁净　免疫器具如滴管、刺种针、注射器和接种人员消毒不严，带入野毒引起鸡群在免疫空白期内发病。饮水免疫时饮用水或饮水器不清洁或含有消毒剂影响免疫效果。免疫后的废弃疫苗和剩余疫苗未及时处理，在鸡舍内外长期存放也可引起鸡群感染发病。

（4）注意疫苗之间的干扰作用　严格地说，多种疫苗同时使用或在相近时间接种时，疫苗病毒之间可能会产生干扰作用。例如，传染性支气管炎疫苗病毒对鸡新城疫疫苗病毒的干扰作用，使鸡新城疫疫苗的免疫效果受到影响。

（5）避免药物干扰　抗生素对弱毒活菌苗有干扰作用，抗病毒药对疫苗也有影响。一些人在接种弱毒活菌苗期间，例如接种鸡霍乱弱毒菌苗时使用抗生素，就会明显影响菌苗的免疫效果，在接种病毒疫苗期间使用抗病毒药物，如病毒唑等也可能影响疫苗的免疫效果。

4. 保持良好的环境条件 如果肉鸡场隔离条件差，卫生消毒不严格，病原污染严重等，都会影响免疫效果。如育雏舍在进鸡前清洁消毒不彻底，马立克病毒、法氏囊病毒等存在，这些病毒在育雏舍内滋生繁殖，就可能导致免疫效果差，发生马立克病和传染性法氏囊炎。大肠杆菌严重污染的禽场，卫生条件差，空气污浊，即使接种大肠杆菌疫苗，大肠杆菌病也还可能发生。所以，必须保持良好的环境卫生条件，以提高免疫接种的效果。

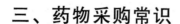

三、药物采购常识

（一）药物采购原则

1. 明确采购药品的目的，不要盲目采购。

2. 少采购、勤采购。

3. 要货比三家，先比较药品的质量和功效，再比较药品的价格。

4. 从正规渠道采购。

5. 不轻信广告宣传和厂家介绍。

（二）制订采购计划

1. 制订详细的采购计划，以实际生产需要为导向，做好严密的调研和科学预测。

2. 在实施采购计划时，做到满足生产需要，防止耽误生产、少进勤进、合理库存，减少资金占用。

3. 根据实际生产需要及时检查和修订采购计划。

（三）选择采购对象

1. 采购药品时，应选择证照齐全的生产厂家，尤其是必须有《营业执照》《生产经营许可证》《产品批准文号》《GMP 证

用药篇

书》等资料，选择具有法人资格、管理水平高、产品质量优并稳定、信誉高、合法生产经营的生产厂家。

2. 要建立采购台账档案，每年对采购的对象进行一次分析和评价，巩固和发展企业信誉高、产品质量优的企业购销关系。

（四）签订采购合同

1. 为维护合法权益，在采购药品时，要与供应商或厂家依法签订购销合同。合同的签约人须是法人或法人委托人，应审核供应商的资质、授权委托书等。

2. 采购合同签订时需要明确的相关内容：①品名、规格、厂牌、单位、数量、单价、金额、包装等；②质量标准、验收方式等，进口药品须有口岸药品检验所的检验报告书；③付款方式及期限；④交货地点及办法、费用承担；⑤双方单位信息；⑥双方其他约定条款。

3. 采购合同一经签订应严格按期履行，并定期检查合同执行情况。如有困难，须以书面形式通知对方进行注销或更改，并留底存查，否则将承担违约责任。

4. 要对合同进行管理，审核确保合同的合法性、有效性；保证合同的依法执行；分析合同履行情况，效益好坏；建立健全合同档案管理。

（五）采购凭证和质量管理

1. 采购药品时，要严格审查并向供应商索要相关的发票等票据。

2. 收到供应商的药品后，要办理入库手续，财会人员凭盖有质量验收员印章的付款凭证方可付款。

3. 采购发票应建档妥善保存，以利于分析备查。

4. 供应商提供的发票，内容要准确无误，票面干净整洁，做到票货同行。

（六）区分产品，做好记录

要将合格品与不合格品区分开来，并做好相应的产品质量记录。

（七）首次采购一种药品时需要注意的事项

1. 应向供应商索取批准文号的批件、药品质量标准、药品使用说明书、药品小包装、标签、说明书、样张和样品等。

2. 应向供应商索取证照、注册商标、批件的复印件及药品法定检验报告书。

3. 在试用期，每批到货均应按批向供应商索取化验报告书。

4. 应建立质量档案，做好使用效果记录。

（八）特别要注意辨别药品的名称

一个药品可有通用名、化学名、商品名，但最常用的是通用名和商品名。对于一种药品，通用名是全世界通用的。也就是说，一种药品只对应一个通用名，而商品名因生产厂家不同而异。采购时不能只记商品名，还要学会并记住通用名。一般商品名在药品包装上最醒目，而通用名字体较小。如果只记商品名，当在使用不同的商品名药品时，可能会因不同商品名的同一药物而重复用药，造成药物中毒。因此，要记住药品的通用名，因为它是唯一的。在采购药品时，只需将通用名告诉供应商即可。

用
药
篇

四、药物的贮藏保管常识

药物在贮藏保管过程中易受到外界多种因素的影响，贮藏不当会引起效价降低或失效，甚至会变质导致毒副作用增强。因此，有必要了解药物本身理化性质和外来因素对药物质量的影响，针对不同类别的药物采取有效的措施和方法进行贮藏保管。

（一）包装、标签与说明书

1. 包装　《兽药管理条例》（2004 年 11 月 1 日起施行）第二十条规定：兽药包装应当按照规定印有或者贴有标签，附有说明书，并在显著位置注明"兽用"字样。直接接触兽药的包装材料和容器应当符合药用要求。兽药包装材料应符合质量及卫生要求，按规定加贴标签和说明书。

2. 标签　新的《兽药标签和说明书管理办法》于 2003 年 3 月 1 日起施行，其中规定了兽药标签的基本要求和兽药说明书的基本要求。兽药产品（原料药除外）必须同时使用内包装标签和外包装标签。

3. 说明书　兽用化学药品、抗生素产品的单方、复方及中西复方制剂的说明书必须注明以下内容：兽用标识、兽药名称、主要成分、性状、药理作用、适应证（或功能与主治）、用法与用量、不良反应、注意事项、停药期、外用杀虫药及其他对人体或环境有毒有害的废弃包装的处理措施、有效期、含量、包装规格、贮藏方法、批准文号和生产企业信息等。

（二）兽药的贮藏保管条件

由于各种药物之间的成分、化学性质、剂型不同等原因，它们各自的稳定性均有差异。同时，药物在贮藏期间，由于外界环境因素的作用，导致药物的稳定性发生变化，药物质量亦受影响，必须根据兽药的质量标准要求提出的具体规定执行。如遮光（指不透明的容器包装，如棕色瓶或黑色纸包裹的无色透明、半透明容器）、密闭（将容器密闭，以防止尘土及异物进入）保存；密封（将容器密封，以防止风化、吸潮、挥发和异物进入）保存；密闭、在阴凉（指不超过20℃）、干燥处保存等。贮藏保管条件在兽药标签、说明书中也有相应的描述。

（三）不同兽药的贮藏保管

药品应按其温、湿度要求，分别贮存，并按性质分类存放，做到药品与非药品分别存放；性质相互影响，易串味药品分别存放；内服药与外用药分别存放；品名与外包装易混淆的分别存放。

一般药品都应按《中华人民共和国兽药典》或《中华人民共和国兽药规范》中该药"贮藏"项下的规定条件，因地制宜地贮存与保管。各种药物的贮藏保管方法如下。

1. 预混剂的贮藏保管　预混剂是指1种或1种以上的药物与适宜的基质均匀混合制成的粉末状或颗粒状制剂，作为药物添加剂的一种剂型专用于混饲给药，如盐霉素钠预混剂、杆菌肽锌预混剂、氟苯尼考预混剂、伊维菌素预混剂等。

预混剂在贮存过程中，温度、湿度、空气及微生物等对其质量均有一定影响，其中以湿度影响最大。因为预混剂的分散度较大（一般比原料药大），其吸湿性也比较显著，吸湿后可引起药物结块、变质或受到微生物污染等，因此对于预混剂的保管养护，防潮是关键。

一般预混剂均应在干燥处密闭低温避光保存，同时还要结合药物的性质、散剂剂型和包装的特点来考虑。预混剂的具体保管要求如下：

第一，纸质包装的预混剂容易吸潮，吸潮后药物粉末发生润湿、结块，有时纸袋上出现印迹或霉斑等现象，所以应严格注意防潮保存。此外，纸制包装容易破裂，贮运中要避免重压，以防破漏。有些纸制包装用过糨糊加工，还应注意防止鼠咬虫蛀。

第二，塑料薄膜包装的预混剂虽较纸质包装稳定，但由于目前塑料薄膜在透气、透湿方面还有一定的局限性，尤其在南方潮湿地区，仍须注意防潮，并且不宜久贮。

第三，含吸湿性载体的预混剂应密封于干燥处，注意防潮。中草药载体预混剂吸湿后易发生霉变虫蛀，亦应防潮。

第四，含有遇光易变质药物的预混剂，要避光保存，特别要防止日光的直接照射。

此外，预混剂的包装一般相差不大，品种名称比较复杂，在保管养护中要按品名、规格、用途分类集中保管，收、发货要仔细校对，以免错收错发。对易吸湿变质的预混剂要经常检查有无吸湿情况；使用吸湿剂保存的预混剂，还要定期检查吸湿情况，及时加以更换。

2. 注射剂的贮藏保管　注射剂亦称为针剂，是指供注动物体内应用的一种制剂。注射剂在贮存期的保管，应根据药物的理化性质，并结合其溶液和包装容器的特点，综合加以考虑。

一般注射剂应避光贮存，并按药典规定的条件保管；遇光易变质的注射剂。如肾上腺素、盐酸氯丙嗪、对氨基水杨酸钠、维生素类等注射剂，在保管中要注意采取各种遮光措施，防止紫外光照射；遇热易变质的注射剂包括抗菌注射剂、脏器制剂或酶类注射剂、生物制品等，它们绝大部分都有有效期规定，在保管中除应在规定的温度条件下贮存外，还要遵守"先产先出、近期先出"的原则，在炎热季节加强检查。

3. 片剂的贮藏保管　片剂系指药物或提取物经加工压制成片状的口服或外用制剂。片剂除含有主药外，尚加有一定的辅料如淀粉等赋以成形。片剂因含药材粉末或浸膏量较多，因此极易吸湿、松片、裂片，以至黏结、霉变等。

片剂应密封贮藏，置于室内凉爽、通风、干燥、避光处保存，防止包装贮运过程中发生磨损或碎片。在湿度较大时，淀粉等辅料易吸收水分，可使片剂发生松散、破碎、发霉、变质等现象，因此湿度对片剂的影响最为严重。其次温度、光照亦能导致某些片剂变质失效。所以，片剂的保管养护工作，不但要考虑所含原料药物的性质，而且要结合片剂的剂型、辅料及包装特点，综合加以考虑。

第一，所有片剂除另有规定外，都应密闭在干燥处保存，防止受潮、发霉、变质。贮存片剂的仓库，空气相对湿度以60%～70%为宜，最高不得超过80%，如遇梅雨季节或在南方潮热地区空气相对湿度超过80%时，则应注意采取防潮、防热措施。

第二，包衣片（糖衣片、肠溶衣片）吸湿、受热后，易发生包衣褪光、褪色、粘连、溶化、霉变，甚至膨胀脱壳等现象，因此保管要求较一般片剂严，应注意防潮、防热保存。

第三，含片中除一般赋形剂外，并掺有多量糖分，吸湿、受热后易溶化粘连，严重时能发生霉变，应注意密封，在干燥阴凉处保存。

第四，含有易挥发性药物的片剂受热后能使药物挥散、成分损失、含量降低，从而影响效用，故应注意防热，在阴凉处保存。

第五，含有生药、脏器或蛋白质类药物的片剂如健胃片、甲状腺片、酵母片等易吸湿松散、发霉、虫蛀，应注意密封在干燥处保存。

用药篇

第六，吸湿后易变色、变质及潮解、溶化、粘连的药物片剂，需要特别注意防潮。

第七，主药对光敏感的片剂如磺胺类药物片剂等，必须盛于遮光容器内（如棕色瓶），注意避光保存。

第八，抗菌药物片剂、某些生化制剂及洋地黄等一些性质不稳定的片剂，多有有效期规定及贮存条件的要求，应严格按照规定的贮存条件保管，有效期规定的则应掌握"先产先出，近期先出"的原则，以免过期失效。

第九，中草药片剂易吸湿，贮存不当易粘连变质，如含有挥发性成分，久贮后还会减味、降低疗效，因此保管时要注意防潮。

4. 生物制品的贮藏保管　生物制品的保管必须按其说明书要求进行。兽医生物制品多是用微生物或其代谢产物所制成，从化学成分上看，多具蛋白质特性，而且有的制品本身就是活的微生物。因此，生物制品一般都怕热、怕光，有的还怕冻，保存条件直接会影响到制品质量。一般来说，温度越高，保存时间越短。最适宜的保存条件是2～10℃的干暗处。活疫苗是活的微生物，若遇温度过高，微生物的新陈代谢也同时增加，会导致其加速死亡；活疫苗除干燥制品不怕冻结外，其他制品一般不能在0℃以下保存，否则会因冻结而造成蛋白质变性，融化后会发生大量溶菌或出现摇不散的絮状沉淀而影响免疫效果，甚至会加重接种后的反应。灭活苗的性质相对较稳定，保存有效期长，一般保存在阴暗干燥的室温下即可。

生物制品多标有失效期或有效期，如已过期即不可使用。因此，应在适当的环境下保管生物制品以保证其有效期。同时，应经常检查生物制品的质量，观察有无变色、变质、破裂及标记不清等情况，发现异常应停止使用。

生物制品通常采用冰箱贮藏保管，在此期间，应注意以下事项：

第一，制订冰箱使用制度，冰箱应保持一定的温度，定期化霜，定期清洁。每次开启冰箱时间不要过长，以免影响生物制品质量。遇有停电时，要设法将生物制品妥善放置。冰箱内严禁存放食物及其他物品，以免污染生物制品。

第二，相似的生物制品分开放，避免用错；同类制品有效期长的，放在冰箱里面，接近失效期的放在外边，便于使用；不常用的疫苗，可放在最底层。

第三，生物制品的缓冲剂应与生物制品放在一起，便于使用。特殊生物制品要标记，以免使用时发生差错。

第四，对易潮解的生物制品要妥善保管，放置在玻璃瓶或塑料袋内（袋口要扎紧），要放在贮冰槽内或冷藏器的冰上。

（四）药品的质量控制和保管养护

1. 质量验收

（1）药品库应设置黄色标志的药品待验区，凡入库待验的药品应在待验区进行。

（2）质量验收员对待验药品，应在 24 小时内对数量、质量、包装三个方面进行验收，并按规定比例抽样检查，验收完毕后恢复原状。

（3）未使用完退回的药品，应查清退回原因后再进行验收，检查填写退回商品台账及退回质量验收通知单。质量完好的凭退回发票入合格品区，有质量问题的入不合格品区。

（4）验收药品时，除详细核对进货凭证及品名、规格、厂牌、批号、数量、逐批验收，做好验收记录外，还应核对有效期、批准文号、注册商标、许可证号、外观质量情况、包装质量等，每个批号药品附生产厂家质检部门发出的质量检验合格报告单。验收记录内容完整、不缺页、字迹清楚、结论准确，每笔验收均应签字盖章，记录保存 5 年。

（5）凡验收合格的药品，由质量验收员在该药品入库凭证、付款凭证上签章后方可入库和付款。

（6）凡验收不合格药品，应放入不合格区，由质量验收员填制《药品拒收报告单》，由保管员核查后，方可拒收。

（7）药品破损和原装短少，其破损和短少的数量，由仓库填制《药品报损单》，随同批入库凭证分送业务及财会部门。

（8）药品进货手续不全、无合格证或无检验报告书的来货不得验收。进货手续齐全，但质量凭证可疑及验收不合格的也应拒绝入库。

（9）药品经签收入待验区后，质量验收员对药品的安全负责。

2. 不合格药物的处理　有下列情形之一者为不合格商品：①产品质量不符合法定质量标准规定，②药品无批准文号、注册商标、批号，③进口药品口岸药检部门检验报告书复印件，④药品的包装、质量及标志等都不符合规定，⑤缺乏必要的使用说明书的药品。

如果查出不合格药物，处理措施如下。

（1）质量验收员查出质量不合格药品，应将该药品放入划有红线标志的不合格品区内，同时，填写《药商拒收报告单》，按规定程序做出查询与拒付处理。

（2）药品保管员查出质量不合格的药品，应及时填写《药品质量复检通知单》交保管员复检，按复检结果，做出相应处理意见。

（3）对在库药品中的自然变质或过期失效药品，应及时停用，并堆入不合格区，由仓库保管员填写《不合格药品报损审批表》，并按规定报损处理。

（4）对在库药品霉烂变质、虫蛀、鼠咬、过期失效、不合格药品损失数量多、金额大、严重的应及时上报，按有关制度处理。

（5）药品库应设立不合格药品存放区，专门存放不合格

用
药
篇

药品。

3. 药品的养护

（1）有效期药品要挂有效期标志，有效期限尚有一年的药品，要及时使用或退货。

（2）药品入库后，依据先进先出、近期先出、易变先出的原则，按批号堆码。混垛期限、效期药品不超过 1 个月，一般药品不超过 3 个月。

（3）凡药品入库堆码，除不应倒置外，应按《药品经营质量管理规范》（GSP）规定的"五距（距顶棚、地面、后墙、发热源和不同类别药物间距）"和"五区（成品待验库、合格品库、发货库、不合格品库、退货库）"堆放，做到货垛堆码牢固、整齐，倾斜角小于 15°。

（4）药品库坚持温湿度管理，库内设温湿度计，由保管员做好每天温湿度记录，适时采取封闭、通风、排潮、降温等措施。

（5）药品贮存，实行分区分类、货位编号。药品入库后，保管员应将货区段和货位号填写入库凭证上，并按出库凭证上标出的区段货位发货。

（6）药品库要建立药品检查养护档案，即设置药品养护档案表、养护记录、养护台账、检验报告书、质量报表等记录。

（7）内包装破损的药品，不得使用。破损及不合格品不得随便处理，应列表审批，监督销毁。

（8）保管员应坚持"动碰复核"和"季度盘点"制度，以保持账货相符，查清差错事故原因和责任。

（9）药品库坚持药品贮存环境的清洁卫生，做好避光、防虫鼠和通风排水，照明和消防设施符合安全。

（10）药品库的账册以及相应的台账记录应保存 5 年备查。

五、允许使用和禁用药物

（一）允许使用的药物

见表 4-12、表 4-13。

表 4-12　肉鸡药物饲料添加剂使用规范

品名（商品名）	规格	用量	休药期	其他注意事项
二硝托胺预混剂（球痢灵）	0.25％	每吨饲料添加 500 克	3	
马杜霉素铵预混剂（抗球王，加福）	1％	每吨饲料添加 500 克	5	无球虫病时，含百万分之六以上马杜霉素铵盐的饲料对生长有明显抑制作用，也不改善饲料报酬
尼卡巴嗪预混剂（杀球宁）	20％	每吨饲料添加 100～125 克	4	高温季节慎用
尼卡巴嗪、乙氧酰胺苯甲酯预混剂（球净）	25％尼卡巴嗪＋16％乙氧酰胺苯甲酯	每吨饲料添加 500 克	9	高温季节慎用

用
药
篇

品名（商品名）	规格	用量	休药期	其他注意事项
甲基盐霉素预混剂（禽安）	10%	每吨饲料添加 600～800 克		禁止与泰妙菌素、竹桃霉素并用，防止与人眼接触
甲基盐霉素、尼卡巴嗪预混剂（猛安）	8%甲基盐霉素＋8%尼卡巴嗪	每吨饲料添加 310～560 克	5	禁止与泰妙菌素、竹桃霉素并用；高温季节慎用
拉抄洛西钠预混剂（球安）	15% 或 45%	每吨饲料添加 75～125 克（以有效成分计）	3	
氢溴酸常山酮预混剂（速丹）	0.6%	每吨饲料添加 500 克	5	
盐酸氯苯胍预混剂	10%	每吨饲料添加 300～600 克	5	
盐酸氨丙啉、乙氧酰胺苯甲酯预混剂（加强安保乐）	25%盐酸氨丙啉＋1.6%乙氧酰胺苯甲酯	每吨饲料添加 500 克	3	每 1 000 千克饲料中维生素 B_1 大于 10 克时明显颉颃
盐酸氨丙啉、乙氧酰胺苯甲酯、磺胺喹噁啉预混剂（百球清）	20%盐酸氨丙啉＋1%乙氧酰胺苯甲酯＋12%磺胺喹噁啉	每吨饲料添加 500 克	7	每 1 000 千克饲料中维生素 B_1 大于 10 克时明显颉颃
氯羟吡啶预混剂	25%	每吨饲料添加 500 克	5	
海南霉素钠预混剂	1%	每吨饲料添加 500～750 克	7	
赛杜霉素钠预混剂（禽旺）	5%	每吨饲料添加 500 克	5	

用

药

篇

品名（商品名）	规格	用量	休药期	其他注意事项
地克珠利预混剂	0.2%或0.5%	每吨饲料添加1克（以有效成分计）		
莫能菌素钠预混剂（欲可胖）	5%、10%或20%	每吨饲料添加90～110克（以有效成分计）	5	禁止与泰妙菌素、竹桃霉素并用；搅拌配料时禁止与人的皮肤、眼睛接触
杆菌肽锌预混剂	10%或15%	每吨饲料添加4～40克（以有效成分计）		
黄霉素预混剂（富乐旺）	4%或8%	每吨饲料添加5克（以有效成分计）		
维吉尼亚霉素预混剂（速大肥）	50%	每吨饲料添加10～40克	1	
那西肽预混剂	0.25%	每吨饲料添加1 000克	3	
阿美拉霉素预混剂（效美素）	10%	每吨饲料添加50～100克	8	
盐霉素钠预混剂（优素精、赛可喜）	5%、6%、10%、12%、45%、50%	每吨饲料添加50～70克（以有效成分计）	5	禁止与泰妙菌素、竹桃霉素并用
硫酸黏杆菌素预混剂（抗敌素）	2%、4%、10%	每吨饲料添加2～20克（以有效成分计）		

用药篇

品名（商品名）	规格	用量	休药期	其他注意事项
牛至油预混剂（诺必达）	每1000克中含5-甲基-2-异丙基苯酚和2-甲基-5-异丙基苯酚25克	每吨饲料加450克（用于促生长）或50～500克（用于治疗）		
杆菌肽锌、硫酸黏杆菌素预混剂（万能肥素）	5%杆菌肽＋Ⅰ%黏杆菌素	每吨饲料添加2～20克（以有效成分计）	7	
土霉素钙	5%、10%、20%	每吨饲料添加10～50克（以有效成分计）		
吉他霉素预混剂	2.2%、11%、55%、95%	每吨饲料添加5～11克（用于促生长）或100～330克（用于防治疾病），连用5～7天。以上均以有效成分计	7	
金霉素（饲料级）预混剂	10%、15%	每吨饲料添加20～50克（以有效成分计）	7	
恩拉霉素预混剂	4%、8%	每吨饲料添加1～10克（以有效成分计）	7	

用
药
篇

品名（商品名）	规格	用量	休药期	其他注意事项
磺胺喹噁啉、二甲氧苄啶	20%磺胺喹噁啉＋4%二甲氧苄啶	每吨饲料添加500克	10	连续用药不得超过5天
越霉素A预混剂（得利肥素）	2%、5%、50%	每吨饲料添加5～10克（以有效成分计）	3	
潮霉素B预混剂（效高素）	1.76%	每吨饲料添加8～12克（以有效成分计）	3	避免与人皮肤、眼睛接触
地美硝唑预混剂	20%	每吨饲料添加400～2 500克	3	连续用药不得超过10天
磷酸泰乐菌素预混剂	2%、8.8%、10%、22%	每吨饲料添加4～50克（以有效成分计）	5	
盐酸林可霉素预混剂（可肥素）	0.88%、11%	每吨饲料添加2.2～4.4克（以有效成分计）	5	
环丙氨嗪预混剂（蝇得净）	1%	每吨饲料添加500克		
氟苯咪唑预混剂（氟苯诺）	5%、50%	每吨饲料添加30克（以有效成分计）	4	
复方磺胺嘧啶预混剂（立可灵）	12.5%磺胺嘧啶＋2.5%甲氧苄啶	每日添加嘧啶0.17～0.2克/千克		

品名（商品名）	规格	用量	休药期	其他注意事项
硫酸新霉素预混剂（新肥素）	15.4%	每吨饲料添加 500～1 000 克	5	
磺胺氧吡嗪钠可溶性粉（三字球虫粉）	30%	每吨饲料添加 600 毫克（以有效成分计）	1	

注：（1）摘自中华人民共和国农业部公告 168 号《药物饲料添加剂使用规范》。

（2）表中所列的商品名是由产品供应商提供的产品商品名。给出目的是方便使用者，并不表示对该产品的认可。如果其他产品具有相同的效果，也可以选用其他产品。

表 4-13 肉鸡场常用药物

药物名称	主要用途	用法与用量	注意事项
青霉素 C	又名青霉素、苄青霉素，抗菌药物	肌内注射：5 万～10 万单位/千克体重	与四环素等酸性药物及磺胺类药有配伍禁忌
氨苄青霉素	又名氨苄西林、氨比西林，抗菌药物	拌料：0.02%～0.05%，肌内注射：25～40 毫克/千克体重	同青霉素 G
阿莫西林	又名羟氨苄青霉素，抗菌药物	饮水或拌料：0.02%～0.05%	同青霉素 C
头孢曲松钠	抗菌药物	肌内注射：50～100 毫克/千克体重	与林可霉素有配伍禁忌
头孢氨苄	又名先锋霉素Ⅳ，抗菌药物	口服：35～50 毫克/千克体重	同头孢曲松钠

药物名称	主要用途	用法与用量	注意事项
头孢唑啉钠	又名先锋霉素Ⅴ，抗菌药物	肌内注射：50～100毫克/千克体重	同头孢曲松钠
头孢噻呋	抗菌药物	肌内注射：0.1毫克/只	用于1日龄雏鸡
红霉素	抗菌药物	饮水：0.005%～0.02%；拌料：0.01%～0.03%	不能与莫能菌素、盐霉素等抗球虫药合用
罗红霉素	抗菌药物	饮水：0.005%～0.02%；拌料：0.01%～0.03%	与红霉素存在交叉耐药性
泰乐菌素	或泰农，抗菌药物	饮水：0.005%～0.01%；拌料：0.01%～0.02%；肌内注射：30毫克/千克体重	不能与聚醚类抗生素合用。注射用量过大，注射部位坏死，精神沉郁及采食量下降1～2天
替米考星	抗菌药物	饮水：0.01%～0.02%	蛋鸡禁用
螺旋霉素	抗菌药物	饮水：0.02%～0.05%；肌内注射：25～50毫克/千克体重	
北里霉素	吉他霉素、柱晶白霉素，抗菌药物	饮水：0.02%～0.05%；拌料：0.05%～0.1%；肌内注射：30～50毫克/千克体重	蛋鸡产蛋期禁用
林可霉素	又名洁霉素，抗菌药物	饮水：0.02%～0.03%；肌内注射：20～50毫克/千克体重	最好与其他抗菌药物联用以减缓耐药性产生，与多黏菌素、卡那霉素、新生霉素、青霉素C、链霉素、复合维生素B等药物有配伍禁忌

用药篇

药物名称	主要用途	用法与用量	注意事项
泰妙灵	又名支原净，抗菌药物	饮水：0.0125%～0.025%；拌料：0.004%	不能与莫能菌素、盐霉素、甲基盐霉素等聚醚类抗生素合用
杆菌肽	抗菌药物	口服：100～200单位/只	对肾脏有一定的毒副作用
多黏菌素E	又名黏菌素、抗敌素，抗菌药物	口服：3～8毫克/千克体重；拌料，0.002%	与氨茶碱、青霉素G、头孢菌素、四环素、红霉素、卡那霉素、维生素B$_{12}$、碳酸氢钠等有配伍禁忌
链霉素	抗菌药物	肌内注射：5万～10万单位/千克体重	雏禽和纯种外来禽慎用
庆大霉素	抗菌药物	饮水：0.01%～0.02%；肌内注射，5～10毫克/千克体重	与氨苄青霉素、头孢菌素类、红霉素、磺胺嘧啶钠、碳酸氢钠、维生素C等药物有配伍禁忌。注射剂量过大，可引起毒性反应，表现为水泻、消瘦等
卡那霉素	抗菌药物	饮水：0.01%～0.02%；肌内注射，5～10毫克/千克体重	尽量不与其他药物配伍使用。与氨苄青霉素、头孢曲松钠、磺胺嘧啶钠、氨茶碱、碳酸氢钠、维生素C等有配伍禁忌。注射剂量过大，可引起毒性反应，表现水泻、消瘦等
阿米卡星	又名丁胺卡那霉素，抗菌	饮水：0.005%～0.01%；拌料：0.01%～0.02%；肌内注射：5～10毫克/千克体重	与氨苄青霉素、头孢唑啉钠、红霉素、维生素C、新霉素、盐酸四环素类、氨茶碱、地塞米松、环丙沙星等药物有配伍禁忌。注射剂量过大，可引起毒性反应，表现为水泻、消瘦等
新霉素	抗菌药物	饮水：0.01%～0.02%；拌料：0.02%～0.03%	

用
药
篇

药物名称	主要用途	用法与用量	注意事项
壮观霉素	又名大观霉素、速百治，抗菌药物	肌内注射：7.5～10毫克/千克体重；饮水：0.025%～0.05%	蛋鸡产蛋期禁用
安普霉素	又名阿普拉霉素，抗菌药物	饮水：0.025%～0.05%	
土霉素	又名氧四环素，抗菌药物	饮水：0.02%～0.05%；拌料：0.1%～0.2%	与丁胺卡那霉素、氨茶碱、青霉素C、氨苄青霉素、头孢菌素类、新生霉素、红霉素、磺胺嘧啶钠、碳酸氢钠等药物有配伍禁忌。剂量过大对孵化率有不良影响
强力霉素	又名多西环素、脱氧土霉素，抗菌药物	饮水：0.01%～0.05%；拌料：0.02%～0.08%	同土霉素
四环素	抗菌药物	饮水：0.02%～0.05%；拌料：0.05%～0.1%	同土霉素
金霉素	抗菌药物	饮水：0.02%～0.05%；拌料：0.05%～0.1%	同土霉素
甲砜霉素	又名甲砜氯霉素、林可霉素，抗菌药物	饮水或拌料：0.02%～0.03%；肌内注射：20～30毫克/千克体重	与庆大霉素、新生霉素、土霉素、四环霉素、硫霉素、红霉素、泰乐菌素、螺旋霉素等有配伍禁忌
氟苯尼考	或氟甲砜霉素，抗菌药物	肌内注射：20～30毫克/千克体重	
氧氟沙星	又名氟嗪酸，抗菌药物	饮水：0.005%～0.01%；拌料：0.015%～0.02%；肌内注射：5～10毫克/千克体重	与氨茶碱、碳酸氢钠有配伍禁忌，与磺胺类药合用，加重对肾的损伤

用药篇

药物名称	主要用途	用法与用量	注意事项
恩诺沙星	抗菌药物	饮水：0.005%～0.01%；拌料：0.015%～0.02%；肌内注射：5～10毫克/千克体重	同氧氟沙星
环丙沙星	抗菌药物	饮水：0.01%～0.02%；拌料：0.02%～0.04%；肌内注射：10～15毫克/千克体重	同氧氟沙星
达氟沙星	又名单诺沙星，抗菌药物	饮水：0.005%～0.01%；拌料：0.015%～0.02%；肌内注射：5～10毫克/千克体重	同氧氟沙星
沙拉沙星	抗菌药物	饮水：0.005%～0.01%；拌料：0.015%～0.02%；肌内注射：5～10毫克/千克体重	同氧氟沙星
敌氟沙星	又名二氟沙星，抗菌药物	饮水：0.005%～0.01%；拌料：0.015%～0.02%；肌内注射：5～10毫克/千克体重	同氧氟沙星
氟哌酸	又名诺氟沙星，抗菌药物	饮水：0.01%～0.05%；拌料：0.03%～0.05%	同氧氟沙星
磺胺嘧啶	抗菌药物，抗球虫药，抗卡氏白细胞虫药	饮水：0.1%～0.2%；拌料：0.2%～0.4%；肌内注射，40～60毫克/千克体重	不能与拉沙菌素、莫能菌素、盐霉素配伍。产蛋鸡慎用。本品最好与碳酸氢钠同时使用

用
药
篇

药物名称	主要用途	用法与用量	注意事项
磺胺二甲嘧啶	又名菌必灭，抗菌药物、抗球虫药、抗卡氏白细胞虫药	饮水：0.1%～0.2%；拌料：0.2%～0.4%；肌内注射：40～60毫克/千克体重	同磺胺嘧啶
磺胺甲噁唑	又名复方新诺明，抗菌药物、抗球虫药、抗卡氏白细胞虫药	饮水：0.03%～0.05%；拌料：0.05%～0.1%；肌内注射：30～50毫克/千克体重	同磺胺嘧啶
磺胺喹噁唑	抗菌药物、抗球虫药、抗卡氏白细胞虫药	饮水：0.02%～0.05%；拌料：0.05%～0.1%	同磺胺嘧啶
二甲氧苄氨嘧啶	又名敌菌净，抗菌药物、抗球虫药、抗卡氏白细胞虫药	饮水：0.01%～0.02%；拌料：0.02%～0.04%	由于易形成耐药性，因此不宜单独使用。常与磺胺类药或抗生素按1∶5比例使用，可提高抗菌甚至杀菌作用。不能与拉沙霉素、莫能菌素、盐霉素等抗球虫药配伍。产蛋鸡慎用。最好与碳酸氢钠同时使用
三甲氧苄氨嘧啶	抗菌药物、抗球虫药、抗卡氏白细胞虫	饮水：0.01%～0.02%；拌料：0.02%～0.04%	由于易形成耐药性，因此不宜单独使用。常与磺胺类药或抗生素按1∶5比例使用，可提高抗菌甚至杀菌作用。不能与拉沙霉素、莫能菌素、盐霉素等抗球虫药配伍。产蛋鸡慎用。本品不能与青霉素、维生素B_{12}、维生素B_1、维生素C联合使用
痢菌净	或名乙酰甲喹，抗菌药物	拌料：0.005%～0.01%	毒性大，务必拌匀，连用不能超过3天

用药篇

药物名称	主要用途	用法与用量	注意事项
制霉菌素	抗真菌药	治疗曲霉菌病：1万～2万单位/千克体重	
莫能菌素	又名欲可胖、牧能菌素，抗球虫药	拌料：0.009 5%～0.012 5%	能使饲料适口性变差以及引起啄毛。产蛋鸡禁用。火鸡、珍珠鸡、鹌鹑易中毒，慎用。肉鸡在宰前3天停药
盐霉素	又名优素精、球虫粉、沙利霉素，抗球虫药	拌料：0.006%～0.007%	火鸡、珍珠鸡、鹌鹑及产蛋鸡禁用。本品能引起鸡的饮水量增加，造成垫料潮湿
拉沙菌素	又名球安，抗球虫药	拌料：0.009 5%～0.012 5%	引起鸡的饮水量增加，造成垫料潮湿产蛋鸡禁用。肉鸡在宰前5天停药
马杜霉素	又名加福、抗球王，抗球虫药	拌料：0.000 5%	拌料不匀或剂量过大引起鸡瘫痪。肉鸡宰前5天停药。产蛋鸡禁用
氨丙啉	又名安乐宝，抗球虫药	饮水或拌料：0.012 5%～0.025%	能妨碍维生素 B_1 吸收，因此使用时应注意维生素 B_1 的补充。过量使用会引起轻度免疫抑制。肉鸡应在宰前10天停药
尼卡巴嗪	又名球净、加更生，抗球虫药物	拌料：0.0125%	会造成生长抑制，蛋壳变浅色，受精率下降，因此产蛋鸡禁用。肉鸡应在宰前4天停药
二硝托胺	又名球痢灵，抗球虫药物	拌料：0.012 5%～0.025%	0.012 5%球菌灵与0.005%洛克沙胂联用有增效作用
氯苯胍	又名罗本尼丁，抗球虫药	拌料：0.003%～0.004%	可引起肉鸡、肉品和蛋鸡的蛋有异味，所以产蛋鸡一般不宜使用，肉鸡应在宰前7天停药

药物名称	主要用途	用法与用量	注意事项
氯羟吡啶	又名克球粉、克球多、康乐安、可爱丹，抗球虫药	拌料：0.012 5%～0.025%	产蛋鸡和鸭禁用。肉鸡和火鸡在宰前5天停药
地克珠利	又名杀球灵、伏球、球必清，抗球虫药	拌料或饮水：0.000 1%	产蛋鸡禁用。肉鸡在宰前7～10天停药
妥曲珠利	又名百球清，抗球虫药	拌料或饮水：0.002 5%	产蛋鸡禁用。肉鸡在宰前7～10天停药
常山酮	又名速丹，抗球虫药	拌料：0.000 2%～0.000 3%	0.000 9%速丹可影响肉鸡生长。0.000 3%速丹可使水禽（鹅、鸭）中毒，因此水禽禁用
二甲硝咪唑	又名地美硝唑、达美素，抗滴虫药物、抗菌药	拌料：0.02%～0.05%	产蛋禽禁用。水禽对本品甚为敏感，剂量大会引起平衡失调等神经症状
甲硝唑	又名灭滴灵，抗滴虫药、抗菌药	饮水：0.01%～0.05%；拌料：0.05%～0.1%	剂量过大会引起神经症状
左旋咪唑	驱线虫药	口服：24毫克/千克体重	
丙硫苯咪唑	又名阿苯达唑、抗蠕敏，驱消化道蠕虫药	口服：鸡，30毫克/千克体重	鹅，40毫克/千克体重；鸭，25毫克/千克体重
阿维菌素	驱线虫、节肢动物药	拌料：0.3%毫克/千克体重；皮下注射：0.2毫克/千克体重	

药物名称	主要用途	用法与用量	注意事项
伊维菌素	驱线虫、节肢动物药	拌料：0.3毫克/千克体重；皮下注射：0.2毫克/千克体重	
阿托品	有机磷中毒解救药	肌内注射：0.1～0.5毫克/千克体重	剂量过大会引起中毒
维生素K_3	维生素添加剂，球虫病辅助治疗药物	拌料：0.0003%～0.0005%；肌内注射,0.5～2毫克/千克体重	长期应用，对肾有一定的损害
氯化铵	祛痰药	饮水：0.05%～0.1%	
碳酸氢钠	磺胺药中毒解救药及减轻酸中毒	饮水：0.01%；拌料：0.1%～0.2%	炎热天气慎用，会加重呼吸性碱中毒。剂量大时会引起肾肿大
硫酸铜	抗曲霉菌、抗毛滴虫药	曲霉菌治疗：0.05%,饮水毛滴虫病治疗：0.05%,饮水醒抱：20毫克/千克体重,肌内注射	2%浓度以上口服对消化道有剧烈刺激作用。鸡口服中毒剂量为1克/千克体重。硫酸铜对金属有腐蚀作用，必须用瓷器或木器盛装
碘化钾	抗曲霉菌药、抗毛滴虫药	饮水：0.5%～1%	

注：（1）给药时间要视家禽疾病的严重程度而定。

（2）本文所有药物用量以有效成分计，如为含量不同的制剂，则按说明书使用或换算后使用。

（3）本文中所指经饮水投药的药物均为水溶性药物。

（二）禁止使用的药物

见表4-14。

表 4-14 兽药使用准则

兽药及其他化合物名称	禁止用途	禁用动物
β-兴奋剂类：克仑特罗、沙丁胺醇、西马特罗及其盐、酯及制剂	所有用途	所有食品动物
性激素类：己烯雌酚及其盐、酯及制剂	所有用途	所有食品动物
具有雌激素样作用的物质：玉米赤霉醇、去甲雄三烯醇酮、醋酸甲孕酮醋酸盐及制剂	所有用途	所有食品动物
氯霉素及其盐、酯（包括：琥珀氯霉素）及制剂	所有用途	所有食品动物
氨苯砜及制剂	所有用途	所有食品动物
硝基呋喃类：呋喃唑酮（痢特灵）、呋喃它酮、呋喃苯烯酸钠及制剂	所有用途	所有食品动物
硝基化合物：硝基酚钠、硝呋烯腙及制剂	所有用途	所有食品动物
催眠、镇静类：安眠酮及制剂	所有用途	所有食品动物
林丹（丙体六六六）	杀虫剂	水生食品动物
毒杀芬（氯化烯）	杀虫剂、清塘剂	水生食品动物
呋喃丹（克百威）	杀虫剂	水生食品动物
杀虫脒（克死螨）	杀虫剂	水生食品动物
双甲脒	杀虫剂	水生食品动物
酒石酸锑钾	杀虫剂	水生食品动物
锥虫胂胺	杀虫剂	水生食品动物
孔雀石绿	抗菌、杀虫剂	水生食品动物
五氯酚酸钠	杀螺剂	水生食品动物
各种汞制剂，包括：氯化亚汞（甘汞），硝酸亚汞、醋酸汞、吡啶基醋酸汞	杀虫剂	动物
性激素类：甲基睾丸酮、丙酸睾酮、苯丙酸诺龙、苯甲酸雌二醇及其盐、酯及制剂	促生长	所有食品动物

用
药
篇

兽药及其他化合物名称	禁止用途	禁用动物
催眠、镇静类：氯丙嗪、地西泮（安定）及其盐、酯及制剂	促生长	所有食品动物
硝基咪唑类：甲硝唑、地美硝唑及其盐、酯及制剂	促生长	所有食品动物

注：引自《无公害食品　畜禽饲养兽药使用准则》（NY 5030—2006）。

用
药
篇

第 **5** 篇

失误篇

ROUJI RICHENG GUANLI JI YINGJI JIQIAO

一、用药失误

（一）用药不当引起的肾病

鸡的泌尿系统没有肾盂和膀胱，仅由肾脏和两条输尿管构成，由于结构相对简单，而又要承担泌尿和分泌激素的功能，使得鸡的肾脏负担很大，尤其肉鸡，因其生长速度快、饲料中蛋白质含量高、肾脏负荷更大而更容易发生肾脏疾病，而在兽医临床上，由于用药不当导致的肾脏疾病也频频发生。

【实例一】磺胺类药物和乌洛托品联用引起的肾脏病变

2005 年 9 月 22 日，河南新乡某肉鸡养殖专业户共饲养肉鸡 3 200 只，30 日龄出现球虫病症状，用磺胺氯吡嗪钠治疗球虫病，为了缓解磺胺类药物的副作用，同时用含有乌洛托品的利肾药物利肾。用药 5 天后，鸡群病死率猛增，达到 3.5%，鸡群有轻微的呼吸道病，排水样稀便。解剖发现出现花斑肾的鸡只很多，初步怀疑为为肾传支，又增加了抗病毒的中药，效果仍不明显。

根据发病情况、病理变化（除个别鸡肠浆膜有小米样点状出血，肠道出血外，都出现明显的花斑肾症状）和用药情况分析认为，鸡只死亡率增加主要是药物的配伍不良而引起，因为乌洛托品能加重磺胺类药物在肾脏的结晶，更容易引发肾脏疾病。

立即停止使用药物，仅用 2% 葡萄糖饮水 1 个晚上，第 2 天上午现场解剖 4 只鸡，发现肾脏的尿酸盐沉积消失，仅见部分鸡有肾肿现象，3 天后，死亡率恢复到正常。根据有关药物禁忌，此病例应是磺胺类药物和乌洛托品联用引起的肾脏疾病。

【实例二】阿米卡星用量过大引起的肾脏病变

2005 年 7 月 2 日，河南省辉县某肉鸡养殖户饲养的 3 000 只 30 日龄合同肉鸡死亡率较高，仅 1 天时间就死亡近 100 只。

临床表现：大群鸡精神较差，排水样稀便的较多，由于该户已停水，等待加药，看不到鸡群喝水状况，但该养殖户反映饮水量较大，鸡群腹泻较多。

临床调查：三天前鸡群有精神萎靡，缩颈畏寒的症状，用阿米卡星每只鸡 0.25 克饮水，连饮两天，效果不好。16 日晚上，又用阿米卡星，每只鸡 4 万单位肌内注射，注射后死亡剧增。

病理变化：现场共剖检 21 只病鸡，主要表现为花斑肾严重，每只鸡均有，其他鸡的肺、气囊内有黄色干酪样物，肠道出血，有的腹腔有黄色干酪样物质，通过仔细的剖检分析，发现肺气囊和胸腔内的黄色干酪样物质为注射入内的药物变性所形成。

分析诊断：花斑肾是由于使用阿米卡星用量过大而引起的副作用；肺或胸腔的异物是由于肌肉注射的针头过长，造成药物进入腹腔，成为肺或胸腔的异物，从而引起药物变质、变性。

处理措施：停止阿米卡星饮水，改用阿莫西林饮水，每天每只鸡 30 毫克，分 2 次饮用。中药五皮散用热水浸泡后，用渣拌料，过滤水饮用，按说明用量为每袋加水 50 千克，同时配合干扰素两瓶进行治疗。

通过以上治疗，用药 1 天后，伤亡已减少到 40 只，3 天后鸡群恢复正常，治疗效果较好。本病例提示对氨基糖苷类药物，用量应该谨慎，尤其在加大用量时应严格考虑其副作用，同时考虑鸡群健康状况，在刚有病状表现时，体质相对较好，可以加大用量，连续用药时应注意。

【实例三】呋塞米药物和头孢噻呋钠联用引发的肾脏病变

2006年9月10日，河南省新乡养殖户张某饲养肉鸡4 000只，11日龄，死亡率突然增加，死亡30多只，但鸡群精神正常。解剖伤亡鸡，发现除肾脏均有尿酸盐沉积病变外，并无别的病变，询问养殖户，正在使用肾肿解毒药物，后该养殖户又说前几天用丁胺卡钠预防大肠杆菌，后来发现鸡只出现轻微肾肿，遂改用头孢噻呋钠，并用利肾药物。

详查利肾药物的详细说明，发现该药物中含有呋塞米成分，于是笔者怀疑利肾药和头孢噻呋钠存在配伍禁忌，由此初步诊断为用药过量。

立即停止使用利肾药和头孢噻呋钠，调整利肾药物用中药五皮散，2天后鸡群肾脏病变消失，死亡减少，恢复正常。

（二）磺胺类药物使用不当引起肉鸡的死亡

磺胺类药物在生产中较常使用，使用不当可以导致肉鸡中毒死亡。

【实例一】2009年新乡市郊区一养殖户共饲养艾维茵肉鸡5 800只，肉鸡21日龄时，养殖户在饲料中拌入复方敌菌净喂鸡。用药后10小时，鸡开始发生零星死亡，至用药20小时时共死亡40多只。了解用药情况，按推荐剂量将未碾碎的药片直接加入拌料机内搅拌。

（1）临床表现 病鸡精神沉郁，扎堆；羽毛蓬乱，蹲伏不能站立；采食减少但不明显，饮水量明显增加；腹泻，无呼吸道症状，未出现痉挛或麻痹等神经症状。

（2）剖检变化 剖检病死鸡可见皮肤、肌肉、内脏器官呈出血性病变；胸部肌肉也有少量的弥漫性出血，大腿内侧斑状出血，心肌有少量出血；肠道黏膜有弥漫性出血斑点；腺胃和肌胃黏膜有少量出血；肾脏明显肿大，输尿管增粗，并充满白色的尿酸盐；肝肿大，呈紫红色，胆囊内充满胆汁。

（3）诊断 无菌取病死鸡的肝、脾，接种于普通培养基和麦康凯培养基，37℃生物培养箱进行24小时的培养，培养基上未见细菌生长。根据用药史、临床症状、剖检病变和实验室检验结果，诊断鸡为磺胺类药物中毒。虽然养殖户是按推荐剂量使用复方敌菌净的，但在拌料前未先将药片碾碎进行预混合，而是直接将药片投入饲料搅拌机进行搅拌，从而导致药物在饲料中分布极不均匀而引起部分鸡只采食过量而发生中毒。

(4) 处理措施　立即停喂原有的饲料，更换为新鲜、富有营养和不含任何磺胺药或抗生素的饲料。给予充足的饮水，并在饮水中加入0.05％的食用小苏打和速补14，促进药物排泄和提高解毒效果。同时，在饲料中添加适量的非磺胺类抗球虫药以防球虫感染。通过连续4天的治疗，鸡群逐步恢复正常，饮食量和生长速度达到正常标准。

（三）滥用马杜霉素造成肉鸡中毒死亡

1. 实例　马杜霉素是一种广谱、高效、用量极小的单糖苷聚醚类抗生素型抗球虫药，仅用于肉鸡，全价饲料中推荐剂量为5毫克/千克，宰前5日停药。近几年在我国广泛使用，但由于其有效剂量安全范围较窄，与中毒量接近，因此在使用过程中毒现象屡有发生。

【实例一】2005年6月15日，河南原阳市某肉鸡场饲养的一批2 500只肉鸡，发现少量鸡只精神倦怠、羽毛松乱、消瘦、鸡冠和腿部皮肤苍白、排肉样粪便和血便，饮水量显著增加等现象，遂用马杜霉素作预防及治疗。给药方法是，把1％马杜霉素预混剂混入饲料中，供鸡只自由采食。17日病鸡临床症状消失，但次日又有新病例出现，表现为发病急、有神经症状，有的突然伏地而死，共死亡52只。取濒死鸡的肝、心血及腹水进行实验室检查。

【实例二】2007年3月5日，河南新乡市某肉鸡场饲养的5 000只肉鸡，20日龄早上观察发现鸡群中部分鸡只精神不振，羽毛松乱，食欲减少，沉郁，互相啄羽，随在饲料中添加2%的石膏粉，结果第22日龄鸡群病情更加严重，脚软无力，行走不稳、喜卧，排水样粪便，食欲减退，个别出现神经症状。询问养殖户，为了预防球虫病，饮水中按照说明要求使用抗球虫药物"加福"。后观察饲料标签，发现饲料中已经添加了马杜霉素。根据发病情况、临床表现、用药情况和实验室检查，诊断为马杜霉素中毒。

2. 临床表现 突然发病，严重者突然死亡，病鸡脖子后拗转圈，或两腿僵直后退，双翅耷拉，或兴奋亢进、狂蹦狂跳、乱抖乱舞，原地急速打转，然后两腿瘫痪，阵发抽搐且头颈不时上扬，张口呼吸。

3. 剖检病变 胸肌、腿肌不同程度的充血、出血；肝脏肿大，呈紫红色，表面有出血斑点，胆囊充盈；心脏内、外膜及心冠脂肪出血；肠道黏膜充血、出血，特别是十二指肠出血最为严重，嗉囊、肌胃、腺胃及肠道内容物较多，腺胃黏膜易剥离；肾肿，充血或出血，输尿管内有白色尿酸盐沉积；法氏囊肿大。

4. 病理组织学变化 心肌纤维肿胀、断裂，横纹消失，肌浆溶解，心肌变性纤维间有巨噬细胞及异嗜细胞浸润；骨骼肌呈变质性炎，但程度较心肌严重；肾脏内皮细胞和上皮细胞增生，并有浆液纤维素性渗出，间质水肿；肝静脉瘀血，肝细胞肿胀，严重者肝细胞颗粒变性和脂肪变性，局灶性坏死；脾缺血，淋巴细胞萎缩稀少；法氏囊中淋巴滤泡髓质扩张，皮质部出现巨噬细胞。

5. 实验室检查 取濒死鸡的肝、心血及腹水，接种鲜血琼脂、麦康凯平板，37℃培养24～48小时，结果未见细菌生长；从肠内病变处刮取少量黏膜涂片，加1滴蒸馏水搅匀后加盖玻片镜检，未发现寄生虫。

6. 治疗措施 ①立即停喂含马杜霉素的饲料，更换新饲料。②全群交替供饮中速溶多维（速补-14）和口服补液盐水（每

失误篇

1 000毫升水中加氯化钠2.5克、氯化钾1.5克、碳酸氢钠2.5克、葡萄糖20克，现配现用）。③将病重鸡挑出，单独饲养，口服投药的同时，皮下注射5～10毫升（含50毫克）维生素C，每日2次。④为了防止鸡中毒后抵抗力下降而发生继发感染，在饮水中添加恩诺沙星，25～75毫克/升，2次/天，连用3～5天。

7. 体会 经过治疗3天后，鸡群基本停止死亡，10天后回访鸡群恢复正常；一般规定马杜霉素肉鸡混饲浓度为0.005％，蛋鸡禁用，连续使用不超过7天。如果随意加大用量或使用时间过长，就可能引起中毒。市场上聚醚类抗球虫药较多（如马杜霉素、莫能霉素、盐霉素等），常以不同商品名出现，如含马杜霉素常用商品名有"杀球王""加福""杜球""抗球王"等，如果不了解或不注意药物成分，随意使用就可能出现重复使用而导致中毒。

（四）集中用药引起肉鸡的大批死亡

1. 发生情况 河南辉县一个肉鸡养殖户，饲养肉鸡1 500只，13日龄前鸡群正常，14日龄为预防大肠杆菌病、慢性呼吸道病和球虫病，集中使用药物。杆净口服液（黄色液体估计是痢菌净）治疗大肠杆菌，说明书要求一瓶兑水300千克，实际用法是1瓶兑水50千克水，让鸡集中喝；用泰乐菌素治疗呼吸道病，饲料中添加抗球虫药物防治球虫病，结果用药第1天后出现死亡，一天死亡15只，死亡的鸡多是体重较大的。大群鸡精神兴奋，尖叫，乱跑，死亡的鸡有翻肚的也有趴着的，鸡爪发干。

2. 诊断 剖解每只鸡都出现不同程度的肾肿胀，有的呈大理石样肿大，输尿管内有白色尿酸盐。有的肾充血呈绯红色肿大，有的输尿管内有黄色物。有3只都出现腺胃壁有大小不等的出血斑块，腺胃乳头之间也有出血。有一只腺胃乳头出血严重呈绯红样出血。肌胃皱褶有不同程度的出血溃疡，鸡内金有不同程度的糜烂。经大群情况介绍和解剖病变，怀疑治疗大肠杆菌的药物含有痢菌净，治疗球虫的中药可能还有磺胺类的或者是马杜拉霉素。初步诊断为药物中毒。

3. 治疗 ①把所有用的药物立即停用，改用解毒、通肾药。②用口服葡萄糖 5% 饮水配合高档多维素和维生素 C 白天饮水，晚上用通肾健肾的药物配合口服葡萄糖 2% 饮水。连用 3 天。

治疗后第 2 天，大群病情已经控制，几乎没再死亡。肉鸡用药一定要注意，不能集中用药，不能盲目用药。

（五）饮用高浓度的盐霉素而造成的中毒

盐霉素是一种抗球虫药物，用药浓度过高可以引起中毒。新乡县一肉鸡养殖户由于长时间饮用高浓度的盐霉素而造成的中毒，造成较大经济损失。

1. 发生情况 2006 年 8 月 10 日 12：00，一养殖户饲养的 6 500 只 38 日龄的肉鸡发生球虫病，选用盐霉素可溶性粉，按 80 毫克/千克水饮用。结果连续饮用 24 小时后，即到 11 日中午 12：00，发现大批鸡出现精神沉郁、不采食、头拱地的症状，有的鸡出现乱窜、乱跳的神经症状，并且开始出现死亡。立即停止饮用盐霉素，饮水换为 5% 的葡萄糖溶液，并且加入适量的电解多维，神经症状一直持续到下午 16：00 多。至 14：00，死亡 460 余只，至 14 日早又死亡 90 余只，在以后连续 3 天内，死亡都在 100 只以下，然后逐渐缓解。

2. 病理变化 死亡的鸡皮下出现胶样浸润，肌肉呈暗红色，因脱水而干瘪。肺充血水肿，气管环出血。肝脏肿大，呈黄褐色，且有暗红色条纹；胆囊肿大，内充墨绿色胆汁。腺胃乳头水肿，挤压可流出暗红色液体。整个肠道肿胀变粗，肠黏膜脱落，肠壁有点状出血。肾脏出血肿大。腹腔内脂肪红染。

3. 分析 盐霉素预防鸡球虫病的混饲浓度为 60 毫克/千克，如果按照 1：2 的料水比计算，混饮浓度为 30 毫克/千克。而本病例所加的浓度为 80 毫克/千克，远高于正常治疗量，又加上连

失误篇

续 24 小时长时间饮水，造成盐霉素在鸡体内大量蓄积，引起中毒死亡。

4. 建议　养殖户诊疗或购买兽药要到兽医站等正规部门，并应在专业兽医的指导下用药，不要随意加大药物的用量。以免造成家禽药物中毒而遭受巨大经济损失。

（六）用药方法不正确导致疾病难控制

现在肉鸡场使用药品多数为成品药，如许多兽药厂家都是这样印的说明书：每瓶兑水 150 千克，全天使用，最好早上集中在 2 小时一次饮水。按照说明书的要求，出现两种错误做法。第一种方法，按上面兑水浓度，加入 2 小时的水量，饮水 1 次。这样做等于把 24 小时的药品量，只用了 1/12，药量过小，达不到防治疾病的效果。第二种做法就是把一天 24 小时的用药量集中在 2 小时饮完，这就是把药品用量扩大 12 倍，2 小时饮水时不能确保每只鸡都饮上水，更不可能保证饮水均匀。在饮水均匀情况下，到 12 小时后药品在血液中含量达不到 1/2，这样药品作用就不大，10 倍量以上的饮水，会加速肝脏和肾脏的负担，造成肝脏和肾脏的损伤，甚至导致中毒，这就是多数肉鸡场疾病控制不良的主要原因之一。

正确的用药方法：药品使用时一定要确保鸡只体内 24 小时内的血液浓度，所以用药一定要均衡；投药的最好办法是全天自由饮水的办法或全天拌料的办法，为了尽快使药品在血液中达到治疗浓度，可以最先 4 小时按说明书剂量的 1.5 倍使用，然后按全天量自由饮水就行了，说明书只是参考，应询问药品厂家的建议使用量，但一定要全天使用。或用药 4～6 小时，停药 4 小时，按说明书用量的 2 倍量饮水使用，确保饮够全天水量的 1/2，也即是把全天用药量按 2～3 次用完。这样用药时驱赶鸡群起来活动很重要。

二、免疫接种的失误

（一）疫苗贮存不当或存期过长

能用作饮水免疫的疫苗都是冻干的弱毒活疫苗。油佐剂灭活疫苗和氢氧化铝乳胶疫苗必须通过注射免疫。冻干弱毒疫苗应当按照厂家的要求贮藏在－20℃或 2～4℃冰箱内。常温保存会使得活疫苗很快失效。停电是疫苗贮存的大敌。反复冻融会显著降低弱毒活疫苗的活性。

一次性大量购入疫苗也许能省时省钱。但是，由于疫苗中含有活的病毒，如果不能及时使用，它们就会失效。要根据养鸡计划来决定疫苗的采购品种和数量。要切实做好疫苗的进货、贮存和使用记录。随时注意冰箱的实际温度和疫苗的有效期。特别要做到疫苗先进先出制度。超过有效期的疫苗应当放弃使用。

疫苗稀释液也非常重要。有些疫苗生产厂家会随疫苗带来特制的专用稀释液，不可随意更换。疫苗稀释液可以在 2～4℃冰箱保存，也可以在常温下避光保存。但是，绝不可在 0℃以下冻结保存。不论在何种条件下保存的稀释液，临用前必须认真检查其清晰度和容器及其瓶塞的完好性。瓶塞松动脱落，瓶壁有裂纹，稀释液混浊、沉淀或内有絮状物飘浮者，禁止使用。

（二）饮水免疫疫苗稀释不当引起免疫失败

1. 实例 肉鸡生产中，饮水免疫经常使用，但疫苗稀释不当可引起免疫失败或效果不好。

【实例一】一肉鸡养殖户，饲养2 200只肉鸡，14日龄法氏囊中毒毒力苗饮水，结果是20日龄发生了传染性法氏囊病，死亡300多只，损失较大。后来了解到使用的自来水没有进行任何处理，自来水中含有消毒剂，导致免疫失败。

【实例二】一肉鸡养殖户，饲养1 800只肉鸡，13日龄法氏囊中毒毒力苗饮水，结果后来发生了传染性法氏囊病，死亡100多只。经了解，凉开水稀释疫苗，稀释用水过多，肉鸡4个小时还没有饮完，导致免疫效果差。

【实例三】一肉鸡养殖户，饲养3 500只肉鸡，使用新城疫疫苗和传染性支气管炎联合苗饮水，凉开水稀释疫苗，结果疫苗水在0.5小时内就饮完，许多肉鸡仍有渴感。后来出现了零星的新城疫病鸡。这是由于稀释液量太少，有的肉鸡没有饮到疫苗水或饮的太少，不能刺激机体产生有效的抗体。

2. 正确方法 饮水免疫，疫苗稀释至关重要。

要选择洁净的、不含有任何消毒剂和有毒有害物质的稀释用水。常用的有凉开水、蒸馏水。

稀释用水多少要根据实际情况确定。鸡只喝水的快慢和饮水量，与鸡的日龄成正比。鸡龄越大，喝水越多，越快。小鸡喝水慢，要喝完饮水器或水线内的全部疫苗溶液，需要的时间比大鸡长。所以，饮水免疫前先要测量一下不同年龄鸡只一次的饮水量，这样就可以避免稀释液多少造成的问题。稀释用水过多，疫苗在病毒死亡之前没有喝完是一种浪费，也会造成部分免疫失败。稀释用水过少，免疫不匀，有的鸡多喝了，有的鸡没有喝到，同样会造成免疫失败。理想的加水量是在开饮后1小时左右所有的鸡把全部疫苗水喝完。超过2小时就会影响免疫效果，很

失误篇

短时间内饮完可能是稀释液过少，也会影响免疫效果。

饮水免疫前的停水时间依舍温和季节而异，一般以 2 小时为宜。为了更好地了解鸡群的免疫效果，也可以放适量的无害性染料（如 0.1％亚甲蓝溶液）于饮水疫苗中，从鸡舍被浸染的情况来观察水线各个终端疫苗的实际摄入量和鸡群的免疫比例。

（三）免疫接种时消毒和使用抗菌药物的失误

接种疫苗时，传统作法是防疫前后各 3 天不准消毒，接种后不让用抗生素，造成该消毒时不消毒，有病不能治，小病养成了大病。正确作法是：接种前后各 4 小时不能消毒，其他时间不误。疫苗接种后 4 小时可以投抗生素，但禁用抗病毒类药物和清热解毒类中草药。

有些养殖户使用病毒性疫苗对鸡进行滴鼻、点眼、注射，接种免疫时，习惯在稀释疫苗的同时加入抗菌药物，认为抗菌药对病毒没有伤害，还能起到抗菌、抗感染的作用。须知，由于抗菌药物的加入，使稀释液的酸碱度发生变化，引起疫苗病毒失活，效力下降，从而导致免疫失败。因此，不应在稀释疫苗时加入抗菌药物。

（四）盲目联合应用疫苗

多种疫苗同时使用或在相近的时间接种时，应注意疫苗间的相互干扰。因为多种疫苗进入鸡体后，其中的一种或几种抗原所产生的免疫成分，可被另一种抗原性最强的成分产生的免疫反应所遮盖；疫苗病毒进入鸡体内后，在复制过程中会产生相互干扰作用。如同时接种鸡痘疫苗和新城疫疫苗，两者间会相互干扰，导致免疫失败。再如传染性支气管炎病毒对新城疫病毒有干扰作用，若这两种疫苗接种时间安排不合理，会使新城疫疫苗的免疫效果受到影响。

失
误
篇

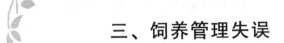

三、饲养管理失误

（一）育雏温度问题导致雏鸡的死亡

育雏温度是育雏成败的关键因素，生产中由于育雏温度不适宜而导致较大损失的例子也不少见。

【实例一】2002 年辉县一养鸡专业户，引进雏鸡2 100只，饲养方式为地面饲养，火炉加温。饲养第 1 周，雏鸡精神不振，食欲不好，死亡较多。腹部卵黄不吸收，腹部硬，颜色绿色。养殖户一直怀疑是雏鸡孵化不好。细致了解发现养殖户将温度挂在一侧的墙上，距离地面高度达到 1.6 米，虽然也保持了 33℃，但由于热空气上升，地面育雏区温度与温度计显示的温度可能出现较大差异。最后确定为育雏温度过低引起。

让养殖户将温度计挂在距离地面 6 厘米处，然后保持到32℃以上，结果 1 周后，雏鸡群精神状态正常，几乎没有死亡，腹部变得柔软。

【实例二】2000 年辉县一个蚕场由于行情不好，想转行养鸡。采用炕上育雏，炕面下放置火炉，使炕面温度达到育雏温度。进鸡前进行试温，温度最高时只能达到 28℃，曾让其增加火炉提高温度，结果没有在意。进鸡1 800只，育雏 1 周，鸡群出现精神不好，食欲差，瘦弱鸡多，死亡率高达 6.1%。腹部卵黄不吸收，腹部硬，颜色绿色。负责人找到笔者，说明情况后，认为还是温度问题。建议赶紧在炕下增加火炉，炕面上方1.8米处用塑料布设置1个棚，形成一个小空间，使温度达到32℃以上。后负责人按照要求进行了处理，提高育雏温度，雏鸡状况慢慢好转，1周后恢复正常。

【实例三】2001年，辉县一养殖专业户，肉鸡场建在一个太行山脚下山口的一个狭长谷地，冬季风力特大。采用地下火道加温方式，10月份建设好后进行试温，温度可以达到34℃。12月初进鸡5 000只，雏鸡入舍后，经常刮风。无风时温度正常，一刮风温度骤然下降。结果育雏期间温度忽高忽低，造成较多的死亡。

育雏期间温度忽高忽低，不稳定，对雏鸡的生理活动影响很大。育雏温度的骤然下降，雏鸡会发生严重的血管反应，循环衰竭，窒息死亡；育雏温度的骤然升高，雏鸡体表血管充血，加强散热消耗大量的能量，抵抗力明显降低。忽冷忽热，雏鸡很难适应，不仅影响生长发育，而且影响抗体水平，抵抗力差，易发生疾病，2月后可能引起马立克氏病的发生。

（二）一次长途运鸡的教训

雏鸡的运输是一项技术性较强的工作，雏鸡运输要求迅速及时，安全舒适。稍有不慎将会造成巨大损失。新乡一鸡场就发生了由于运输问题而引起雏鸡较多伤亡的情况。

1. 发生情况　1995年9月，从北京西郊农场引进雏鸡10 000只，下午5点从北京出发，由于国道邯郸到安阳段发生堵车，结果到达新乡已经是第二天的上午10点多，比原计划时间整整延后了5个小时。雏鸡入舍后第1周，死亡600多只，第2周死亡300多只，造成几千元的损失。

2. 原因　经过细致观察和解剖检查，雏鸡脱水严重，没有发现传染病。确定为雏鸡路途运输时间过长导致脱水和严重应激引起的。雏鸡出壳后虽然可以 72 小时不吃不喝，但饮水和开食时间越晚，其成活率和生长速度会越差。一般要求雏鸡应在 24 小时内饮水和开食，最好不要超过 48 小时。孵化场孵化过程中，从开始出壳到出壳结束，需要 24～36 小时，然后经过雏鸡分级、免疫接种等环节，已经超过 36 小时。路途运输时间又长达 18 小时，这样先出壳的雏鸡入舍时间已经超过 50 小时，脱水严重，加之路途疲劳，导致雏鸡干瘪，瘦弱，适应能力和采食饮水能力差，最后死亡。

3. 建议　雏鸡饮水、开食时间越早，越有利于雏鸡学会饮水和采食，越有利于雏鸡体质健壮和生长发育。目前资料显示，早期饲喂（24 小时以内饲喂）可以提高肉鸡的免疫能力，促进肉鸡肠道发育，提高增重率和成活率。

如果本场或就近接触，应在雏鸡羽毛干燥后开始，至出壳 36 小时结束，可以根据出雏情况分批接触，分批开食和饮水；如果远距离运输，要选择好运输线路和运输工具，提前装车运输，路途不能休息，最好在出壳时间不超过 48 小时到达育雏舍进行饮水开食，以减路途脱水和死亡。

（三）引种不当的教训

品种是决定肉鸡生产性能的内因，只有优良的品种，才可能保证肉鸡的增重速度和饲料转化率。目前饲养的优良的快大型肉鸡品种具有增重快，饲料转化率高等特点，饲养数量较多的肉鸡品种有艾维茵、爱拔益加、罗斯 308 等，42 日龄体重可以达到 2.6 千克以上。如果引种不当，引入的肉鸡不纯或不是高产品种，就会严重影响到肉鸡的生长和养殖效益。辉县一肉鸡饲养户就由于引种不当而引起较大损失。

1. 情况介绍　辉县一肉鸡饲养户，从本地一个小型孵化场引进罗斯 308 肉鸡 1 500 只，使用辉县大北农饲料公司生产的肉鸡前期和后期粉状料，正常的饲养管理。饲养过程中发现肉鸡采食量少，生长速度很慢。为了促进采食，在饲料中添加酵母片、维生素 B$_{12}$ 和土霉素片，连续使用 1 周，效果不明显。35 日龄的体重只有 1 300 克，与标准体重相差 880 克，42 日龄体重只有 1 700 克，与标准体重相差 900 克。结果饲养的肉鸡收入减少 1 万多元。

2. 情况分析　细致观察鸡群，精神状态没有异常，成活率也较高，死伤很少。环境温度、湿度、光照等也符合要求，饲养管理也没有发现失误。饲料是大型饲料公司生产，所以可以排除疾病和管理不善等问题。从肉鸡的外貌观察，毛色较杂，与罗斯 308 肉鸡有较大差异。可以确定是品种不良（可能饲养的是土杂鸡）导致生长速度缓慢。

3. 建议　一是订购雏鸡时千万不能贪图小便宜到没有资质的小孵化场或种禽场购买质量差的、价格低的雏鸡。要通过了解、咨询来选择种鸡场和孵化场，减少盲目性。要到大型的、有种禽种蛋经营许可证的、饲养管理规范和信誉度高的种鸡场，他们出售的雏鸡质量较高，售后服务也好。

这些孵化场或种禽场可能存在以次抵好、以假充真的情况。选择饲养的是罗斯 308，可能给你的艾维茵或爱拔益加，甚至是土杂鸡；另外，即使是名副其实的品种，但由于引种渠道、种鸡场的设置（如场址选择、规划布局、鸡舍条件、设施设备等）、种鸡群的管理（如健康状况、免疫接种、日粮营养、日龄、环境、卫生、饲养技术和应激情况等）、孵化（孵化条件、孵化技术、雏鸡处理等）和售后服务（如运输）等，初生雏鸡（鸡苗）的质量也有很大的差异。有的种鸡场引种渠道正常，设备设施完善，饲养管理严格，孵化技术水平高，生产的雏鸡内在质量高；而有的种鸡场引种渠道不正常，环境条件差（特别是父母代场，场址选择不当、规划布局不合理、种鸡舍保温性能差、隔离防疫设施不完善、环境控制能力弱而造成温热环境不稳定、病原污染严重）、管理不严格（一些种鸡场卫生防疫制度不健全，饲养管

失
误
篇

理制度和种蛋雏鸡生产程序不规范，或不能严格按照制度和规程来执行，管理混乱，种鸡和种蛋、雏鸡的质量难以保证）、净化不力（种鸡场应该对沙门氏菌、支原体等特定病原进行严格净化，淘汰阳性鸡，并维持鸡群阴性，农业部兽医局严格规定了切实有效净化养鸡场沙门氏菌的综合措施，但少数种鸡场不认真执行国家规定，不进行或不严格进行鸡的沙门氏菌检验，也不淘汰沙门氏菌检验阳性的母鸡，致使种蛋带菌，并呈现从祖代—父母代—商品代越来越多的放大现象，使商品雏鸡污染严重；鸡支原体病已成为危害生产的重要疾病，我国商品鸡群支原体感染率较高与种鸡场的污染密不可分，严重影响了商品鸡群生产潜力的发挥，极大增加了养鸡业的成本），孵化场卫生条件差等，生产的雏鸡质量差。现在许多小的种鸡场和孵化场生产的雏鸡是不符合要求的，鸡场和孵化场环境条件极差，管理水平极低。有的甚至就没有登记注册，没有种禽种蛋经营许可证，即使有也是含有"水分"的。之所以能够存在，一是主管部门管理不力，二是有一定市场。有些养殖户（场）缺乏科技专业知识和技术指导，观念和认识有偏差，不注重经济核算，考虑眼前利益多，考虑长远利益少，购买他们的雏鸡，结果是"捡了芝麻，丢了西瓜"。

　　二是订购初生雏鸡要签订购销合同，来规范购销双方的责任、权利和义务，特别对购买方更有必要，有利于以后出现问题时及时和妥善解决，避免和减少损失。购销合同应显示主要内容有：雏鸡的品种、数量、价格、路耗、提鸡时间、付款地点和方式、预交定金、运输情况；雏鸡的质量，如健雏率（98%）、母源抗体水平、沙门氏菌净化率等；违约责任及处理方法等。

（四）饲料品质不良影响肉鸡的生长发育

　　生产中，有的饲养户自己配制肉鸡饲料，饲料配方设计不合理（如饲养标准选择不当，不能根据实际情况科学地调整肉鸡饲料的营养浓度）、饲料原料选择不当，或为降低饲料成本大量的使用劣质的、不易消化吸收的饲料原料等导致营养不平衡、不充足、不能利用等问题，影响肉鸡的生长发育。

（五）肉鸡后期应激反应严重

肉鸡生长到了后期，就如长跑运动员快跑到终点一样，身体已发育到极限，再加上有些场前期用药过多，使肝、肾功能下降。任何小小的应激都会让发育到极限的肉鸡死亡淘汰率增加。生产中，许多饲养管理人员没有充分认识到这点，饲养程序不稳定，饲养环境多变，工作粗暴，不能保证舍内安静等，这些应激源作用于肉鸡，使肉鸡应激反应频繁，这也是后期死亡淘汰率增多的原因。但这种死亡淘汰率增加往往被有些管理人员怀疑是疫病发生，再用药后也就增加了应激，使死亡淘汰率进一步增加。所以，肉鸡后期饲养中，减少应激是重中之重。

四、环境控制的失误

环境对鸡的生存和生产潜力的发挥产生重大作用，适宜的环境是鸡生产性能发挥的基础，优良品种对环境的依赖性更强，对环境条件要求更高。

（一）场址选择和规划设计不合理导致场区环境质量差

肉鸡场场址关系到场区和畜舍的小气候状况，关系到隔离卫生和防疫。但我国大多鸡场或专业户不注重场址选择，随意性大，鸡场建在家的院内，建在村内或紧靠村庄和居民点，建在污染原的附近等，相互污染严重；场区不能进行合理规划布局，各类家禽混养，不注意隔离；设计时场区绿化和粪尿处理考虑不充分甚至不考虑，造成场区空气质量差，有害气体含量高，尘埃飞扬，粪便乱堆乱放，污水横流，土壤、水源严重污染，细菌、病毒、寄生虫卵和媒介虫类大量滋生传播，肉鸡场和居民点相互污染。

（二）鸡舍设计不科学导致舍内环境质量差

肉鸡舍设计和建筑不科学，保温隔热性能差，控温、通风等设备缺乏或不配套，造成舍内温度不稳定，夏季舍内温度过高，机体散热困难，又不能自由寻找舒适的场所（被关在舍内和笼内），热应激严重，导致采食量少，营养供给不足，生产性能下降甚至死亡；冬季气温过低，湿度大，机体寒冷，不舒适，采食量多，再加之通风换气困难，易发生呼吸道疾病。肉鸡舍相距太近，许多鸡场鸡舍间距只有 8～10 米，甚至有的专业户只有 2～3 米，与卫生间距和通风间距要求相差过大，不能保证洁净新鲜的空气进入每一栋，鸡舍相互污染，卫生条件差，不能进行有效隔离。一旦一栋鸡舍发生疾病，马上会波及所有鸡舍的鸡群。

（三）饲养密度高使肉鸡的处于亚健康状态

为减少投入，增加饲养数量，不按照环境卫生学参数要求，盲目增大单位面积的饲养数量，在较少的鸡舍内放养较多的鸡只，饲养密度过高，导致肉鸡生长发育不良、均匀度低、体质弱，死亡淘汰率升高。高密度饲养，每只鸡占有的空间小，拥挤，活动范围受到严重限制，没有自由，其各种行为不能正常表现，严重影响鸡的正常行为表达，产生许多恶习，极大增多了鸡群的不良刺激，降低了机体的抵抗力，使鸡群经常处于亚健康状态，较易发生应激反应，提高疾病的发生率，严重影响生产性能的发挥等。

（四）不注重休整期的清洁

现在的鸡场是谈疫色变，而且多发生在后期。可能许多人都能说出许多原因来，但有一个原因是不容忽视的，上批鸡淘汰后清理不够彻底，间隔期不够长。空舍期清洁不彻底。

现在人们最关心的病是禽流感，都知道它的病原毒株极易变异，在清理过程中稍有不彻底之处，则会给下批肉鸡饲养带来灭顶之灾。目前在肉鸡场清理消毒过程中，很多场只重视了舍内清理工作，往往忽视舍外的清理。其实，舍外清理也是绝对不能忽视的。

整理工作要求做到冲洗全面干净、消毒彻底完全；淘汰鸡后的消毒与隔离要从清理、冲洗和消毒三方面去下功夫整理才能做到所要求的目的。清理起到决定性的作用，做到以下几点才能保证肉鸡生长生产安全。

（1）淘汰完鸡到进鸡要间隔 15 天以上。

（2）5 天内舍内完全冲洗干净，舍内干燥期不低于 7 天。任何病原体在干燥情况下都很难存活，最少也能明显减少病原体存活时间。

（3）舍内墙壁地面冲洗干净，空舍 7 天以后，再用 20％生石灰水刷地面与墙壁。管理重点是生石灰水刷得均匀一致。

（4）对刷过生石灰水的鸡舍，所有消毒（包括甲醛熏蒸消毒在内）重点都放在屋顶上，这样效果会更加明显。

（5）舍外也要如新场一样，污区地面清理干净露出新土后，地面最好铺撒生石灰，所有人员不进入活动以确保生石灰所形成的保护膜不被破坏。净区地面严格清理露出的新土，并一定要撒上生石灰，但不要破坏生石灰形成的保护膜。

（6）舍外水泥路面冲洗干净后，水泥路面洒 20％生石灰水和 5％火碱水各 1 次。若是土地面，应铺 1 米宽砖路供育雏舍内人员行走。把育雏期间的煤渣垫路并撒上生石灰碾平（不用上批煤渣），以杜绝上批鸡饲养过程中的污染传给本批肉鸡。

（7）通风开始到接雏鸡后 20 天注意进风口每天定时消毒，确保接雏 20 天内进入舍内的鞋底不接触到土地面。

（8）育雏期间水泥路面洒 20％生石灰水，每天早上吃饭前进行，可以和火碱水交替进行。这样做会有两种作用：一起到很好的消毒作用；二路面洁白美观，人们也不忍心去污染它，万一污染了也会迫使当事者立即清理干净。

（五）卫生管理不善导致疾病不断发生

肉鸡无横膈，有九个气囊分布于胸、腹腔内并与气管相通的，这一独特的解剖特点，为病原的侵入提供了一定的条件，加之肉鸡体小质弱、高密度集中饲养及固定在较小的范围内，如果卫生管理不善，必然增加疾病的发生机会。生产中由于卫生管理不善而导致疾病发生的实例屡见不鲜。

改善环境卫生条件是减少肉鸡场疾病最重要的手段。改善环境卫生条件需要采取综合措施：一是做好肉鸡场的隔离工作。肉鸡场要选在地势高燥处，远离居民点、村庄、化工厂、畜产品加工厂和其他畜牧场，最好周围有农田、果园、苗圃和鱼塘。禽场周围设置隔离墙或防疫沟，场门口有消毒设施，避免闲杂人员和其他动物进入；场地要分区规划，生产区、管理区和病禽隔离区严格隔离。场地周围建筑隔离墙。布局建筑物时切勿拥挤，要保持15~20米的卫生间距，以利于通风、采光和禽场空气质量良好。注重绿化和粪便处理和利用设计，避免环境污染。二是采用全进全出的饲养制度，保持一定间歇时间，对肉鸡场进行彻底的清洁消毒。三是加强消毒。隔离可以避免或减少病原进入禽场和禽体，减少传染病的流行，消毒可以杀死病原微生物，减少环境和禽体中的病原微生物，减少疾病的发生。目前我国的饲养条件下，消毒工作显得更加重要。注意做好进入肉鸡场人员和设备用具的消毒、肉鸡舍消毒、带鸡消毒、环境消毒、饮水消毒等。四是加强卫生管理。保持舍内空气清洁，进行通风适量，过滤和消毒空气，及时清除舍内的粪尿和污染的垫草并无害化处理，保持适宜的湿度。五是建立健全各种防疫制度。如制订严格的隔离、消毒、引入动物隔离检疫、病死动物无害化处理、免疫等制度。

失误篇

五、经营管理失误

俗话"家财万贯，带毛的不算"，形象说明养殖业有太大的风险，今天有的，明天可能就没有了，今天靠搞养殖积攒了一些财产，明天也有可能会失去，甚至会弄得倾家荡产。这种说法虽然未免夸张，但是却在一定程度上说明了养殖业确实存在一定的风险性。降低风险一方面需要不断提高技术水平，另一方面需要不断提高经营管理水平，任何一个方面出现问题都会影响到养殖的效益。生产中人们比较注重养殖技术而忽视经营管理，增加了肉鸡养殖的风险性。

（一）缺乏正确的养殖观念

"观念决定态度，态度决定行动"。没有一个正确的观念，就不可能有正确的行动。畜禽生产也需要树立正确的观念，即树立"畜禽为我，我为畜禽"的观念。"畜禽为我"就是饲养畜禽的目的是为生产者生产畜禽产品，创造效益；"我为畜禽"就是生产者只有为畜禽创造良好的生活和生产条件，满足畜禽需求，才能使畜禽的生产潜力充分发挥，才能获得更多的畜禽产品，才能取得更好的效益。但生产中，普遍缺乏正确的养殖观念，只是把畜禽看作生产的"机器"，不考虑畜禽的生理、心理和行为需要，不能最大限度满足其需求，最终结果也不可能达到人类的目标。

只有善待畜禽，维持畜禽的康乐，进行友好型生产，才能取得持续稳定的收益，最后最大的受惠者还是生产者。因为一方面可以最大限度生产畜禽产品，为畜禽提供的环境条件适宜，满足畜禽各种需要，畜禽机体健康，生长发育良好，其生产潜力得以最大限度发挥，可以生产更多的畜禽产品；另一方面可以提高产品质量和产品价格，增强市场的竞争力。畜禽的康乐状况影响到产品的质量，生产条件适宜，畜禽的生理、心理和行为表现不受限制，动物身心愉悦，身体健康，适应能力和免疫能力增强，疾病发生少，使用药物少或不用药物，体内残留的药物概率降低，产品残留机会也会减少，产品质量提高。人们喜欢消费这种优质的产品，可以获得较高的市场价格和较好的经济效益。

（二）管理不善影响养殖效益

相同的鸡苗、相同的饲料、相同的价格，有的养殖场户赚钱，有的养殖场户赔钱，其原因就是管理问题。管理好，鸡长得好，市场行情好，就赚钱，否则就会赔钱。所以，管理就是效益，管理就是金钱。对养殖场进行精细化的管理，是养殖取得成功的前提和保证。如果管理到位，鸡没有疫病，或疫病得到及时的控制，鸡长得好，遇到好的行情可以赚到更多的钱，遇到差的行情可以不赔钱。但生产中，许多养殖场户管理不善，肉鸡生长发育不良，疾病频繁发生，即使市场行情很好，也没有赚到多少钱，行情稍差一点就不赚钱甚至亏损。

目前疫病是制约肉鸡养殖效益提高的一个主要原因。疫病是比价格更可怕的一个杀手，它可以让养殖户血本无归。加强管理所针对的就是疫病风险。管理到位了，对上鸡的时机把握准确了，就可以百战百胜，立于不败之地。

衡量精细管理的方法：一是能否为肉鸡提供良好的环境。良好的生长环境应该有适宜的温度，适当的湿度，通风良好，干净卫生。只有环境好了，舍内清洁卫生，肉鸡的抵抗力强，才能远离疫病，健康的生长发育。二是是否细心观察，特别是注意观察肉鸡的每天的采食量、饮水量，做到心中有数。鸡随着日龄的增长，体重的增加，采食量、饮水量应该是逐步增加的，如果鸡群有疫病，这会首先从鸡群的采食量、饮水量中得到体现。比如，鸡群的采食突然减少，你就应该分析一下鸡群减料的原因，如果找不到原因，你的鸡群很可能存在疫病了。出现这种情况的时候，鸡群一般还看不出病态，这时应该找一个水平高一点的兽医来确诊一下，及早治疗可以降低治疗的难度，并有效减少疫病带来的损失（当然，气温过高等原因也可以导致鸡群采食量、饮水量的异常波动，这要具体情况具体分析）。采食量、饮水量是鸡群健康状况的晴雨表，它可以帮你及时发现疫病，降低养殖难度，减少疫病带来的损失。如果发现问题，要及时请教兽医进行诊治。三是防疫工作做得到位不到位。只要把防疫工作做好，所防过的病基本就不会再出现。

（三）不了解市场盲目生产导致养殖效益差

肉鸡养殖生产的产品是商品，需要通过市场进行销售。肉鸡市场存在较大的不稳定性和一定的季节性，如肉鸡出栏量过多时，市场价格较低，即使饲养得很好，也不可能获得很好效益；如果市场肉鸡出栏量少，又是市场消费量较多的季节，肉鸡的市场价格就高，同样的肉鸡产量就可以获得较多的收益（这也是市场效益）。但有些养殖户不了解市场需求和市场变化，埋头在家养殖，虽然辛辛苦苦，养得也不错，结果效益并不好。

肉鸡养殖场户必须要密切关注市场变化，了解市场规律，在市场价格较高的季节和时间段大量出栏肉鸡。了解和掌握市场规律可以从以下方面着手：一是多打听。打听有经验的养殖户，打听规模比较大的养殖户，打听和自己关系比较好的经销商。二是广泛查阅资料。注意从网络或报纸杂志上搜集相关的信息，通地前一段时间成鸡、鸡苗、饲料等的情况综合分析今后的市场走势。三是做好养殖记录，及时总结经验。这在当时不管用，但是从长远来看，对你今后把握上鸡的时机，还是相当管用的。可以了解历年来不同季节肉鸡市场价格的变化规律，也可以利用资料进行科学预测。四是通过饲料厂家获得有效信息。鸡量最可靠的晴雨表是在当地最有影响的饲料厂 510 料的销售量，510 销售量大，就说明最近上鸡量大，510 销量小，就说明最近上鸡量少，能得到这种信息的前提是你在饲料厂有关系（必须是大厂），或者和饲料经销商的关系够铁，铁得经销商可以放弃自己可以得到的利益而跟你说实话。五是通过孵化厂获得肉仔鸡销售情况，如果肉仔鸡供不应求，销售量大，说明肉鸡饲养量较多。

（四）盲目扩大规模导致效益降低

规模化应该是适度规模，应该是数量和质量并重。但随着肉鸡养殖业的集约化和规模化程度提高，养殖者不仅要考虑规模的扩大，更应注意饲养质量的提高，特别是环境质量。养殖数量虽然上去了，规模扩大了，但养殖效益并不好，甚至亏损倒闭。只注重数量增加而不注重质量提高也是目前普遍存在的共性问题。生产中，有些养鸡生产者不考虑资金、土地、饲料供应和产品销售条件，一味扩大养殖规模，盲目增加养殖数量。由于资金不足、场地面积过小，场区规划布局不合理，鸡舍距离太近，鸡舍简陋，舍内面积过小，饲养密度过高，粪便污水不能合理处理和利用，场区和鸡舍内环境质量差，小气候不稳定；鸡场附属设施和生产设备不配套，隔离卫生条件差，鸡场污染严重等，导致疾病发生率高，鸡群生产性能不能充分发挥，产品质量差，效益不好。

集约化、规模化对环境提出了更高的要求，如果只注意扩大规模，盲目增加数量而不注重质量提高，硬件设施和饲养管理技术跟不上去，不能保证适宜的生产条件，则会适得其反。所以，必须改变盲目追求数量而忽视质量的做法，在保证每只鸡有良好

失误篇

的生活环境和较高生产性能的前提下，据自己的资金、场地、饲料报酬和与生产有关的其他情况量力而行，适量增加养殖数量，保持适度规模，增产增收，取得较好效益。

（五）不注重经济核算而影响生产成本的降低

畜牧业经济核算就是对畜牧企业生产经营过程中所发生的一切活劳动和物化劳动消耗及一切经营成果进行记载、计算、考查和对比分析的一种经济管理方法。经济核算有利于提高企业经管理水平和经济效益、及时发现生产经营中的问题并加以处理以及降低生产成本和保证资产安全等作用。目前，许多养殖场户缺乏经济核算观念和经济核算知识，没有详细的记录或记录不全，不注重或不进行经济核算，不知道生产成本的构成项目，不知道产品成本的多少，也找不出生产成本升高的原因，就不可能采取有效措施降低生产成本，导致养殖效益差。

失
误
篇

六、疾病诊断和防治失误

（一）鸡呼吸系统疾病的误诊

近几年，肉鸡饲养中呼吸系统疾病趋向于不分季节常年发生。肉鸡呼吸系统疾病种类多，包括鸡病毒性呼吸道疾病（主要特点是较快的传染速度或有一定的传染性，部分有怪叫声和高度呼吸困难）、支原体病（传染性很小，不易察觉，鸡群打喷嚏、咳嗽明显，有节奏很缓和的呼噜声，几天时间鸡群声音发展不明显）、细菌性呼吸道病（和支原体病类似，也容易和病毒性呼吸道疾病区别，但是鸡鼻炎传染很快，也不容易和病毒性呼吸道病区别。鼻炎的特征症状是脸部浮肿性肿大，有一定数量的鸡流鼻液，鼻孔粘料）和普通呼吸道病（传染性不强）。

饲养者或基层兽医遇到呼吸系统疾病时，一是感到茫然，无从下手，搞不清楚是什么病，也不能拿出较好的治疗方案；二是容易误诊，治疗后效果不明显，甚至因误诊造成的整批淘汰或破产也较多。应该采取的措施如下。

1. 正确诊断 引起呼吸道病的病因多，过程复杂，必须正确诊断，才能采取正确的治疗方案。主要呼吸系统疾病的诊断要点：

（1）新城疫 患新城疫鸡群，粪便内有明显的黄色稀便，堆型有 1 元硬币大小。粪便内有黄色稀便夹杂草绿色、像乳猪料似的疙瘩粪，或加带有草绿的黏液脓状物质。非典型性新城疫虽然不出现典型的粪便变化，但解剖变化与典型的类似。解剖检变化有五个特点：①从盲肠扁桃体往盲肠端 4 厘米内，有枣核样的突起，并且出血；突起的大小和出血的严重程度只说明病情严重程度，和与鸡的大小有关，但都是本病。突起的数量有 1～3 个不等。②回肠有突起并出血。严重的病例突起很明显，出血也严重，强毒病鸡会在突起上形成一层绿色或黄绿色的黏性渗出物附着。非典型的突起像半颗黄豆，有的并不出血，有的只是轻微几个出血点。③卵黄蒂后 2～6 厘米（一半在 4 厘米处）有和回肠上一样的变化。④有呼吸困难的鸡，气管内有白色的黏液（量的多少与严重程度有关）。气管 C 状软骨出血与否无关紧要，可以不考虑，泄殖腔和直肠条状出血也不重要，关键就是在气管和支气管交叉处有 0.5 厘米长的出血，尤其强毒的。⑤腺胃乳头个别肿大，出血，有的病例是不出现变化的。

（2）温和型禽流感　温和型禽流感在腺胃上的解剖变化和新城疫几乎相同，但肠道上这一系列的变化几乎不存在，只是肠道内也有大量的绿色内容物。患鸡温和型禽流感的鸡群，临床诊断要点有：①呼吸道异常的声音，不同的群体表现不同。②粪便有两类表现。一类是初期暂时不出现什么变化。另一类是排黄白色稀粪，并夹杂有翠绿色的糊状粪便，有的杂有绿色或黑色老鼠粪似的粪便。中期出现橙色粪便。③病的早、晚期采食表现不一，初期采食轻微下降，中后期采食严重减少或不食。④肿脸鸡的出现，有可能 1 000 只鸡中仅 1～2 只，也可能很多，也有可能没有（早期）。这是和新城疫区别的主要依据。⑤剖检变化：A. 腺胃乳头出血或基部出血、发红等，肌胃内有绿色内容物。盲肠扁桃体出血肿胀，但也有不出血的病例（这症状只是参考的，不是决定性的条件）。肠道淋巴滤泡积聚处不出现椭圆形的出血、肿胀和隆起（这是和新城疫区别的最关键部分）。B. 病初就可以见到腹膜炎，占解剖鸡的 90％，但中期和后期主要出现败血性大肠杆菌的"三炎"症状，但没明显的臭味（这也是和大肠杆菌病的区别，也是本病最主要的依据，容易误诊）。C. 肾脏肿大、出血，呈黑褐色。D. 胰脏坏死，有白色点状坏死、条状出血，有红黄白相间的肿胀。E. 胸腺下（前）出现 3～4 对出血点或红褐色的坏死。F. 气管上部 C 状软骨出血（新城疫是整个气管的 C 状软骨出血）。G. 法氏囊轻微出血或有脓性分泌物，胸肌有爪状出血。H. 胆囊充盈，胆汁倒流，肠道淋巴滤泡不出现隆起、出血；但十二指肠下段有淋巴滤泡条状隆起，并有点状出血。I. 肠黏膜上有散在的像小米或绿豆大的出血斑，渗血。脾脏轻微肿大，有大理石样变化。

（3）鸡肾型传染性支气管炎　主要发生与 20～50 日龄的小鸡，但成年鸡也有发生。主要表现是以咳嗽为主的呼吸道声音异常、精神不振，多为湿性咳嗽；3 天后肾脏出现尿酸盐沉积，皮下出血。单凭肾脏尿酸盐沉积和有咳嗽声就可以和法氏囊病、新城疫、流感区别开来。

（4）支原体病（慢性呼吸道病）　患支原体病的鸡群，主要表现打喷嚏（不是咳嗽）和呼噜声，病程持久。解剖可以看到腹腔内有一定量的泡沫，肠系膜上和气囊内浑浊或有白色絮状物质附着；鼻腔内鼻甲骨肿胀充血，病程长的鸡气管增厚。

（5）传染性鼻炎　传染快，这和其他细菌性呼吸道病有明显的区别。刚开始发病主要是咳嗽，初期鼻孔流白色或淡黄色的鼻液，使料粘在鼻孔上。脸部眼下的三角区先鼓起肿胀，严重的整个眼的周围肿胀，成浅红色的浮肿，这是和温和性流感和肿头型大肠杆菌病的区别，并且颈部皮下不出现白色纤维素样的病变。本病不出现明显的死亡鸡只，这也是和其他病区别的特点。

（6）鸡的鼻气管炎病　本病可感染任何日龄的鸡，尤其是青年鸡更严重。临床上主要表现久治不愈、用新城疫疫苗也无效的、以咳嗽为主的呼吸道异常。主要是出现咳嗽的鸡特别多，晚

失误篇

上部分鸡只有呼噜音。鸡消瘦，病程可达数月。该病没有传染性鼻炎那样的肿脸现象出现。

鸡病毒性呼吸道疾病的处理原则应该是必须首先对新城疫进行鉴别性确诊，新城疫引起的呼吸道症状，主要是以咳嗽为主，也有尖叫、怪叫声。如果用大量的药物不见效果，或效果不理想的必须考虑新城疫。只有新城疫的治疗方法是特异性的，而用一般的抗病毒药几乎是无效。其他病毒性呼吸道疾病基本处理方法大同小异。肾型传染性支气管炎在用药时要添加肾肿解毒药。细菌性呼吸道病和支原体病可以使用抗菌药物进行治疗。普通呼吸道病由于不具有传染性，可以使用单独治疗呼吸道病的一般药物，同时改善环境卫生即可痊愈。

（二）出现"包心包肝"的误诊

生产中，发病或死亡的肉鸡，解剖后很多出现"包心包肝"，人们往往会认为是大肠杆菌病。"包心包肝"其实是渗出性炎症的一种——纤维素性炎。当然大肠杆菌感染可以造成"包心包肝"的病理现象，但并不是只有大肠杆菌感染才能造成"包心包肝"现象。由于诊断失误，不管三七二十一，按照大肠杆菌来进行治疗，结果是效果差，甚至导致较多的死亡。出现"包心包肝"的病因如下。

1. 心源性"包心" 夏季，鸡群长期处于热应激状态，造成机体血压升高，心冠状动脉充血，肺动脉高压，引起心包积液，日久不愈易呈现纤维素性炎症，出现"只包心不包肝"的病理变化。夏季需要做好防暑降温工作，避免舍内温度过高。

2. 气囊型"包心包肝" 多发在舍内通风不好的冬季，灰尘进入鸡只气囊，导致慢性无菌性炎发生，如果不能及时有效改善环境，长久下去，胸气囊就会发生纤维素性炎症，最后引起心包炎，再发展到腹气囊，则会引起腹气囊炎。这也是许多鸡场在冬末、春初最易出现的。冬季不仅注意保温，还要注意适量通风，驱除舍内有害气体。加强鸡舍的卫生管理，定期进行消毒，减少舍内尘埃和微生物。

3. 呼吸道型"包心包肝"鸡只外呼吸道炎转变成肺炎时，鼻腔、气管中会有白黄色痰核出现，肺部有出血性炎性渗出物或出现肺水肿。心肌肥大，心肺循环障碍，引起胸气囊肺侧出现纤维样化，向心包衍生，造成心包纤维化，向下引起腹气囊炎。

4. 肾型"包心包肝"肾肿、肾上浆膜纤维化等病变，蔓延至腹气囊、胸气囊后，最终引起"包心包肝"。

（三）混合感染的诊断和防治失误引起的大批死亡

1. 肉鸡大肠杆菌病愈球虫病的混合感染的误诊 2010 年 8 月 5 日，新乡市某肉鸡养殖场购进肉雏鸡 5 000 羽，按常规进行了鸡新城疫、传染性法氏囊炎的免疫。38 日龄时鸡群开始有 62 只陆续发病，并零星死亡 30 多只。鸡群采食量下降，精神委顿，缩颈闭目，羽毛蓬乱，冠、肉髯苍白，鸡体消瘦、贫血。部分病鸡排黄白色、咖啡色或红色如番茄汁色稀粪。病情严重的食欲废绝，严重腹泻，高度呼吸困难，抽搐，尖叫，共济失调，瘫痪痉挛而死。根据发病鸡粪便带血的症状，认为是鸡球虫病，便立即在饲料和饮水中添加抗球虫药物进行防治。采取以上措施后病情并未得到明显好转，死亡不断发生。

剖检病鸡出现典型的纤维素性肝周炎、心包炎。肝脏表面被覆有纤维蛋白膜，肝脏肿大、质脆，胆囊肿大，充满胆汁，气囊壁混浊增厚。心包膜增厚混浊，附着大量绒毛状渗出物，并与胸腔粘连，心包积液，心冠脂肪及心内膜有少量出血点，呈土黄色，脾脏、肾脏肿大、瘀血，胰脏有点状出血，十二指肠、空肠有肉芽肿，并有点状、斑状出血，肠内充满气体。两侧盲肠显著肿大 2～3 倍，且浆膜、黏膜出血，肠壁增厚，肠内容物为暗红色凝血块，有的形成干酪样物。泄殖腔内充满血凝块和豆腐渣样物，泄殖腔黏膜点状出血。

失误篇

实验室进行球虫卵囊检查和细菌分离培养。刮取盲肠病变部位黏膜置载玻片上，与灭菌生理盐水 1～2 滴混合均匀，加盖玻片，在显微镜下观察可见大量卵圆形的球虫卵囊，内有 1 个圆形合子，有部分为裂殖子和裂殖体；取病鸡粪便和盲肠内容物，采用饱和盐水漂浮法，置显微镜下观察，结果也见大量球虫卵囊；取 3 只病死鸡的肝脏病料以无菌操作接种于普通琼脂培养基上，经 37℃ 培养 48 小时，生长出圆形、灰白色、半透明、边缘整齐的光滑菌落。挑取单个菌落涂片，进行革兰氏染色镜检，可看到革兰氏阴性、两端钝圆、浓染单个或成对排列的、中等大小的短杆菌。确诊为大肠杆菌和球虫混合感染。

　　采取措施：一是立即隔离病鸡，病重鸡和死鸡进行无害化处理。二是加强卫生管理。发病期间每天用 0.2% "百毒杀"（癸甲溴铵）带鸡消毒 1 次。加强了对粪便的处理及鸡舍空气的消毒与净化。每天清除粪便，有效地清扫鸡舍，坚持经常用 1：400 倍碘制剂（聚维酮碘）带鸡喷雾消毒。定期清洗水箱和供水管道，特别是在投完可溶性粉剂药物后应及时清洗。饮水器每天至少洗刷 1 次。用 1：2 000 倍聚维酮碘消灭水中致病性大肠杆菌。饲料中适当增加蛋白质、电解多维等营养物质的含量，以增强机体抵抗力，进一步改善饲养管理条件，减少饲养密度。三是每千克饲料中添加丁胺卡那霉素 200 毫克，连用 7 天，诺氟沙星按 100 毫克/千克浓度饮水，连用 5 天。之后用浓度为 125～150 毫克/千克尼卡巴嗪饮水，连用 5～7 天。采取上述措施后，鸡群逐渐康复。

　　2. 非典型新城疫与大肠杆菌混合感染的治疗失误　2010 年 6 月在某肉鸡养殖场的 6 500 只肉鸡，在 30 日龄突然发病。病鸡精神沉郁，采食量明显下降，鸡体消瘦，闭目缩颈，颈背部羽毛逆立，翅膀下垂。鸡群有呼吸道症状，呼噜、咳嗽、甩鼻，同时排黄白、黄绿色稀粪便，肛门周围被粪便污染。每天死亡率接近 0.8%。养殖户只在水中投放了泰乐菌素来治疗。4 天以后病情

失
误
篇

没有明显好转反而加重，死亡率约 1.5%。

剖检病死鸡 15 只，气管有明显的充血、出血，支气管有大量的黏液。气囊壁明显增厚、浑浊，死鸡气囊内有明显的黄白色干酪样物。肺脏表现充血、出血，肝脏和心脏有明显的纤维素性渗出物包裹。

腺胃壁增厚、水肿，其中 3 只病死鸡腺胃乳头有明显的出血点，其他病死鸡腺胃乳头有黄白色的脓性分泌物，肌胃内容物为绿色。个别病死鸡十二指肠有明显的芝麻粒大小的出血点，小肠终端淋巴滤泡有明显的出血或隆起，回肠淋巴滤泡也有明显的出血或肿胀，盲肠扁桃体出血严重，直肠呈条状出血。

采取病死鸡肝脏涂抹在麦康凯培养平板上，放上常规药敏片，放置于 37℃ 恒温箱中培养 24 小时，试验结果显示该病对新霉素、庆大霉素、氟苯尼考高敏，对阿莫西林和头孢拉定中敏，对青霉素和左旋氧氟沙星低敏。由此诊断该病例系非典型新城疫混合感染大肠杆菌。

采取措施：一是在饮水中加入每 100 千克水混入氟苯尼考和丁胺卡那霉素粉剂各 10 克全天饮用，上午集中 2 小时饮用信必妥（转移因子），连用 3 天；二是加强环境消毒和饲养管理。使用 1∶500 的威力碘每天带鸡消毒 1 次。注意鸡舍通风和保温，供给优质饲料，隔离病、弱鸡只，进行特别护理。经过上述用药治疗，2 天后病情基本得到控制，采食量明显提高，4 天后鸡群基本康复。

生产中由于免疫不确实而导致非典型新城疫的发生，如果卫生条件不好或控制不力，很容易并发或继发大肠杆菌病。在诊断及防治，不要盲目用药，有条件的要做新城疫抗体监测、药敏试验，正确掌握用药剂量和疗程，做到及时准确的用药，防止复发，并要注意药物残留控制。

3. 新城疫和法氏囊病混合感染的诊治失误　辉县市一肉鸡饲养户，饲养肉鸡3 500只在 15 日龄时开始发病，初期仅有几只表现精神沉郁，病情进一步发展，3 天后鸡群采食量下降，开始出现死亡（3 天死亡约有 60 只鸡）。

病鸡初期精神沉郁，采食量下降，羽毛松乱、无光泽，畏寒战栗，啄肛，排黄色或白色水样粪便，随后开始出现蛋清样白色黏稠粪便，泄殖腔周围羽毛被粪便污染，严重鸡只精神高度沉郁、嗜睡，最终因虚脱而死。发病后到一兽医门诊诊治，解剖病死鸡，胸肌和腿肌有块状出血，法氏囊充血、水肿，体积增大2～3 倍，表面被覆胶冻样物质，肾脏肿胀。个别鸡只表现心包炎、肝周炎、气囊炎和腹膜炎等，诊断为法氏囊病。推荐使用法氏囊高免卵黄，每只鸡 2 毫升，严重者第二天再注射 2 毫升。结果注射后第二天，死亡不仅没有减少，反而增加，陆续死亡，二周后鸡群逐渐恢复。共计死亡 1 300 多只。

采集病鸡进行了实验室检查以确定死因。无菌采取病鸡病料，用普通琼脂培养基进行培养，24 小时、48 小时各观察 1 次，没有细菌生长；共随机抽采 6 批症状典型鸡群的血液，每批5%～10%的比例抽取，新城疫做血凝抑制试验，抗体滴度几乎均参差不齐；法氏囊做琼脂扩散试验，阳性率占 30%～40%。根据临床症状、病理剖检变化及实验室诊断结果，确诊为新城疫和法氏囊病混合感染。

本病例说明发病后要进行综合诊断，不能盲目使用卵黄抗体和药物，否则会引起大批死亡。如果确诊是新城疫和法氏囊病混合感染，采取措施：一是全群使用含有新城疫抗体和法氏囊抗体的双抗高免卵黄或血清与植物血凝素全群胸肌注射，每只 1.5 毫升，先注射健康鸡，再注射病鸡，严重者第二天再注射 1 次；二是用含有黄芪多糖的抗病毒中药加头孢类抗生素配合治疗，同时用维生素 C 辅助治疗；三是病愈后 5～7 天补做新城疫疫苗，7～10 天补做法氏囊疫苗。

失
误
篇

参 考 文 献

黄春元.2003.最新实用养禽技术大全[M].北京：中国农业大学出版社.

康相涛.2000.实用养鸡大全[M].郑州：河南科学技术出版社.

李如治.2003.家畜环境卫生学[M].北京：中国农业出版社.

李玉冰，曹授俊.2007.肉鸡生产技术[M].北京：中国农业大学出版社.

秦长川.2003.肉鸡饲养技术指南[M].北京：中国农业大学出版社.

魏刚才.2009.肉鸡快速饲养法[M].北京：化学工业出版社.

魏刚才.2010.养殖场消毒指南[M].北京：化学工业出版社.

杨柏萱.2010.规模化肉鸡饲养管理[M].郑州：河南科学技术出版社.

杨宁.2002.现代养鸡技术大全[M].北京：中国农业出版社.

杨山.2001.现代养鸡[M].北京：农业出版社.

尹燕博.2004.禽病手册[M].北京：中国农业出版社.

张红敏.2003.肉鸡无公害综合饲养技术[M].北京：中国农业出版社.

图书在版编目（CIP）数据

肉鸡日程管理及应急技巧/魏刚才主编 . —北京：
中国农业出版社，2014.8
（21世纪规范化养殖日程管理系列）
ISBN 978-7-109-19346-8

Ⅰ.①肉⋯　Ⅱ.①魏⋯　Ⅲ.①肉鸡－饲养管理　Ⅳ.
①S831.4

中国版本图书馆 CIP 数据核字（2014）第 142181 号

中国农业出版社出版
（北京市朝阳区麦子店街 18 号楼）
（邮政编码 100125）
策划编辑：郭永立　刘　伟
文字编辑：肖　邦　郭永立

中国农业出版社印刷厂印刷　　新华书店北京发行所发行
2014 年 10 月第 1 版　　2014 年 10 月北京第 1 次印刷

开本：850mm×1168mm 1/32　印张：13.75
字数：345 千字
定价：32.00 元
（凡本版图书出现印刷、装订错误，请向出版社发行部调换）